ENCYCLOPÉDIE

DES

TRAVAUX PUBLICS

Fondée par **M.-C. LECHALAS**, Inspr génal des Ponts et Chaussées

Médaille d'or à l'Exposition universelle de 1889

CHEMINS DE FER

A CRÉMAILLÈRE

PAR

A. LÉVY-LAMBERT

INGÉNIEUR CIVIL

TRACÉS. TYPES DE CRÉMAILLÈRES
SYSTÈMES RIGGENBACH, ABT, LOCHER, ETC.
MATÉRIEL ROULANT. EXPLOITATION

PARIS

H. LAMIRAULT, ÉDITEUR

61, RUE DE RENNES

ENCYCLOPÉDIE DES TRAVAUX PUBLICS

CHEMINS DE FER A CRÉMAILLÈRE

Tous les exemplaires de l'ouvrage de M. Lévy-Lambert devront être revêtus de la signature de l'auteur.

ENCYCLOPÉDIE

DES

TRAVAUX PUBLICS

Fondée par M.-C. LECHALAS, Inspr génal des Ponts et Chaussées

Médaille d'or à l'Exposition universelle de 1889

CHEMINS DE FER
A CRÉMAILLÈRE

PAR

A. LÉVY-LAMBERT

INGÉNIEUR CIVIL

TRACÉS. TYPES DE CRÉMAILLÈRES
SYSTÈMES RIGGENBACH, ABT, LOCHER, ETC.
MATÉRIEL ROULANT. EXPLOITATION

PARIS

H. LAMIRAULT, ÉDITEUR

61, RUE DE RENNES

1892

TABLE ANALYTIQUE DES MATIÈRES

§ 3. *Description du tracé des lignes à crémaillère.*

1° CHEMINS ENTIÈREMENT A CRÉMAILLÈRE

2° CHEMINS MIXTES

§ 4. *Terrassements et travaux d'art.*

CHAPITRE II

Voie et Crémaillère

§ 1. *Voies à crémaillère, généralités.*

§ 2. *Description des divers types de crémaillère.*

CHAPITRE III

Matériel roulant

§ 1. *Généralités. Description des principaux types de machines.*

§ 2. *Détails de construction des locomotives pour chemins à crémaillère*

§ 3. *Détails de construction du mécanisme à crémaillère. Roues dentées.*

CHAPITRE IV.

Exploitation.

Documents annexes.

TABLE ALPHABÉTIQUE

AVANT-PROPOS

Amené par notre profession à étudier tout récemment une des premières lignes à crémaillère auxquelles on ait songé en France, nous avons été frappé de l'absence de traités spéciaux relatifs à ce mode de locomotion.

Malgré les nombreuses applications faites à l'étranger, on ne trouve guère sur les chemins de fer à crémaillère que des monographies, et pas de livres didactiques résumant méthodiquement les principaux renseignements relatifs à ces voies nouvelles.

Notre but a été d'éviter à nos successeurs l'embarras dans lequel nous nous sommes trouvé au moment de nos premières études ; mais pour rédiger notre ouvrage, il a fallu faire de très nombreux emprunts. Nous avons surtout puisé dans un livre récent, le plus complet qui avait paru en France jusqu'ici traitant les lignes à crémaillère. Nous voulons parler de l'étude faite par MM. Ch. Vigreux et Lopé dans la *Revue technique de l'Exposition de 1889* (texte et planches).

Nous avons aussi trouvé de nombreuses indications dans le livre de M. R. Abt (*Die drei Rigibahnen*) et dans le *Traité des chemins de fer* de Heusinger von Valdeg.

Notre ouvrage est moins complet que nous l'eussions désiré, surtout en ce qui concerne les frais d'exploitation. Malheureusement, nous sommes obligés de constater que les renseignements sur ce point sont difficiles à

1

obtenir, les statistiques ne faisant généralement pas ressortir les dépenses des lignes à crémaillère.

On trouvera à la fin de l'ouvrage le résumé des sources auxquelles nous avons puisé la majeure partie de nos documents.

Nous avons toujours cité autant que possible le nom de l'auteur de l'ouvrage que nous mettions à contribution. Si nous avons omis quelques citations de ce genre, nous demandons qu'on veuille bien excuser ces oublis involontaires.

A. L. L.

INTRODUCTION

§ 1er

CONSIDÉRATIONS GÉNÉRALES

Il y a peu d'années, le titre même de cet ouvrage aurait causé beaucoup d'étonnement et rencontré une réprobation presque générale dans le monde des constructeurs de chemins de fer.

En effet, les difficultés onéreuses de la construction, les conditions pénibles et coûteuses de l'exploitation, faisaient mettre en doute l'utilité des chemins de fer en pays de montagne. Longtemps on s'est demandé si les services qu'ils pouvaient y rendre étaient en rapport avec les sacrifices qu'ils exigeaient.

Pendant de longues années, on s'est obstiné à vouloir construire toutes les voies ferrées sur le même modèle, celui des grandes lignes, sans tenir compte des conditions particulières et spéciales dans lesquelles se trouvent les chemins de fer de montagne, qui sont, dans la plupart des cas, des artères secondaires et d'un intérêt purement local.

Aujourd'hui, l'on est entré déjà pour les lignes secondaires dans l'ordre d'idées que nous indiquons, celui qui consiste à construire des chemins de fer d'intérêt local, en adoptant une largeur de voie réduite, des pentes plus fortes, des courbes plus raides, un matériel roulant plus léger et des installations plus économiques.

Mais alors que l'on a reconnu l'utilité d'adopter des types spéciaux pour les chemins de fer secondaires ordinaires, on n'a rien tenté, en France au moins, pour faciliter le développement de ces voies secondaires en pays de montagne.

Et pourtant, n'est-il pas logique de songer à user de systèmes spéciaux lorsque l'on se propose de relier entre elles deux localités secondaires séparées par des mouvements de terrain difficiles, et que les différences de niveau à racheter sont considérables ?

Le problème présente du reste une infinité de cas très différents les uns des autres.

A côté des lignes d'intérêt général, départemental ou même vicinal, il y a une quantité de petites lignes, de très faibles longueurs, dont la nécessité s'explique par l'importance du trafic voyageurs ou marchandises, et répondant à des besoins d'un ordre tout à fait différent de ceux que l'on est habitué à considérer dans l'établissement des voies ferrées ordinaires. Telle usine, par exemple, a besoin d'aller chercher des matériaux, des combustibles, des minerais en des points situés à des altitudes très différentes ; elle a intérêt souvent à faire construire une voie ferrée spéciale à pentes raides pour son service particulier.

Souvent un beau site, placé même dans un centre d'excursions, sur le passage de touristes et de baigneurs, n'est pas visité ou l'est fort peu, parce que l'accès en est difficile, pénible et qu'il faut beaucoup de temps pour y arriver. Une voie ferrée reliant ce site à un grand centre permet à tous de visiter aisément un endroit naguère délaissé. Autre cas particulier, affluence de voyageurs pendant quelques mois de l'année ; exploitation suspendue le reste du temps.

Dans l'intérieur même d'une ville, les communications entre quartiers situés à des hauteurs diverses sont souvent difficiles, l'établissement de tramways funiculaires permet de desservir une circulation très active et d'éviter les fatigues et les lenteurs d'une forte montée. Car avec les voies ordinaires, qui dit forte pente, dit implicitement longs détours et lacets.

Voilà des exemples bien distincts, parmi ceux que l'on peut choisir, donnant une idée des nombreux cas qui se présentent dans la pratique, pour l'application des chemins à très fortes rampes. On pourrait multiplier beaucoup ces exemples.

Tous ces cas particuliers présentent un point commun; c'est que par suite des reliefs du sol, les pentes y sont très raides, et que l'on ne peut plus ménager les pentes et rampes très douces usitées sur les voies ferrées ordinaires.

Tout le monde sait en effet combien ces pentes, même les plus hardies, sont peu sensibles, quand on les compare aux routes de terre.

C'est là un défaut résultant du principe même de ces voies ferrées, inhérent à leur nature. Aussi quand on arrive à tracer des chemins de fer à très fortes rampes, on est amené forcément à recourir, pour la traction, à des systèmes spéciaux, reposant sur d'autres principes que ceux utilisés sur les voies ferrées ordinaires.

Dans les pays très montagneux, où le relief du sol est extrêmement tourmenté et où cette configuration du terrain coïncide avec un besoin de moyens faciles de locomotion, ces chemins de fer spéciaux se sont développés rapidement. L'Europe centrale en offre de nombreux exemples; la Suisse, la Bavière rhénane, l'Italie du Nord nous montrent des applications nombreuses et diverses de ces systèmes spéciaux.

En France, on a été plus timoré; les besoins étaient moins pressants et on a hésité jusqu'ici à s'engager dans cette voie. Mais il est clair que les moyens faciles de locomotion entrant de plus en plus dans nos habitudes, le développement de l'industrie et des goûts de voyage amènera forcément l'application chez nous de ces moyens exceptionnels de communication.

La solution de ces problèmes si différents des cas ordinaires, c'est-à-dire des voies ferrées à faible pente, exige des moyens spéciaux de traction, et par suite des dispositions particulières aussi dans l'établissement des voies.

Nous nous proposons d'examiner les divers systèmes employés pour la solution des questions que nous venons d'indiquer.

Ce qui constitue le point commun à toutes ces lignes à forte pente, c'est l'insuffisance absolue du principe ordinaire appliqué sur les voies ferrées pour produire la progression des véhicules qui y circulent. Nous voulons parler de l'adhérence ; car c'est grâce à elle que les roues de la locomotive avancent sur le rail au lieu de tourner sur place, de patiner.

Mais si l'effort de traction, nécessaire pour provoquer le mouvement du train, est très considérable, l'adhérence n'est plus suffisante, les roues patinent et la machine n'avance plus.

C'est ce qui arrive bien vite, pour peu que les pentes du chemin soient un peu moins douces et s'écartent de l'horizontalité.

Aussi peut-on dire que les chemins ordinaires par adhérence ne peuvent pas admettre de fortes rampes ; il faut, coûte que coûte, maintenir le profil en long de la voie, en déclivité extrêmement faible.

Nous insistons sur ce fait, parce qu'il est capital et qu'il est la base, le point de départ de tous les systèmes imaginés pour arriver à tracer des voies ferrées dans des pays accidentés.

L'intérêt de ces systèmes se manifeste donc clairement lorsque le principe de l'adhérence n'est plus suffisant pour permettre la traction des véhicules.

§ 2

DIMINUTION DE L'EFFET UTILE DE LA LOCOMOTIVE SUR LES RAMPES

Tout ingénieur sait, en effet, combien rapidement décroît l'effet utile d'une machine locomotive ordinaire à mesure que la rampe augmente ; nous y reviendrons du reste un peu plus loin. Mais disons tout de suite que cette diminution d'effet utile tient à ce que, au fur et à mesure que la pente de la voie augmente, l'effort de traction augmente proportionnellement à cette pente, tandis que la puissance disponible de la machine, basée sur le principe de « l'adhérence », est la même quel que soit le profil du chemin.

De plus, en pays de plaine, où la charge traînée est considérable, le poids de la machine en est une fraction très faible. Dans les fortes déclivités, au contraire, la charge remorquée, diminuant rapidement, se rapproche vite du poids de la machine.

Voici par exemple le tableau des charges traînées par les machines de rampe de la Cie P.-L.-M. pesant en service 51t200, aux vitesses de 15 et 30 k. à l'heure.

Rampes en millimètres par mètre :

Vitesses	0	5	10	15	20	25	30
15 k.	2330	865	508	348	256	198	157
30 k.	1175	510	307	209	151	112	85

Ainsi cette machine qui, à la vitesse de 15 k., remorque 46 fois son poids en palier, ne traîne plus que 3 fois ce poids en rampe de 30 ; et seulement 1 fois et demi environ à la vitesse de 30 k. à l'heure ; et encore cette pente de 30 mm. est-elle bien faible dans un pays très accidenté, et ne peut-elle être réalisée qu'au prix des plus grands sacrifices, admissibles seulement pour les lignes de premier ordre.

Pour ces lignes là, qu'il faut faire à tout prix, qui doivent desservir un trafic important, les machines par adhérence sont les seules admissibles, au moins à l'heure actuelle, et il faut bien que la voie soit tracée en conséquence, c'est-à-dire avec de très faibles pentes.

En effet, du moment que l'on admet la traction par adhérence, la limite admissible des pentes est très faible d'après ce que nous avons dit. Sur une rampe de 50 mm. par mètre, une locomotive ordinaire ne peut guère remorquer qu'une charge utile égale à son propre poids, c'est-à-dire que l'effet utile devient dérisoire. Et là ce n'est pas seulement le poids adhérent qui fait défaut à proprement parler pour le moteur. C'est aussi la légèreté spécifique de la machine qui manque ; c'est à dire qu'à poids égal il faudrait, en pays de montagnes, des machines plus puissantes.

Car la machine devant se remorquer elle-même elle absorbe, pour sa propre traction, un travail qui devient très grand par rapport au travail total développé quand la déclivité augmente. On peut, il est vrai, le travail étant le produit du chemin parcouru par la force, augmenter la force disponible, en diminuant la vitesse ; mais à cause du diamètre des roues on ne peut abaisser cette vitesse au-dessous d'une certaine limite ; limite que la pratique a fixée à 15 k. pour les chemins ordinaires.

Pour fixer les idées, imaginons que par un artifice quelconque la machine de rampe du P.-L.-M. dont nous parlions plus haut pût arriver à ne peser que 35 tonnes au lieu de 51, tout en gardant le même mécanisme moteur. Elle pourrait encore à la vitesse de 30 k. remorquer le même poids sur la rampe de 36 mm., sans y être exposée à manquer d'adhérence.

Elle manquerait d'adhérence seulement aux vitesses inférieures à 30 k. si l'on voulait profiter de la diminution de vitesse pour lui faire remorquer une plus lourde charge. On voit donc nettement que c'est surtout par manque d'effet utile que pèchent les locomotives à adhérence sur les chemins ordinaires, dans les fortes rampes. Mais si les rampes sont plus fortes, au delà de 50 mm. par exemple, si l'on veut adopter des déclivités très raides pour des lignes secondaires à trafic restreint en admettant des vitesses très réduites, alors la traction par adhérence n'est plus admissible et il faut songer à un autre mode de traction.

Cherchons théoriquement à partir de quelle limite la charge utile d'un train doit s'arrêter pour ne pas exposer un type de machine donné à patiner, ou autrement dit écrivons que le poids de la machine p multiplié par le coefficient d'adhérence f est égal à l'effort de traction [1].

Soit :

P le poids en tonnes du train,

a la résistance du train en palier, en kilogr. par tonne,

p le poids de la machine à adhérence totale, en tonnes,

ω le poids du tender, en tonnes,

δ la résistance par tonnes de la machine et du tender,

i l'inclinaison en millim. par m. de la rampe,

f le coefficient d'adhérence.

On aura à la limite d'adhérence.

$$1000\,pf = P(a+i)+(p+\omega)(\delta+i).$$

(1) Hirsch. — Cours de machines à vapeurs professé à l'Ecole des Ponts-et-Chaussées.

d'où :

$$P = \frac{1000pf - (p+\omega)(\delta+i)}{a+i}$$

Prenons un train de marchandises dans lequel

$a=3$ kil., $p=35$ t., $\omega=16$ t., $\delta=12$ k.5, $f=\frac{1}{7}$

Pour $i=50$, $P=34$ t.

Pour $i=20$, $P=145$ t.

Ainsi, dès que les rampes deviennent supérieures à 25 ou 30 mm, les machines locomotives ordinaires travaillent dans de mauvaises conditions, et même ne peuvent plus servir utilement.

En diminuant la vitesse on ne gagnerait rien, le poids adhérent manquant, et on ne peut l'augmenter à cause de la valeur considérable du travail absorbé, croissant avec la vitesse.

Le seul moyen d'augmenter la charge traînée, en diminuant encore la vitesse, c'est de recourir à des modes spéciaux de traction, et d'augmenter l'*adhérence*.

§ 3.

DE L'ADHÉRENCE ET DES CAS OU IL Y A LIEU D'Y SUPPLÉER

Quelle est la valeur de l'*adhérence*.

Pratiquement, c'est une quantité essentiellement variable.

Sans entrer dans les détails à ce sujet, il est nécessaire cependant de s'y arrêter un instant.

Quand une locomotive se meut sur le rail, c'est que le bandage de la roue trouve à la surface du rail un point d'appui suffisant pour que la réaction du rail sur la roue soit égale à l'effort de traction. Autrement dit, la surface du métal du bandage et du rail, examinée au microscope, ne serait pas lisse, on y apercevrait des vides et des pleins, et tout se passe comme si le rail était constitué par une crémaillère à dents infiniment petites, et que la jante du bandage fût garnie de dents de la même dimension ; on comprend alors comment a lieu le cheminement de la roue sur le rail.

Mais lorsque la réaction de ces petits éléments l'un sur l'autre devient plus grande que la force nécessaire pour faire tourner la roue sur place, c'est-à-dire que le frottement, alors au lieu d'avancer la roue tourne rapidement en frottant sur le rail, sans être animée d'un mouvement de translation.

Le coefficient d'adhérence est le rapport entre l'effort de traction nécessaire et le poids chargeant les roues motrices.

En France on admet unanimement en pratique pour le calcul des charges des machines que le coefficient d'adhérence est égal à $\frac{1}{7} = 0,14$, sur les voies ferrées ordinaires.

Mais il est clair que cette valeur dépend essentiellement de l'état des surfaces en contact, que la pluie, le verglas, la boue, etc., influent d'une façon considérable sur ce coefficient. Les valeurs extrêmes constatées sont à peu près de $\frac{1}{4}$ et $\frac{1}{12}$ dans des circonstances exceptionnelles.

Des expériences complètes ont été faites à ce sujet en France par MM. Vuillemin, Guebhard et Dieudonné[1].

La conclusion en est que le maximum du coefficient

(1) *Annales des mines*, 5e série, T. XIX, page 62.

en pleine marche est de $\frac{1}{5}$, que la valeur minima est environ de $\frac{1}{9}$.

On a constaté que c'est par des temps très secs ou par de fortes pluies que l'adhérence atteignait son maximum.

De petites pluies fines, des chutes de feuilles, le verglas, amènent l'abaissement du coefficient d'adhérence.

Pour les tramways sur route, où le rail est fréquemment recouvert d'une couche mince de boue, le coefficient d'adhérence s'abaisse très souvent, le chiffre de $\frac{1}{7}$ serait exagéré, et il est prudent de ne pas admettre une valeur supérieure à $\frac{1}{9}$ ou $\frac{1}{10}$ (1).

Sur des lignes ordinaires le patinage est déjà fort gênant et peut amener aisément une rupture dans les pièces du mouvement. Mais sur de fortes pentes, le patinage a encore plus d'inconvénients à cause de la difficulté du démarrage en pleine rampe pour un train chargé.

On sait qu'au moment du patinage, le coefficient de frottement tombant à $\frac{1}{10}$ ou $\frac{1}{12}$, l'effort nécessaire pour faire tourner les roues diminue subitement et les roues de la machine se mettent à tourner avec une rapidité considérable, il faut immédiatement fermer le régulateur et jeter du sable.

En résumé nous adoptons comme valeur moyenne du coefficient d'adhérence dans tous les calculs de traction relatifs aux chemins de fer (les tramways sur route exceptés) le chiffre de 1/7.

Nous avons vú qu'à partir d'une certaine limite, quand on arrive aux pentes de 30 mm. par mètre, l'adhérence peut manquer aux machines locomotives; c'est-à-dire

(1) Compte-rendu Société Ingénieurs Civils, septembre 1890, 5e série, 9e cahier, page 524.

que si l'on consent à réduire la vitesse au-dessous de 15 kilomètres, on peut en augmentant l'adhérence, augmenter la charge traînée.

Par exemple une machine de 14 tonnes ne pourrait par adhérence développer un effort de plus de 2 t. sans être exposée à patiner ; en réduisant la vitesse à 6 ou 7 kilomètres à l'heure, et augmentant l'adhérence par une crémaillère, on arrive à faire développer à cette machine un effort de traction plus que double du précédent.

On voit donc tout l'intérêt qu'il peut y avoir à augmenter l'adhérence des locomotives dans des cas particuliers bien définis; ceux où il est possible de consentir à une *très faible* vitesse, notablement inférieure à 15 kilomètres à l'heure. Jusque-là l'adhérence seule est parfaitement suffisante.

Dans ce dernier cas le matériel des chemins de fer en pays de montagne comporte des modifications moins essentielles. L'adoption de fortes pentes, de 20 à 30 mm., et de courbes de faibles rayons, conduit à adopter des types de machines ayant une grande puissance de vaporisation eu égard à leur poids, à faciliter le mouvement des machines dans les courbes en employant des essieux mobiles, ou donnant des jeux latéraux aux boites à graisse.

L'emploi de freins particuliers, énergiques, est naturellement indiqué, et dans ceux-ci la contre vapeur tient une large place.

Enfin la voie et l'exploitation présentent aussi quelques particularités : signalons l'augmentation d'usure des rails et le mouvement de translation de la voie descendante, sous l'action des freins dans les longues pentes; les précautions à prendre pour le tracé des voies à l'entrée et à la sortie des courbes de faibles rayons (raccordements paraboliques) ; pour l'exploitation, l'emploi des cloches électriques pour signaler les divers accidents et incidents qui peuvent arriver ; train en dérive, en détresse, wagons échappés, etc., etc. Notons aussi les mesures à prendre pour déblayer les voies en cas de neige.

Toutes ces mesures spéciales, et la faible utilisation de la machine dans les fortes rampes, se traduisent infailliblement par de fortes augmentations des dépenses d'exploitation.

D'après des expériences poursuivies en ce moment à la Compagnie d'Orléans, sur la ligne de Clermont à Tulle, par M. Lanna, chef de section, ancien élève de l'École Polytechnique, dans une courbe de 250 m. de rayon, les rails d'acier subiraient sur l'arête exposée au frottement des boudins des roues une usure considérable.

Cette usure est telle que sur le grand rayon il a fallu retourner les rails au bout de 9 années de service.

Au total les dépenses d'entretien de la voie sont à peu près doubles sur la ligne de Clermont à Tulle, comportant de longues pentes de 25 mm. et des rayons de 250 m., que sur les lignes ordinaires du réseau.

Mais il y a souvent avantage, surtout pour les lignes d'importance secondaire, à diminuer le capital de premier établissement, et à se résigner à une augmentation des dépenses annuelles d'exploitation ; il y a là une question de mesure à garder. C'est à celui qui étudie le tracé de baser ses calculs sur des données exactes, et de faire la comparaison entre divers programmes, de façon à toujours proportionner l'instrument aux services que l'on en attend.

Nous n'examinerons pas du reste les chemins de fer à adhérence ordinaire, leur étude faisant partie d'un traité général des chemins de fer. Nous nous proposons ici seulement d'étudier les voies ferrées où l'on utilise un autre principe que celui de l'adhérence, et en particulier les chemins de fer à crémaillère.

CHAPITRE PREMIER

HISTORIQUE. TRACÉ DES CHEMINS A CRÉMAILLÈRE

§ 1.

PRINCIPE. HISTORIQUE

1. Essais divers. — Nous avons dit que la roue motrice d'une locomotive, en cheminant sur un rail, s'appuie sur les inégalités infiniment petites de la surface du métal, qui forment comme les dents d'une crémaillère à éléments microscopiques.

Lorsque l'adhérence est en défaut et que l'on veut l'augmenter, il est naturel de recourir à une véritable crémaillère spéciale et de la faire parcourir par une roue dentée mue par l'essieu moteur de la machine.

A l'origine des chemins de fer on supposait faussement que l'adhérence ne serait pas suffisante pour permettre à la locomotive de prendre son point d'appui sur le rail. Poussé par cette idée fausse M. Blenkinsop construisit en 1811 une machine mue par une roue dentée motrice, dont les dents engrenaient avec celles d'une crémaillère. La roue dentée, bien qu'unique, était placée latéralement d'un côté de la machine, à l'extérieur ; la crémaillère à dents de 0.05 à 0.07 était appliquée contre l'un des rails, sur sa face extérieure.

L'essieu moteur portant la roue dentée motrice subissait ainsi un effort de tension très notable, dû à ce que l'effort moteur agissait à une extrémité de l'arbre.

Ces machines ont fonctionné quelque temps, et ont été employées au transport des houilles sur la ligne de Middleton à Leeds.

Mais vers 1813, M. Blackett ayant découvert que la simple adhérence était suffisante pour permettre le mouvement de la locomotive, l'idée de la crémaillère fut abandonnée.

[1] Toutefois, vers 1836, la Société des usines de Neath-Abbey (South Wales), faisait construire une machine à crémaillère destinée au transport à vitesse très réduite sur de forte rampes. Cette machine était à six roues couplées.

La roue dentée était calée sur un arbre spécial qui pouvait être remonté ou abaissé, de façon à pouvoir engrener avec une crémaillère centrale.

2. Chemin du Mount Washington.—En 1847, disent certains auteurs, en 1852 seulement, suivant d'autres, une voie à crémaillère fut construite en Amérique sur la ligne d'Indianopolis à Madison, pour l'exploitation du plan incliné de Madison [2]. Cette ligne présentait des rampes de 60 mm. par mètre. La locomotive agissait à la fois au moyen d'un pignon engrenant dans une crémaillère en fonte, et simultanément par l'effort de la traction que pouvait fournir son poids adhérent. Ce système était dû à Carthcart, et la ligne fut exploitée ainsi jusqu'en 1868.

En 1866 un ingénieur américain, M. Marsh, établissait un chemin de fer à crémaillère centrale, pour un chemin de plaisance construit sur le Mount Washington (New Hamphsire). Les pentes maxima atteignaient

(1) Couche, *Chemins de fer*, tome II, p. 725.
(2) *Matériel des chemins de fer*. Jacquemin, Exposition de 1878, page 115.

330 mm., la hauteur totale rachetée est de 1098 mètres. Voici la description donnée par M. Couche de cette ligne.
« La voie a une largeur de 1m22. La chaudière, supportée « par des tourillons, reste toujours verticale quel que soit « le profil. La machine présente à cela près la plus « grande analogie avec celle du Rigi. Des rouleaux de « friction suspendus au chassis et courant sous les re- « bords horizontaux du rail central (à crémaillère) relient « la machine à la voie, et l'empêchent de se soulever.

« A la montée, un fort cliquet battant sur les dents de « la crémaillère prévient tout danger de recul. La ma- « chine est pourvue d'un frein à air semblable à celui du « Rigi, et d'un frein agissant sur l'arbre moteur et par « suite sur l'engrenage. De plus, les deux véhicules qui « avec la machine composent le train, c'est-à-dire le ten- « der et une voiture à cinquante places, sont comme la « machine munis l'un et l'autre d'une roue dentée, fonc- « tionnant comme frein.

« Cette machine remorque, dit-on, à la vitesse de 7 « kilomètres le double de son poids. »

3. Brevet Riggenbach. — Chemin du Rigi. — Antérieurement à l'établissement du chemin de fer du Mount Washington, le 2 août 1863, M. Riggenbach prenait un brevet en France sous le n° 59.625 sous le titre de « nouveau système de voie et de locomotive destinées au franchissement des montagnes » système qui comptait une machine à roues dentées se touant sur une crémaillère (1).

Mais ce n'est qu'au retour d'un voyage de M. Riggenbach dans l'Amérique du Nord en 1869 qu'il lui fut donné de faire l'application de son idée au chemin du Rigi.

Il est juste d'ajouter cependant que dès 1866 M. Riggenbach proposait l'emploi du chemin à crémaillère pour

(1) R. Abt, *Die drei, Rigibahnen.*

exploiter le Gothard. Son projet préparé en collaboration avec M. Zschokke comportait des rampes de 5 0/0.

Il s'est élevé du reste au sujet de l'invention de la crémaillère, ou plutôt de son adaptation à la traction des locomotives, il s'est élevé, dis-je, des questions de priorité, dans la discussion desquelles nous n'entrerons pas.

Ce qui est certain et hors de doute, c'est que, le premier en Europe, M. Riggenbach a construit et perfectionné des chemins de fer à crémaillère. La première ligne du Rigi construite par lui est restée comme un type de bonne construction, de dispositions pratiques et parfaitement étudiées.

Dans les premières machines du Rigi construites par M. Riggenbach, la traction était due exclusivement à la crémaillère, et à la roue dentée ; les roues porteuses étant folles sur leur essieu. Mais déjà pour le chemin d'Oestermundigen Berne, M. Riggenbach s'avisa de faire participer à l'effort de traction les roues porteuses, en utilisant leur adhérence, de façon à diminuer l'effort sur la crémaillère. Un même mécanisme moteur commandant du reste les deux systèmes. Depuis, il a appliqué indifféremment les deux dispositions suivant les cas.

La crémaillère Riggenbach est une sorte d'échelle couchée à plat dans le milieu de la voie. Les deux montants verticaux sont formés par des fers ⊔, dans l'âme desquels sont rivés des barreaux placés perpendiculairement à l'axe du chemin. Ces barreaux sont de section trapézoïdale, la section ronde ayant donné de mauvais résultats.

4. Système Abt. — Un collaborateur de Riggenbach, M. R. Abt de Lucerne, frappé de certains inconvénients que présente la crémaillère à échelons, imagina de constituer la crémaillère par des lames d'acier taillées en dents de scie, placées de champ, et engrenant avec plusieurs roues dentées motrices placées côte à côte (chaque crémaillère étant parcourue par une dent spéciale).

De plus, poussant encore plus loin l'idée de faire travailler séparément et simultanément le mécanisme à adhérence, et le mécanisme à roues dentées, il commanda chacun de ces systèmes, par un mécanisme moteur spécial indépendant de l'autre. La première application de cette idée fut faite en 1885 en Allemagne sur la ligne de Blankenbourg à Tanne. Il est juste de constater que l'idée de commander les systèmes à adhérence et à crémaillère par deux mécanismes moteurs distincts avait été émise aussi par M. Riggenbach. L'idée d'une machine à deux mécanismes a été émise en 1858 par M. Carthcart et en 1876 par M. R. Abt.

Cette variante de la traction à crémaillère a des partisans tout comme le système Riggenbach ; nous reviendrons plus tard sur leurs avantages et défauts respectifs.

Disons seulement qu'aujourd'hui il y a en exploitation de nombreux exemples des deux systèmes.

On trouvera ci-contre le tableau des chemins à crémaillère système Riggenbach exploités en 1890, et un tableau des chemins système Abt exploités en 1892.

Chemins de fer à crémaillère, système Riggenbach, exploités en 1890

Numéros	DÉNOMINATION des Chemins	Date de la mise en service	Longueur en Kilomètres	Pentes maxima en millièmes	Nombre de locomotives	Observations
1	Vitznau Rigi	1870	7	250	10	entièrement à crémaillère
2	Ostermundingen Berne	1870	2	100	2	système mixte
3	Vienne Kahlenberg	1872	5	110	5	entièrement à crémaillère
4	Pesth Schwabenberg	1872	4	110	4	»
5	Rorschach Heiden	1874	6	90	3	»
6	Arth Rigi	1874	9	210	6	»
7	Wasseralfingen Wurtemberg	1876	2	78	1	système mixte
8	Ruti, Zurich	1877	2	100	1	»
9	Laufen, Berne	1878	1	50	1	»
10	Friederichsségen, sur la Lahn	1880	3	100	2	»
11	Pétropolis, Brésil	1882	7	150	4	entièrement à crémaillère
12	Corcovado, Brésil	1884	3,5	300	3	»
13	Königswinter, Drachenfels	1884	2	200	3	»
14	Rudesheim, Niederwald	1884	2,4	200	4	»
15	Stuttgart, Degerloch	1885	2	172	3	»
16	Zrakarolz, Hongrie	1885	5,5	80	2	système mixte
17	Assmannshausen-Niederwald	1885	1,5	200	3	entièrement à crémaillère
18	Naples-Salvator-Rosa	1886	0,8	70	3	système mixte
19	Salzbourg, Gaisberg	1887	5,5	250	7	entièrement à crémaillère
20	Langres, France	1887	1,5	172	2	système mixte
21	Padang, Sumatra	1889	30	80	4	»
22	Königswinter Pétersberg	1889	1,3	260	3	entièrement à crémaillère
23	Jenbach, Achsensée, Tyrol	1889	3,3	160	4	système mixte
24	Brünig (Suisse)	1887	44,9	120	»	»
25	Hœllenthal (Duché de Bade)	1887	34,7	55	»	syst. mixte, crém. Biss.
26	Saint-Gall Gais	1889	14	90	4	»
27	Zweilütschinen Grindenwald	1890	11,8	120	»	système mixte
28	Zweilütschinen Lauterbrunnen	1890	2,2	»	»	»
	Total		186,9			

Chemins de fer à crémaillère, système R. Abt, exploités en 1892

Numéros	DÉNOMINATION des Chemins	Date de la mise en service	Longueur en kilomètres	Pentes maxima en millièmes	Rayon minimum des courbes	Largeur de la voie	Observations
1	Blankenburg à Tanne (Harz)	1885	30,5	60	180	1.430	chemin de fer mixte
2	Lehesten-Oertelsbruch	1886	2,7	80	150	1.430	»
3	Oertelsbruch	1886	5	137	30	0.690	»
4	Puerto Cabello Valencia	1887	3,8	80	115	1.067	entièr[1] à crémaillère
5	Monte Generoso	1890	9	220	60	1.000	»
6	Tiège Zermatt	1890	35	125	100	1.000	mixte
7	Mostar Sarajevo (Bosnie)	1890	68	60	120	0.760	»
8	Peaks Peak	1890	14,5	250	110	1.435	entièr[t] à crémaillère
9	Eisenerz-Vordenberg (Autriche)	1891	20	71	180	1.450	mixte
10	Diacophto-Kalavryta	1891	22	145	80	0.750	»
11	Rothorn	1892	7,6	250	60	0.80	entièr[t] à crémaillère
12	Chemin de fer de Glion aux rochers de Naye	1891	7,5	220	80	1.000	»
13	Chemin de fer central de St-Domingue	1891	90	90	50	0.765	»
14	Chemin de fer électrique du Mont-Salève	1892	9	250	60	1.000	»
15	Mendozza à S[a]-Rosa	1892	70	80	120	1.000	mixte
16	Aix-les-Bains au Revard	1892	9	200	80	1.000	entièr[t] à crémaillère
17	Montserrat	1892	8	150	80	1.000	»
18	Usui-Foge (Japon)	1892	8	60	250	1.000	mixte
	Total		339,6				

NOTA : Les lignes n°s 15, 16, 17, 18 doivent être livrées à la circulation dans le courant de l'année 1892.

Système Locher

	Dénomination	Date	Longueur	Pentes	Rayon	Largeur	Observations
	Chemin de fer du Mont-Pilate	1888	4,5	480	80	0.800	»

§ 2.

DU TRACÉ AU POINT DE VUE DES COURBES ET DES PENTES

7. Influence des courbes. — Rayon minimum des parties à crémaillère. — La flexibilité des chemins à crémaillère dépend, comme celle des chemins ordinaires, de l'écartement des essieux extrêmes des véhicules et de la largeur de la voie. Mais il y a, en outre, un élément spécial qui intervient, c'est la question du passage de la roue dentée dans une crémaillère en courbe et de la convergence des échelons de la crémaillère vers le centre de la courbe.

En pratique, avec une voie normale on est descendu au Rigi à 180 m ; avec la voie de 1 m. on a admis, pour le chemin de Langres, des rayons de 120 m., et, pour la ligne de Viège-Zermatt (Suisse), des rayons de 100 m. Pour la ligne de St-Gall-Gais à voie de 1 mètre on a admis en crémaillère des rayons de 30 m.

Il est aisé de voir que, par suite de la construction même de la crémaillère, il y a une limite à l'abaissement du rayon des courbes. Les tronçons de crémaillère ont, en général, 3 m. de longueur, l'espacement des échelons est d'environ 0 m. 100 et la largeur de la crémaillère de 0 m. 120.

Supposons un tronçon de crémaillère de 3 m. de long, dans une courbe de 100 m. de rayon, et considérons les deux échelons extrêmes : ils feraient entre eux un angle de $\alpha = 1°42'8''$.

Par suite, sur le montant extérieur, l'extrémité du dernier échelon devra avancer sur la division normale d'une quantité $\frac{l \operatorname{tg} \alpha}{2}$, l étant la largeur de la crémaillère ici $= \frac{0,120 \times 0,03}{2} = \frac{0^{m},0036}{2}$, quantité déjà sensible. Il faut donc déjà prendre des précautions spéciales dans la construction de la crémaillère, et tenir compte à l'atelier de cette question de convergence des échelons.

On voit donc qu'au point de vue de la constitution de la crémaillère il est malaisé d'adopter des rayons très faibles.

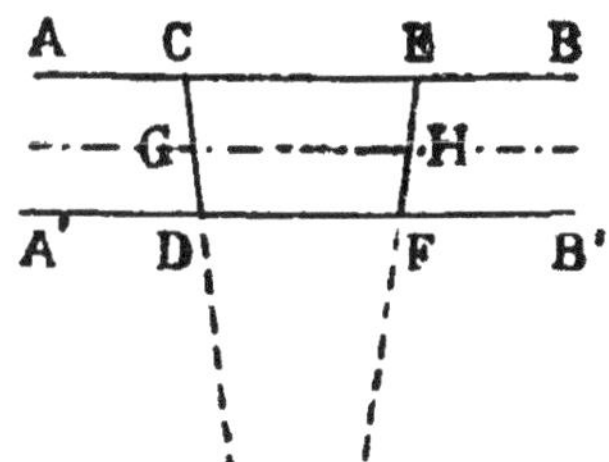

Fig. 1.

Au point de vue du parallélisme des dents de la roue motrice et de la crémaillère, on peut aller plus loin.

Soient, en effet, AB et A'B' les deux montants de la crémaillère. CD et EF deux échelons consécutifs, convergeant au centre O de la courbe. Soit GH la ligne moyenne de la crémaillère. On a :

$$\frac{GH}{DF} = \frac{OH}{OH - HF},$$

soit $GH = p$, pas de l'engrenage, $HF = e$, demi largeur de la crémaillère, $OH = R$, rayon de la courbe, on a :

$$DF = \frac{GH\,(OH - HF)}{OH} = \frac{p(R - e)}{R}$$

et

$$GH - DF = x = p - p\,\frac{(R - e)}{R} = \frac{pe}{R}$$

si $p = 0{,}1$, $e = 0{,}06$ et si l'on s'impose la condition que $GH - DF = 0{,}0005 = x$,

il vient

$$R = \frac{pe}{x} = \frac{0{,}1 \times 0{,}06}{0{,}0001} = 60 \text{ mètres.}$$

Il est clair qu'une différence de 0 m. 0001 entre la file moyenne et chacune des files extérieures ne peut avoir pratiquement d'inconvénients sérieux.

Mais cet inconvénient n'empêche pas le premier que nous avons signalé et qui s'oppose à ce que l'on descende notablement au-dessous de 100 m. de rayon en composant la crémaillère de tronçons de 3 m. de longueur;

à moins d'avoir recours à des artifices spéciaux, comme au Saint-Gall-Gais où l'on a admis en crémaillère des rayons de 30 m. [1]

Cet inconvénient paraît moins sensible avec les crémaillères constituées par des lames dentées, comme la crémaillère de M. R. Abt, dont nous nous occuperons plus loin.

Cependant, même avec la crémaillère et la machine Abt, l'exploitation de la ligne Viège-Zermatt montre qu'il ne serait pas à conseiller de descendre au-dessous des rayons de 100 m., même pour une voie de 1 m. de largeur, tant au point de vue du passage des machines dans les courbes qu'au point de vue de l'usure de la crémaillère. Dans les courbes de faible rayon, les dents de la crémaillère subissent des usures anormales, les arêtes des dents sont attaquées.

L'exploitation de la ligne de Langres indique aussi que les faibles courbes ont pour effet d'user très rapidement les bandages des roues des machines.

Aussi, convient-il d'être très prudent dans la fixation du rayon minimum des courbes.

8. Limites des pentes à partir desquelles la crémaillère est applicable. — Au point de vue des pentes, il y a deux limites à considérer :

1° A partir de quelle inclinaison y a-t-il lieu de recourir à la crémaillère ?

2° Jusqu'à quelle pente peut-on aller avec confiance sans crainte d'accidents ?

On considère généralement qu'il y a lieu d'adopter la crémaillère dès que l'inclinaison atteint 40 à 50 mm. Au chemin mixte de Friedrichségen à la Lahn, on a adopté la crémaillère dès que la pente dépasse 50 mm ; à Lan-

(1) Monographie des chemins de fer de Saint-Gall-Gais par Martin et Clarard, ingénieurs des Ponts-et-chaussés, Paris, Baudry, 1891.

gres, les rampes de 30 mm. sont encore franchies par simple adhérence ; au Hœllenthal, la crémaillère est appliquée sur les rampes de 55 mm. ; sur la ligne de Lehesten à Oertelsbruch, on a appliqué la crémaillère dès que la pente dépasse seulement 25 mm. ; sur la ligne de Viège-Zermatt, au contraire, les pentes de 25 mm. sont exploitées sans crémaillère.

Il semble que l'emploi de la crémaillère ne commence à se justifier que pour les rampes supérieures à 40 mm., au-dessous l'adhérence est suffisante, surtout pour un faible trafic. Nous avons vu que sur une rampe de 50 mm. une machine à adhérence ne peut guère remorquer qu'une charge égale à son propre poids. Au contraire, à la vitesse de 7 kilomètres à l'heure, les machines à crémaillère peuvent, sur une semblable déclivité, remorquer une charge environ 3 fois leur poids.

Ainsi, 40 à 50 mm., voilà la limite inférieure des pentes sur lesquelles il y a lieu d'adopter la crémaillère.

On est allé avec la crémaillère Riggenbach jusqu'à des pentes de 250 mm., mais pas au-delà. Du reste, sur une semblable déclivité, la machine ne remorque plus qu'une charge égale à environ la moitié de son poids.

Ces pentes de 250 mm. existent au Vitznau-Rigi et au Salzbourg-Gaisberg.

Au Köningswinter Petersberg il y a exceptionnellement une pente de 260 mm. et au Mount Washington une pente de 350 mm. ; au Mount Washington la pente atteint 330 mm.

Cependant on est allé beaucoup plus loin, et au mont Pilate on a adopté des pentes de 480 mm. Mais, sur de pareilles déclivités, la crémaillère ordinaire ne peut plus convenir : une roue dentée verticale n'engrenerait plus suffisamment avec les échelons horizontaux de la crémaillère.

9. Nécessité d'une disposition différente de la cré-

maillère sur les très fortes déclivités [1]. — Les expériences faites en petit sur une pente de 480 mm. ont montré, en effet, que la roue dentée verticale n'offre plus de sécurité dans ces conditions. Car, à la moindre inexactitude dans la division, les dents de la roue montent sur celles de la crémaillère.

C'est alors que M. le colonel Locher imagina un système de crémaillères à dents horizontales, que nous décrirons plus tard, mais que nous signalons ici pour indiquer la plus grande sécurité offerte par ce système sur des pentes exceptionnelles.

Ainsi donc, en résumé, la crémaillère à dents verticales doit s'employer pour les pentes comprises entre 40 mm. et 250 mm.

Pour les pentes plus fortes, il y a lieu de recourir à la crémaillère à dents horizontales, ainsi que cela a été fait au mont Pilate par le colonel Locher (au Vésuve on a employé aussi une crémaillère à dents horizontales, mais combinée avec l'emploi d'un funiculaire).

Du reste, la crémaillère coûte, en moyenne, avec les consolidations de voie qu'elle exige, environ 30 à 40.000 francs par kilomètre. Il y a donc un intérêt sérieux, surtout pour une entreprise modeste, à ne l'adopter qu'à partir du moment où elle devient réellement utile et efficace.

Cela est surtout intéressant pour les chemins de fer dits « mixtes », c'est-à-dire ceux où la crémaillère n'existe que dans les fortes pentes, et où la traction se fait par adhérence simple dans les parties moins accidentées. C'est pourquoi nous avons insisté sur la limite inférieure à partir de laquelle il y a intérêt à adopter la crémaillère.

Au-dessous, comme nous l'avons dit déjà plusieurs fois, on ne gagnerait rien : l'adhérence permettant, jusqu'à 30

(1) *Revue technique de l'Exposition*, par Ch. Vigreux, p. 158.

et 40 mm., de remorquer des charges suffisantes à la vitesse de 12 à 15 kilomètres à l'heure.

Ces considérations générales peuvent se résumer ainsi :

Les chemins à crémaillère, comportant de très fortes pentes, peuvent être plus directs que les chemins de fer ordinaires, et suivre de plus près les mouvements du sol.

Ils admettent en effet des courbes *raides,* dont le rayon pour un chemin à voie de 1 mètre peut s'abaisser jusqu'à 100 mètres.

Mais la pratique n'a pas sanctionné jusqu'à ce jour l'emploi de courbes de plus faibles rayons.

L'expérience du Saint-Gall-Gais est encore trop récente pour que l'on puisse tirer des conclusions relativement à l'emploi de rayons de trente mètres. Il s'agit là du reste d'une exception isolée.

On a bien adopté des rayons de cinquante mètres au au chemin de Saint-Domingue et de soixante mètres au chemin du Rothorn ; mais la première ligne vient d'être ouverte à l'exploitation, et la seconde ne sera livrée à la circulation qu'en 1892.

Avec la crémaillère à dents verticales, on peut admettre des pentes s'élevant jusqu'à 250 mm., et avec une crémaillère horizontale on peut aller jusqu'à 480 mm., ainsi que le montre l'exemple du chemin du Mont-Pilate.

10. Chemins mixtes à crémaillère et adhérence. — Il résulte de tout ce que nous avons dit que c'est par la réduction de la longueur à construire, et la moindre importance des terrassements et des ouvrages d'art, que les chemins à crémaillère coûtent moins cher de frais de premier établissement que les voies ferrées ordinaires. Car, s'il y a des cas où l'emploi d'une voie à crémaillère s'impose d'elle-même, il y en a beaucoup où il y a lieu de comparer cette solution à celle d'une voie ordinaire.

C'est surtout pour les chemins mixtes que ce dernier cas se présente : c'est-à-dire les chemins sur lesquels la crémaillère ne règne pas sur toute la longueur de la ligne, mais seulement de place en place. Ces chemins admettant des pentes bien différentes, certaines peuvent être franchies par simple adhérence ; par suite, sur ces pentes la voie n'est pas munie de crémaillère, et la machine passe successivement d'une partie à adhérence à une section à crémaillère, et inversement.

Nous allons maintenant éclaircir ces questions par des exemples, et donner la description du tracé des principaux chemins de fer à crémaillère actuellement exploités.

Nous diviserons cette description en deux parties : la première comprenant les chemins entièrement à crémaillère, et la seconde les chemins mixtes.

§ 3

DESCRIPTION DU TRACÉ DES LIGNES A CRÉMAILLÈRE

1° Chemins entièrement à crémaillère

11. Lignes du Rigi. — *Chemin de fer de Vitznau Rigi.* — Cette ligne est la première ligne à crémaillère ayant servi en Europe au transport des voyageurs.

Au commencement de 1869, MM. Riggenbach, Naeff de Saint-Gall et Zschokke d'Aarau, obtinrent du gouvernement du canton de Lucerne, la concession de la construction d'une voie à crémaillère de Vitznau à la frontière du canton de Schwyz sur le Rigi, en passant par Kaltbad (voir la carte fig. 2). La même année fut constituée une société au capital de 1.250.000 fr., et en novembre les travaux commencèrent sous la direction de M. Naeff ; ils furent terminés à l'automne de 1870, sauf une courte section, dont les rails fournis par les forges de MM. Dreyfus-Dupont, d'Ars-la-Tour, subirent un retard dans la livraison à cause de la guerre de 1870-71.

La longueur totale de la ligne entre Vitznau et Staffelhöhe est de 5.320 m., mais en 1872 la ligne fut prolongée jusqu'au Kulm, à 1.750 m. d'altitude, et achevée en juillet 1873, de sorte qu'aujourd'hui la ligne a une longueur totale de 6,981 m.

Le point de départ est à Vitznau, sur les bords du lac de Lucerne, à la cote 439; la ligne est d'abord en palier, et à droite et à gauche se trouvent les ateliers et les remises; puis, après une rampe de 66 mm., commence la grande rampe de 250 mm., qui règne sur le tiers de la longueur environ. Peu après la Rothfluh vient un tunnel de 75 m., à la suite duquel on traverse immédiatement un pont métallique très léger de 75 m. 50 de longueur

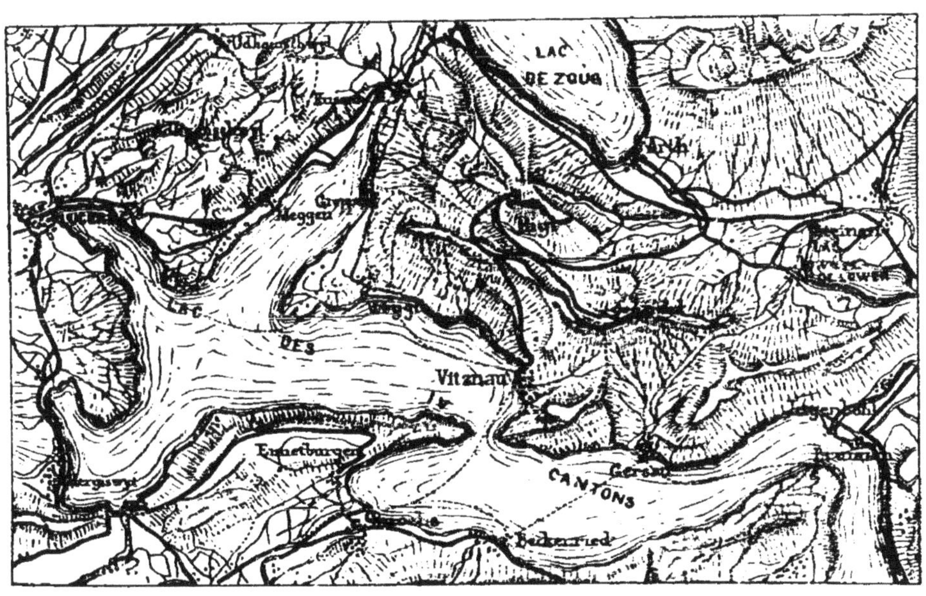

Fig. 2.
Le Mont Rigi et ses abords.

en rampe de 250 mm. et en courbe de 180 m. On arrive à la première halte, Freibergen, où se trouve une prise

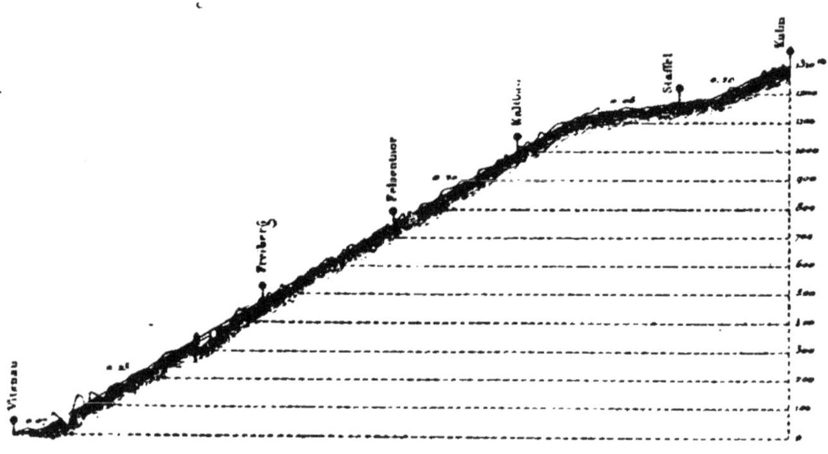

Fig. 2 bis.

d'eau. De là jusqu'à Kaltbad la ligne est à double voie; ici vient s'embrancher la ligne de la Scheideck dont nous parlerons plus loin.

A Kaltbad et à Freibergen il existe des ponts roulants servant au garage des trains. On continue à monter, et, après la station de Staffelhöhe, on arrive au Rigi Kulm. La hauteur franchie est de 1.329 m.; la pente moyenne est de 188 mm.; le rayon minimum des courbes est de 180 m.

Il n'y a pas d'autres ouvrages d'art que le pont de Schnurtobel et le tunnel, malgré les difficultés du tracé. Aussi cette ligne restera-t-elle toujours comme un modèle de choix de tracé, épousant les formes du terrain d'aussi près que possible.

La fig. 2 *bis* donne le profil en long de la ligne, et la fig. 3 une vue d'ensemble de la face sud de la montagne du Rigi.

Le Rigi est visité par tous les étrangers qui viennent à Lucerne, à cause de ses sites pittoresques; de plus, on y

Fig. 8. — Vue du Mont Rigi.

a établi des stations d'altitude très fréquentées ; aussi le mouvement des voyageurs est-il très considérable pendant la belle saison. En 1884 on a compté 80.143 voyageurs (montée et descente).

Le capital total engagé à la fin de 1880 était de 2.295.797 francs.

12. Chemin de fer d'Arth-Rigi. — Le succès de la ligne du Rigi tourna les esprits vers les entreprises analogues, et en février 1873 se constituait une société au capital de 25,000,000, dite « Société internationale des chemins de fer de montagne » dont le siège social était à Bâle.

MM. Riggenbach et Zschokke furent nommés les délégués du conseil d'administration. Cette société entreprit la construction d'une autre ligne à crémaillère gravissant le Rigi par la face opposée à Vitznau, et réunissant par suite Vitznau par le Kulm au lac de Zug; son point d'arrivée est à Arth (voir la carte, fig. 2).

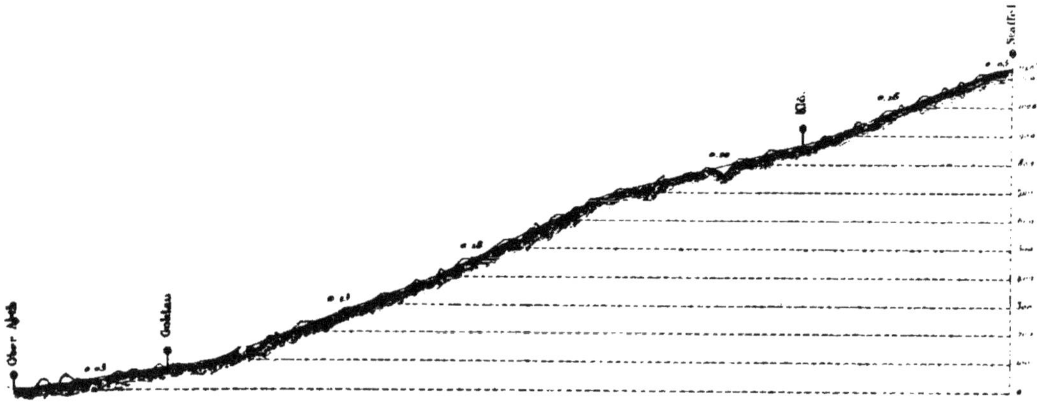

Fig. 4.

Cette ligne est d'abord une voie ordinaire allant d'Arth à Oberarth ; là commence une ligne continue à crémaillère allant jusqu'au Kulm et ayant une longueur de 8.970 m.

Depuis Staffel jusqu'au Kulm, les rails sont posés côte à côte avec ceux de la ligne de Vitznau-Rigi.

Avant l'origine de la section à crémaillère se trouve un premier pont sur l'Aabach, puis un tunnel de 37 m.; et successivement deux autres ponts sur l'Aabach. Vers la station de Goldau, on traverse le fameux éboulement du Rossberg. La pente, d'abord modérée, devient plus raide après la traversée de la route de Schwyz.

A la station de Kräbel se trouve une prise d'eau. Au delà, les abords de la ligne deviennent de plus en plus abrupts. La ligne est comme suspendue à un à pic de rochers, haut de 150 m.

Pendant la construction, cette partie de la ligne n'était accessible qu'à l'aide d'échelles de corde. Au dessous de la voie est un véritable abime. Au delà, la voie franchit un tunnel et un pont; à Fruttli se trouve un garage avec ponts roulants aux extrémités; puis viennent deux ponts séparés par le tunnel du Pfederwald, et l'on atteint les stations de Klösterli, puis de Staffel. Au delà, les rails suivent parallèlement ceux du Vitznau-Rigi.

La pente maxima est de 212 mm., la pente moyenne de 131 mm.

Le rayon minimum des courbes est de 180 m., la largeur de la voie de 1 m. 435.

La ligne a été inaugurée le 3 juin 1875. Le capital engagé était à cette époque de 6.139.401 fr.

Les fig. 2 et 4 indiquent les plans et profils de la ligne.

Nous ne ferons que signaler en passant la troisième ligne du Rigi, celle du Rigi-Scheideck, qui est une ligne à adhérence ordinaire. Elle permet de parcourir la partie supérieure de la face du Rigi regardant le lac des Quatre-Cantons; elle commence à Kaltbad, station du Vitznau-Rigi, et se termine à la cote 1602 devant l'hôtel de la Scheideck, après un parcours de 6.727 m. Les pentes maxima sont de 50 mm., et les rayons minimum des courbes sont de 137 m.

Toutes ces lignes du Rigi suivent de près les reliefs du sol et comportent, celle de Vitznau un seul pont, celle d'Arth 7, et celle de la Scheideck 3.

Le pont de Schnurtobel de la ligne de Vitznau est un ouvrage métallique à trois travées discontinues de 25 m. 50 d'ouverture (voir fig. 20). Les piles sont également métalliques et reposent sur une fondation en pierre de taille.

La fig. 21 montre l'élévation du pont métallique de la Rothenfluhbach de la ligne d'Arth.

La carte de la fig. 2 montre l'ensemble des lignes du Rigi et leurs abords.

Nous nous sommes un peu étendus sur la partie historique et sur la description du tracé de ces chemins, parce

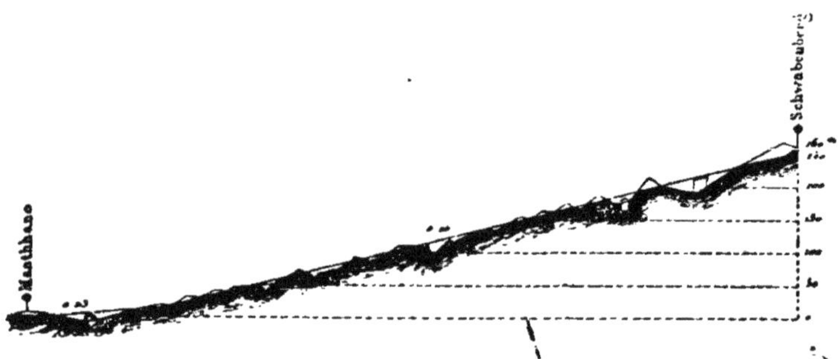

Fig. 5.

qu'ils sont le point de départ de toutes les lignes à crémaillère actuellement existantes.

Citons comme lignes analogues à celles du Rigi celles du Kahlenberg et du Schwabenberg.

13. Chemin du Schwabenberg. — En 1874 fut inauguré à Bude, près de Stadmaurhof un chemin de fer analogue à ceux du Rigi. Il met en communication Bude avec le plateau du Schwabenberg, très fréquenté l'été par les habitants de Bude.

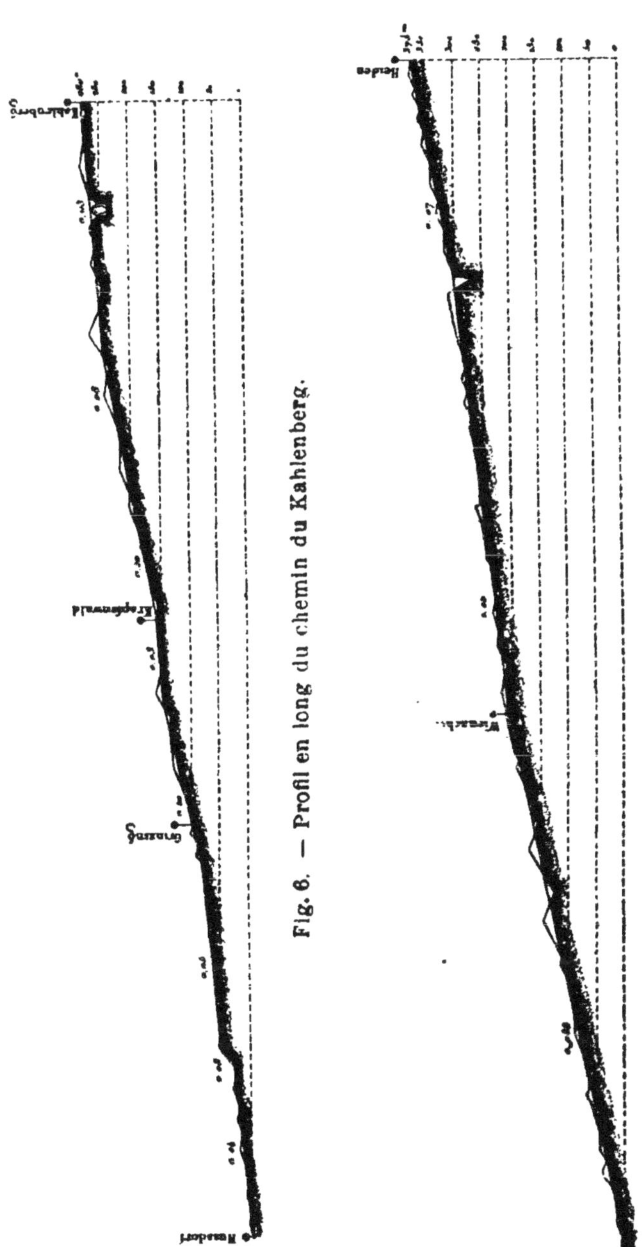

Fig. 6. — Profil en long du chemin du Kahlenberg.

Fig. 7. — Profil en long du chemin de Rorschach-Heiden.

La longueur de la ligne est de 3 kilomètres, la hauteur franchie est de 260 m., la pente maxima atteint 102 mm., 5, la pente moyenne est de 96 mm., le rayon minimum des courbes est de 180 m.

La voie a une largeur de 1 m. 435.

La fig. 5 représente le profil en long.

14. Chemin du Kahlenberg. — Le chemin du Kahlenberg en Autriche, inauguré également en 1874, est tout à fait analogue au précédent.

Il part de Nussdorf, près Vienne, passe par Grinzig et Krapfenwald, pour arriver après un parcours de 5 kilomètres au sommet du Kahlenberg, ayant gravi une hauteur de 280 m. (Voir le profil en long fig. 6, et le plan fig. 8).

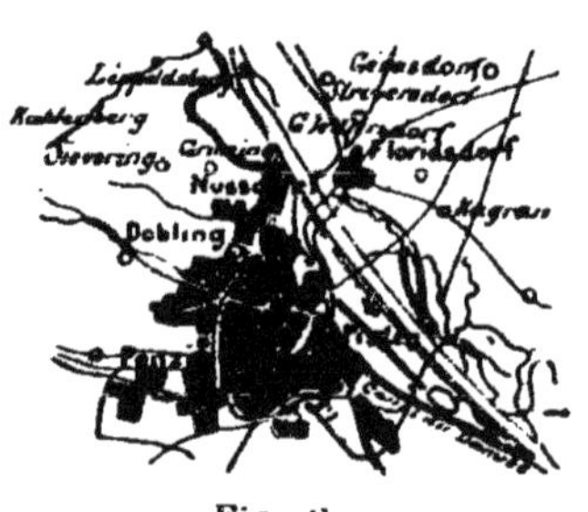

Fig. 8.
Environs de Vienne

La ligne est à voie normale, et comporte deux voies d'un bout à l'autre. Le rayon minimum des courbes est de 180 m.

La pente maxima atteint 100 mm., la pente moyenne est de 56 mm.

La compagnie concessionnaire de ce chemin n'était pas munie du droit d'expropriation. Il en est résulté que les achats de terrain se sont élevés au chiffre effrayant de 1 million de francs, pour cette longueur de 5 kilomètres.

15. Ligne de Rorschach-Heiden. — Ouverte en 1875, cette ligne a son point de départ à Rorschach, station de la ligne de l'Union Suisse, sur le lac de Constance, et aboutit, après un parcours de 5.500 m., au village de Heiden, station climatérique à l'altitude de 806, à 412 m. au-dessus du lac de Constance. La pente moyenne est de 71 mm. la pente maxima de 90 mm.; les courbes ont au moins 180 m. de rayon. La largeur de la voie est de 1 m. 435.

Cette ligne, à l'inverse des lignes du Rigi, est ouverte toute l'année à l'exploitation.

Le profil en long est indiqué fig. 7.

Citons encore la ligne d'Heidelberg, au sommet de la Königsthul, dans le grand duché de Bade.

16. Chemin de fer du Mont Pilate. — Cette ligne est sans doute actuellement celle qui possède les plus fortes pentes, car les déclivités y atteignent 480 mm.

Son point de départ est Alpnach Stadt, au bord du lac de Lucerne, à la cote 440. Ce point est desservi par la ligne du Brünig et les bateaux à vapeur du lac. Le point d'arrivée, au sommet du mont Pilate, entre les pics de l'Esel (2123^{m}) et de l'Oberhaupt, est à la cote 2076, soit une différence de niveau de 1636 m. La longueur totale est de 4.500 m., soit une pente moyenne de 387 mm. Les fig. 9, montrent le plan et le profil en long. Le rayon minimum des courbes, est de 80 m., la largeur de voie de 0 m. 80. A moitié chemin vers Aemsingen, on a ménagé un garage. La ligne suit d'aussi près que possible les formes du terrain. Le passage de l'éboulis du Risletern a donné lieu à des difficultés, il a fallu faire des travaux de consolidation, à l'aide de pilotis et de fascinages. Les ouvrages d'art sont peu importants : on compte seulement un pont de 23 m. d'ouverture sur le Wolfortbach, et 7 tunnels dont le plus long a 97 m.

La cote maxima en remblai est de 6 m.

Les études et l'exécution des travaux ont présenté les

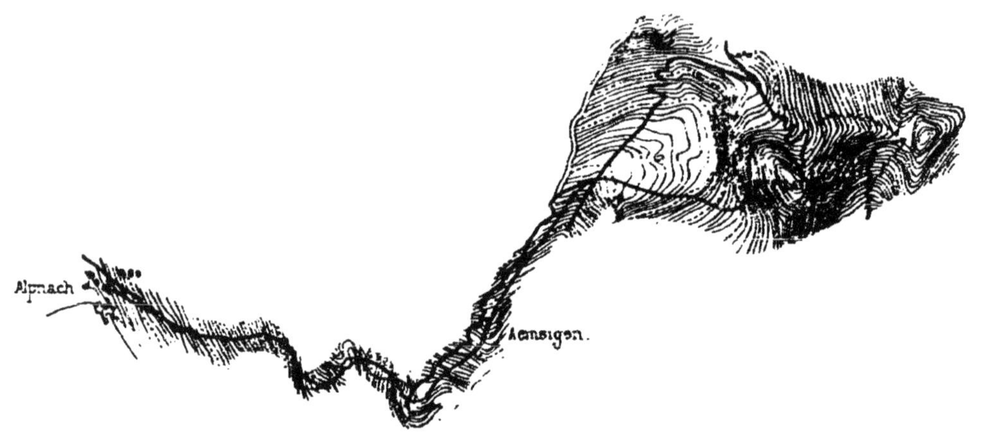

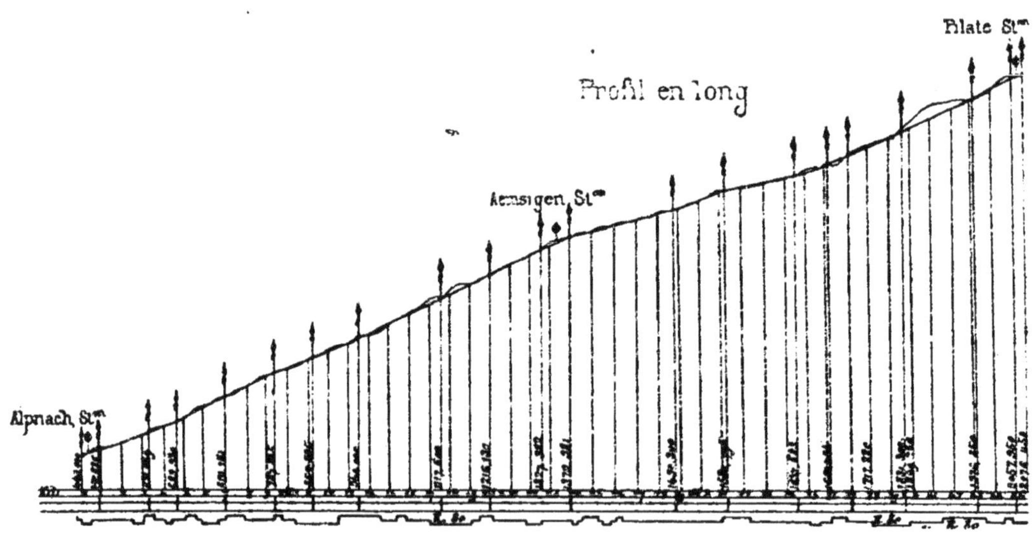

Fig. 9.

Plan et profil en long du chemin de fer du Mont-Pilate.

plus grandes difficultés. On a dû construire la ligne par tronçons, et se servir de la partie déjà construite pour approvisionner les chantiers d'avancement.

La crémaillère, dont nous avons déjà parlé, est à dents horizontales, et de l'invention de M. le colonel Locher, auquel l'académie vient de décerner le prix Poncelet.

La ligne a été construite à forfait par MM. Locher et Guyer-Freuler, pour la somme totale de 1.900.000 fr. y compris le matériel roulant [1].

L'inauguration a eu lieu le 17 août 1888.

Toutes ces voies ferrées ne servent guère qu'au transport des voyageurs; elles sont utilisées par les touristes et par les personnes séjournant dans les stations d'altitude.

Nous allons décrire maintenant les lignes de la seconde catégorie, qui tendent à se répandre beaucoup plus. Ce sont les chemins de fer mixtes, qui comprennent à la fois des sections munies de crémaillères et des sections sur lesquelles la traction se fait par simple adhérence.

2° Chemins mixtes.

17. Ligne d'Ostermundigen. — La première ligne du système mixte qui ait existé en Europe est celle d'*Ostermundigen, près Berne*, exploitée depuis 1870.

Elle sert exclusivement au transport des pierres d'une carrière qu'elle dessert, et n'a que 559 m. de longueur.

Le tracé, entièrement en ligne droite, admet comme déclivité maxima 100 mm. La partie en crémaillère est comprise entre deux tronçons à adhérence, et présente une pente continue de100 mm.

(1) *Revue de l'Exposition de 1889*, p. Vigreux, 5e partie, 1er fascicule. *Annales de la Construction*, juillet 1887.

La largeur de voie est de 1 m. 435. L'exploitation se fait toute l'année.

18. Le chemin de Wasseralfingen (Wurtemberg), ouvert en 1870, dessert des hauts fourneaux appartenant au domaine royal.

Les machines transportent les scories des usines sur la montagne, et ramènent les trains chargés de minerai de fer.

La ligne a 8.250 m. de longueur, les pentes maxima presque continues atteignent 78 mm. 5. Les tronçons exploités par adhérence se composent seulement des voies de service à l'intérieur de l'usine.

La voie n'a que 1 m. 00 de largeur, les courbes ont au moins 400 m. de rayon.

19. Ligne de Friederichsségen à la Lahn. — Comme

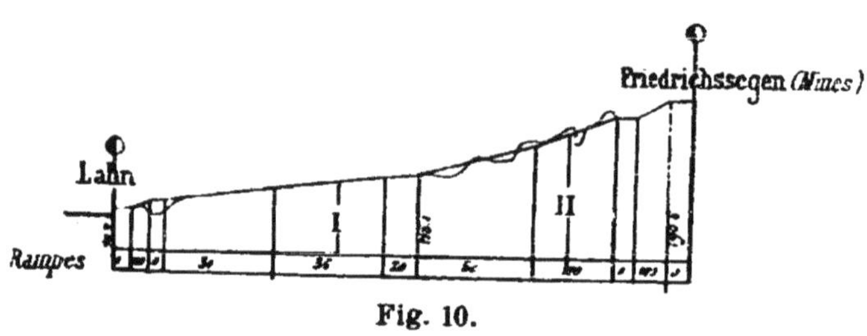

Fig. 10.

exmple de chemin mixte servant exclusivement au transport des minerais, nous parlerons brièvement de la *ligne de Friederichsségen à la Lahn*, près d'Ems, dans les provinces Rhénanes. Ce chemin, ouvert à l'exploitation en 1880, sert à apporter le minerai de plomb argentifère de la montagne, aux usines placées à mi-côte, et aux magasins situés le long de la rivière. Il sert aussi à remonter les charbons de la rivière aux usines. Sa longueur totale

Profil en long de la ligne du Harz
Tanne
Rothehütte
Elbingerode
Rübeland
Tunnel de Bismarck
Hüttenrode
Braunesumpf
Tunnel de Blechstein
Bast
Blankenburg
Altitudes

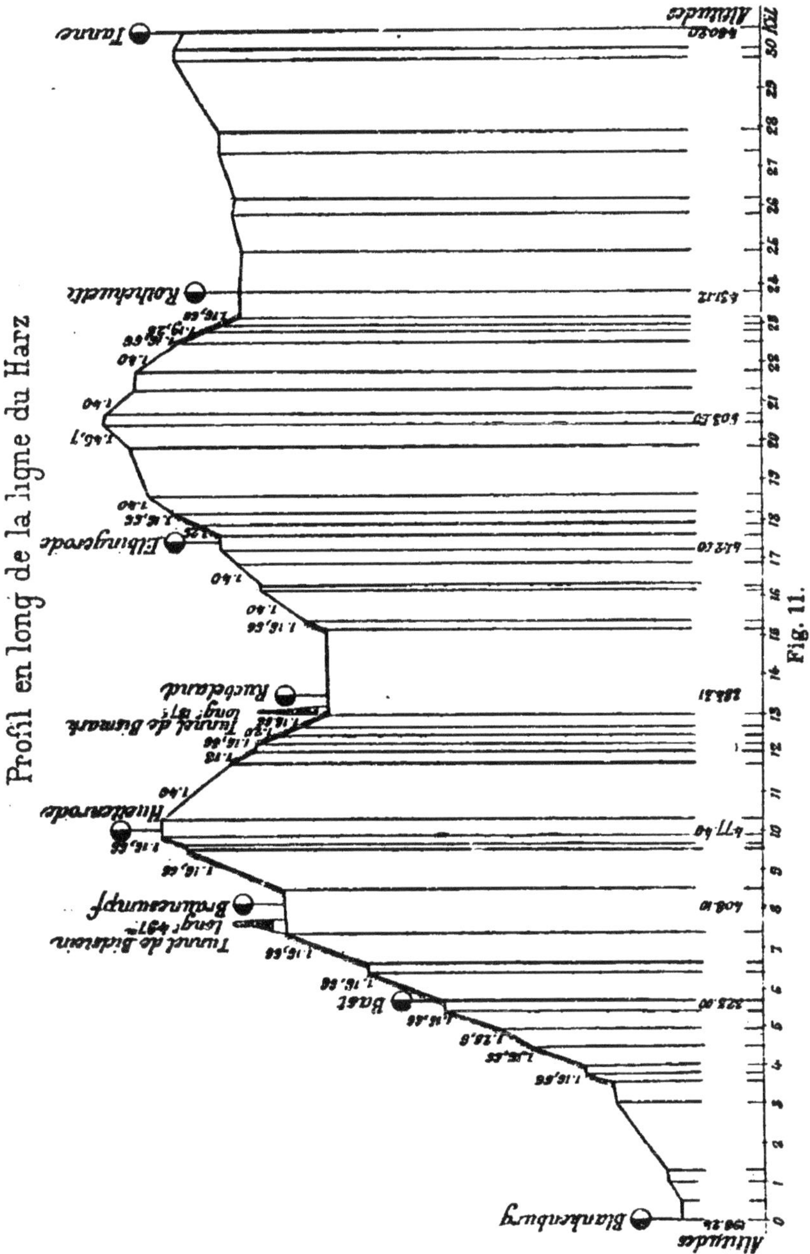

Fig. 11.

est de 2.550 m., la hauteur rachetée de 119 m.; la pente moyenne de 47 mm., et la pente maxima de 50 mm. dans les parties exploitées par adhérence, et de 100 mm. dans les sections à crémaillère. La fig. 10 montre le profil en long. La voie a 1 m. 00 de largeur.

Les dépenses de premier établissement se sont élevées à 75.000 fr. par kilomètre.

Notons aussi le *chemin de Marienhütte, près Gölnitz*, à gauche de la vallée de Gölnitz, dans la vallée de Zrakarocz.

Ce chemin, ouvert en février 1885, est mixte et sert au transport des minerais de fer et des bois en grume. Sa longueur est de 3.875 m. dont 2.034 en crémaillère. Les pentes maxima sont de 110 mm. en crémaillère et de 32 mm. en adhérence.

Le minimum des rayons est de 200 m. pour la section à crémaillère, et 100 m. pour la section à adhérence, s'abaissant à 60 m. dans les voies de service.

Les dépenses de premier établissement se sont élevées, y compris matériel roulant, à la somme de 662.500 fr., soit environ 170.000 fr. par kilomètre.

Toutes ces lignes mixtes ont été construites d'après le système Riggenbach.

Nous allons décrire maintenant une ligne servant au transport des voyageurs et des marchandises, du système de M. Roman Abt, dont nous avons déjà parlé.

20. Chemin de fer de Blankenbourg à Tanne (Harz). — Cette ligne, à voie normale, dessert une région où se trouvent des hauts fourneaux, des mines, des carrières et des exploitations forestières (voir le profil en long, fig. 11).

Son point de départ est Blankenbourg, relié à la grande ligne par un chemin de fer aboutissant à la station d'Halberstadt. Les trois premiers kilomètres au-delà de Blankenbourg, sont en faible pente et exploités par adhérence. Vers le kil. 3, commence la crémaillère, en rampe de 60 mm. régnant sur une longueur de 3 kil., puis on arrive au palier et à la station de Bast. La rampe de 60 mm. reprend ensuite jusqu'au tunnel de Bielsten, long de 640 m. Ce tunnel, qui avait déjà été construit pour le service des mines, a été utilisé; il a 640 m. de longueur.

Après la station de Braunesumpf, où l'on charge des minerais, on remonte en rampe de 60 mm. sur 2 kilom., jusqu'à Hüttenrode, à 280 m. au-dessus de Blankenbourg, et à une distance d'environ 10 kil. De là, la voie redescend jusqu'à Rübeland, village qu'elle traverse à niveau par la route. Après le tunnel de Bismark, en pente de 3 mm. 5, on remonte jusqu'à Elbingeronde, traversé à niveau par la route, comme Rübeland. Au-delà, la ligne franchit encore un faîte, puis redescend par Rothehütte jusqu'à Tanne.

Cette ligne, exploitée par des machines du système Abt, n'a qu'une voie. Sa longueur est de 30 k. 5. Les rayons des courbes dans les parties en crémaillère ne s'abaissent guère au-dessous de 300 m., on a été jusqu'à 200 m., mais en diminuant la pente.

Les rampes maxima sont de 25 mm. sur les parties à adhérence, et de 60 mm. dans les sections à crémaillère.

Le mouvement des terres a été de 3.500.000 m. c. Le coût total de la ligne, matériel roulant compris, a été de 4.970.000 fr., soit 180.700 fr. par kilom. : la longueur construite est seulement de 27 k. 5, puisque sur 3 k. on a utilisé une voie déjà existante.

Cette ligne, exploitée toute l'année, transporte comme un chemin de fer ordinaire des voyageurs et des marchandises.

Elle est ouverte à l'exploitation depuis 1885.

21. Ligne de Lehesten à Oerstelbruch. (Allemagne). — Cette ligne, à voie normale, dessert une ardoisière, c'est un chemin industriel construit d'après le système Abt. Sa longueur est de 2.700^{m}, avec rampes maxima de 80 mm en crémaillère, et de 35 mm. sur les sections à adhérence. Elle se compose d'une série d'embranchements.

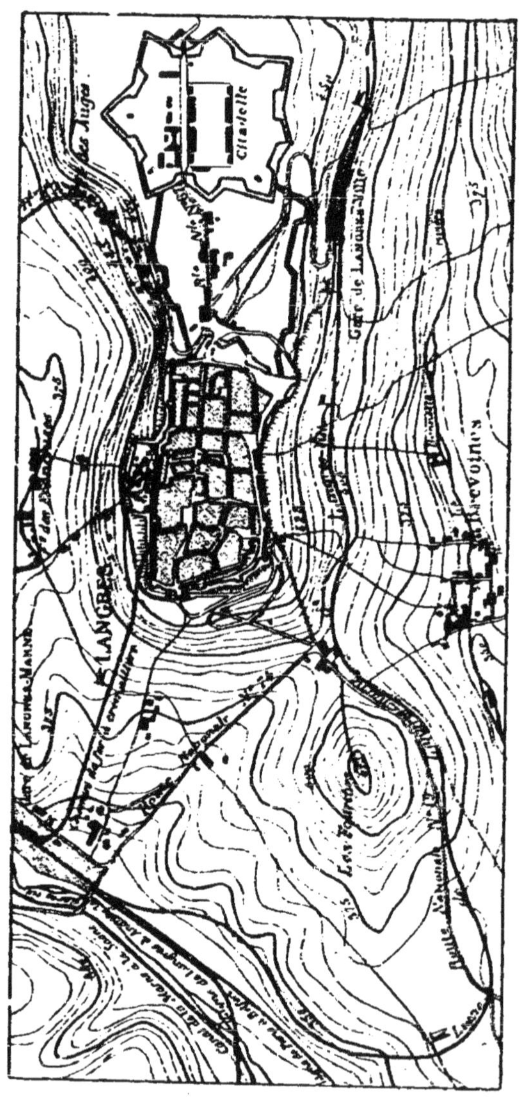

Fig. 12. — Plan de la ville de Langres et du chemin à crémaillère.

La crémaillère existe sur une longueur d'environ 1.200^{m} presqu'entièrement en pente de 80 mm.

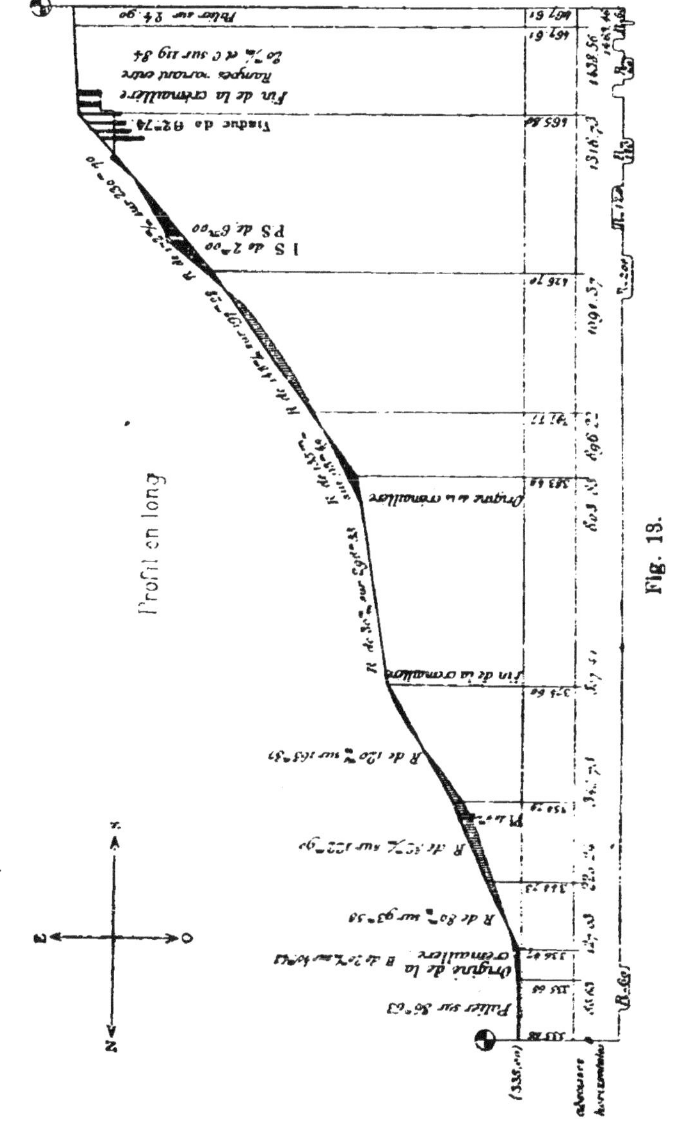

Fig. 13.

22. Chemin de fer de Langres Marne à la ville de Langres. — Cette ligne, exploitée depuis 1887, est la seule ligne à crémaillère existant en France à l'heure actuelle. Elle est à voie de 1m00 et construite d'après le système Riggenbach.

Elle sert à faciliter les communications entre la ville de Langres et la station de la ligne de Paris à Belfort qui la dessert.

Cette gare située au bord de la Marne, à 1200m en ligne directe de la ville, est placée à 136m au-dessous de cette

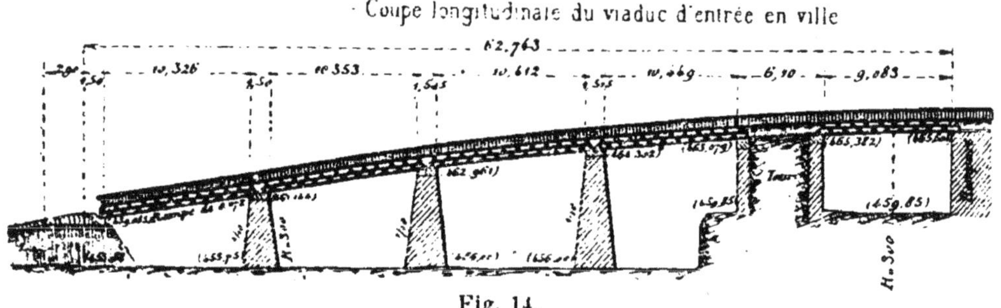

Fig. 14.

dernière. Une route de terre longue de 3 kilomètres en forte rampe servait seule au transport des voyageurs avant l'établissement du chemin à crémaillère. La durée du trajet était de 20 minutes ; le chemin de fer met environ 10 minutes (voir le plan fig. 12).

Il y a bien une seconde gare desservant Langres située seulement à 55m au-dessous de la ville. Mais comme elle est placée non sur la grande ligne ; mais sur un embranchement secondaire, elle ne sert que pour les marchandises.

Le profil en long de la voie nouvelle est indiqué fig. 13. Sa longueur totale égale 1472m, la hauteur franchie atteint 132m, avec pentes maxima de 172 mm. dans la partie en crémaillère et 30 mm. dans les parties sans crémaillère. Dans ces dernières on ne compte que trois courbes, une de 200 m. de rayon, et deux de 120. Dans les parties sans crémaillère, les rayons s'abaissent jusqu'à 60m.

Le point de départ est placé dans la cour de la gare des voyageurs de Langres (Marne) ; puis la ligne, traversant l'avenue de la station, tourne à gauche par une courbe de 60 m. de rayon, et se dirige en alignement droit sur 960 m., vers l'angle N.-E. de l'enceinte de la ville. Aux abords des fortifications la voie s'infléchit, et pénètre dans la ville après avoir traversé un viaduc, longeant la falaise sur laquelle elle est bâtie. Ce viaduc a environ 65 m. de longueur.

La première section en crémaillère, longue de 430 m., est comprise entre deux tronçons franchis par simple adhérence. Au-delà, vient la deuxième crémaillère, sur 577 m., comportant une pente de 172 mm. sur 230 m. 70 (voir fig. 13).

La ligne a comme ouvrages d'art un passage inférieur, deux passages supérieurs, et le viaduc d'entrée en ville.

Ce viaduc, placé en alignement droit, comprend cinq travées dont quatre de 10 m. 50, et la dernière de 9 m. 10. La première travée est en rampe de 172 mm. Les autres se trouvent dans un raccordement circulaire du profil en long avec le palier, raccordement de 300 m. de rayon. La fig. 14 donne la coupe longitudinale de cet ouvrage.

Cette ligne sert à peu près exclusivement au transport des voyageurs et de leurs bagages.

Les dépenses de premier établissement se sont élevées au total de 490.430 fr. ; dont 102.965 fr. 47 pour l'infrastructure, non compris 82.887,36 pour acquisition de terrains, en tout 185.852,83 pour l'infrastructure ; soit 123.900 fr. par kilomètre et environ 68.700 fr. terrains non compris.

Ce cas est un exemple bien frappant de la diminution de longueur qu'offrent les chemins à crémaillère comparés aux voies ordinaires, et même ici aux simples routes de terre.

L'endroit était évidemment merveilleusement choisi

pour l'application d'une ligne à crémaillère. La ville de Langres, placée à l'extrémité d'un contrefort du plateau de Langres, est enserrée dans une enceinte fortifiée, s'étendant jusqu'à pic d'une falaise de 20 à 30 m. de haut qui forme le contour de la ville sur 3 côtés, elle domine la vallée de 136 m., et était bien difficilement accessible. C'était donc là tout à fait le cas d'appliquer la solution par crémaillère.

La diversité forcée des pentes du profil en long, et les courbes en plan avaient écarté tout d'abord les solutions par câble.

23. Ligne du Brünig. — La ligne du Brünig construite à voie de 1 m. met en communication directe Lucerne et la région du lac des quatre cantons avec Brienz, et par suite avec Interlaken ; sa longueur totale est de 58 k. Au départ de Lucerne, et jusqu'au pied du Pilate la ligne suit à quelque distance la rive ouest du lac ; puis elle s'infléchit, suit le lac d'Alpnach et arrive à Alpnachstadt; jusque là c'est une ligne ordinaire exploitée par adhérence avec des machines à trois essieux. A partir de la station d'Alpnachstadt (440^{m}) commence la partie en montagne, comprenant des portions de ligne à crémaillère et à adhérence. La ligne remonte une vallée abrupte, passe contre les lacs de Sarnen et de Lungern, franchit le col du Brünig à l'altitude de 1004 m., arrive dans la vallée de l'Aare, qu'elle remonte jusqu'à Meyringen, où se trouve un point de rebroussement. Le tracé, se dirigeant alors en sens inverse, descend vers le lac de Brienz. (Voir le profil en long fig. 15).

A partir de Meyringen, à 14 kil. de Brienz, l'exploitation est faite de nouveau par une machine ordinaire à 3 essieux.

La gare de Brienz est à la cote 570 ; entre Meyringen et le Brünig, distants de 7 kil., la hauteur franchie est de 400 m., soit une pente moyenne de 57 mm. par mètre.

Au-delà du Brünig, vers Alpnach, la crémaillère s'étend jusque vers Gyswil, sur une longueur totale de 9 kilomètres, avec pentes maxima de 120 mm. et courbes de rayon au moins égal à 120 m. en crémaillère comme en adhérence. Dans ces dernières sections les pentes ne dépassent pas 25 mm.

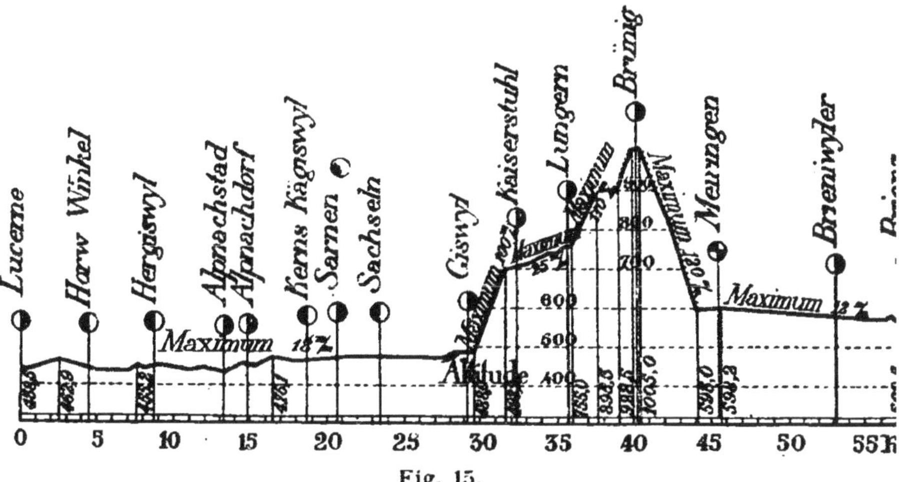

Fig. 15.

Profil en long de la ligne du Brünig.

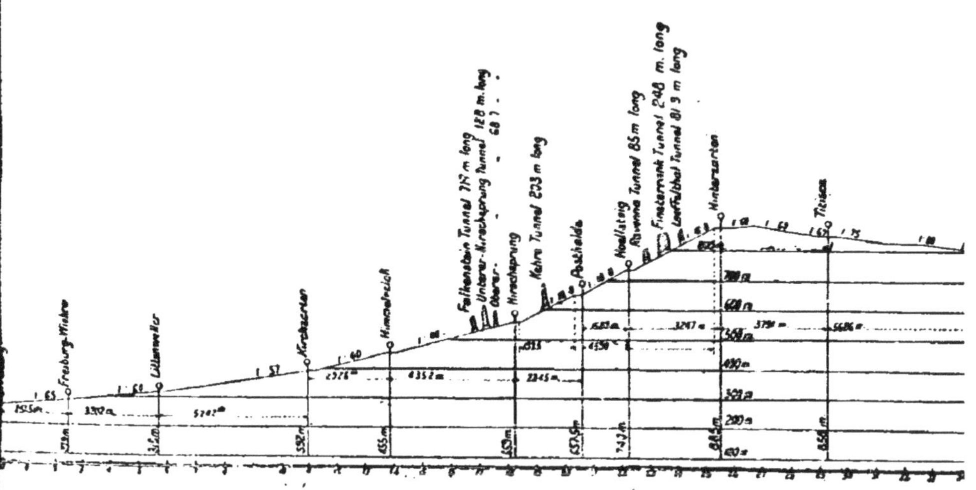

Fig. 16.

Profil en long de la ligne du Hoeilenthal.

Les dépenses de premier établissement pour les 58 kil. se sont élevées à 8.400.000 fr. Dans la partie de montagne l'infrastructure a coûté en moyenne environ 80.000 fr. par kilomètre, y compris quelques tunnels, dont la section est de 15 mq. 9.

Le rail employé pèse 24 kil. 2 le m. l., sa longueur est de 9 m. 60, il repose sur 10 traverses en fer pesant chacune 37 kil. 8.

La crémaillère, type Riggenbach modifié, est très haute et repose directement sur les traverses ; elle pèse 78 kil. le m. l.

La superstructure a coûté 43 fr. le m. l., dont 24 fr. pour la crémaillère seule (ballast non compris).

En 1888, il a été transporté 150.298 voyageurs ; les recettes se sont élevées à 401.644 fr. ; les dépenses ont été de 215.957 fr.

En parcourant cette ligne on est frappé du bon état de la voie ; les courbes se maintiennent parfaitement.

On ne constate pas de traces d'usure sur les dents de la crémaillère ; et les machines ne semblent pas fatiguées.

Le rayon de 120 m., conservé comme minimum, contribue sans doute beaucoup à rendre l'exploitation aisée et normale. Il est clair que sur d'autres lignes on est souvent descendu trop bas sous ce rapport.

24. Ligne du Hoellenthal. — Nous extrayons de l'étude de MM. L. Vigreux et F. Loppé sur les chemins de fer à crémaillère, parue dans la *Revue technique de l'Exposition de 1889* (5e partie, 1er fascicule) et de l'*Engineering* (février-mars 91), les renseignements suivants sur le tracé de cette ligne.

Le Hoellenthal est une vallée de la forêt Noire, très abrupte, s'étendant de Fribourg en Brisgau au lac du Titi. Elle est très fréquentée par les touristes et il s'y fait un grand commerce de bois ; la ville de Neustadt, située près du lac, est le siège de diverses industries.

La ligne du Hoellenthal met en communication Fribourg et Neustadt ; elle va être prolongée jusqu'à Donaueschingen, sur le Danube, et mettra par suite en communication les vallées du Rhin et du Danube.

La question de la construction de cette ligne remonte à 1846 ; mais des études entreprises vers 1860 démontrèrent que la ligne coûterait plus de 45 millions, ce qui fit renoncer au projet.

La question fut reprise vers 1878, et la construction commencée en 1884 fut terminée en 1886. La longueur de la ligne est de 34.750 m. La hauteur à gravir de Fribourg à Neustadt est de 625 m. 34. La ligne est à voie normale.

Les fig. 16 et 17 indiquent le profil en long et le plan de la ligne.

La première partie, exploitée par adhérence, s'étend de Fribourg à Hirschsprung ; elle a 18.250 m. de longueur. Le tronçon de 7.250 m. compris entre Kirchzarten et Hirschsprung comporte des pentes de 25 mm. et des courbes raides séparées par de faibles portions d'alignements droits ; c'est une partie du tracé très accidentée et comparable aux lignes du Sömmering, du Brenner et du Gothard.

De Hirschsprung à Hinterzarten est établie une crémaillère en rampe de 55 mm. C'est la rampe maxima, elle a 7 kil. de longueur.

La section d'Hinterzarten à Neustadt a 9.500 m. et se trouve à peu près dans le même cas que la section relativement peu accidentée de Fribourg à Hirschsprung.

Le minimum des rayons est de 300 m. en adhérence et et de 260 m. en crémaillère.

Le prix de revient kilométrique est ressorti à 225.000 fr. matériel compris.

Cette ligne offre un exemple intéressant de comparaison entre un chemin à crémaillère, système mixte, et une voie ordinaire.

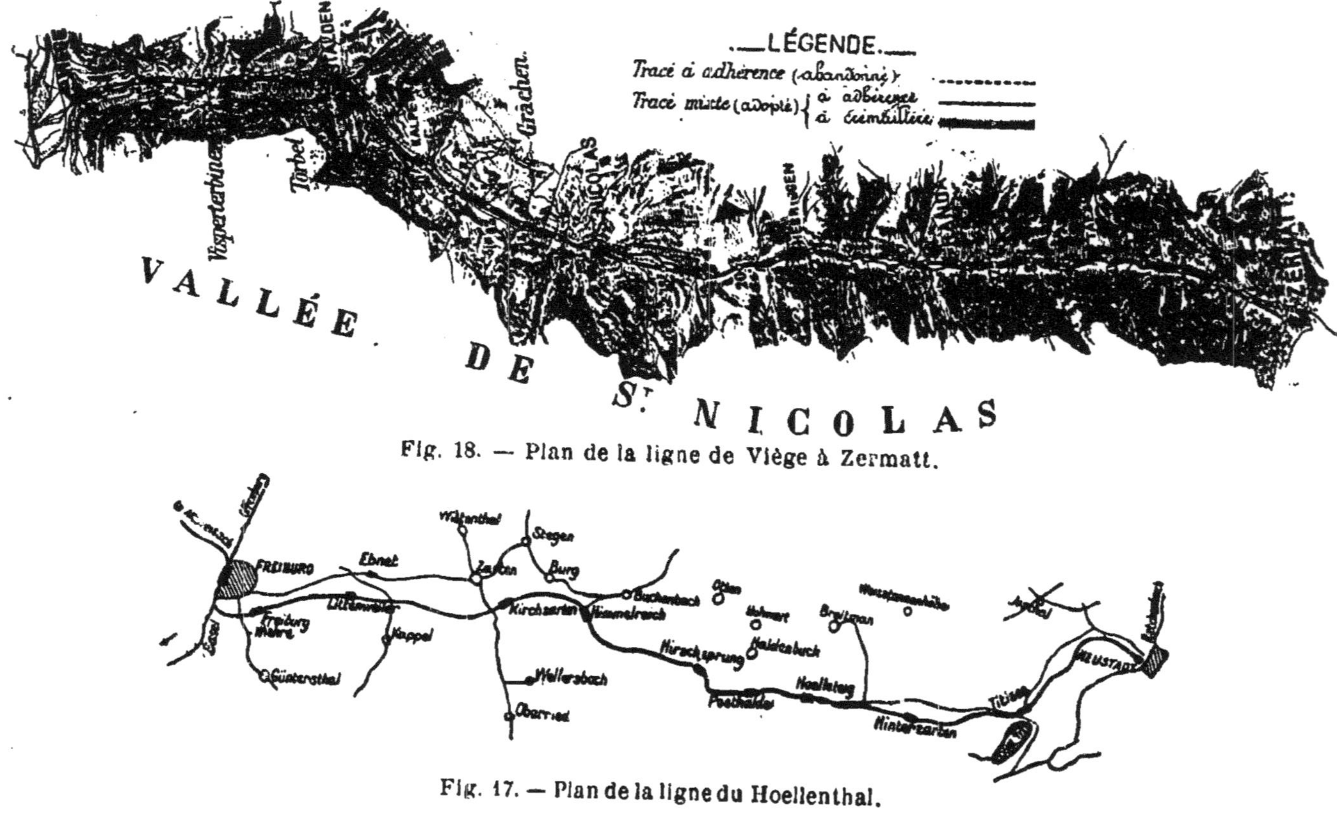

Fig. 18. — Plan de la ligne de Viège à Zermatt.

Fig. 17. — Plan de la ligne du Hoellenthal.

La crémaillère adoptée diffère un peu du type Riggenbach.

25. Chemin de fer de Viège à Zermatt (Suisse). — La ligne du Hoellenthal montre déjà que, dans certains cas, l'adoption de la crémaillère dans les parties les plus accidentées d'un tracé peut rendre possible la construction d'une ligne, abandonnée comme ligne à adhérence, à cause du coût de son établissement. C'est un fait sur lequel il est bon d'insister ; car ce n'est plus là un cas semblable à celui du Rigi, où les reliefs du terrain nécessitaient absolument l'emploi de la crémaillère. Ici ce sont les conditions techniques qui exigeaient la crémaillère, là ce sont les conditions économiques.

La ligne de Viège à Zermatt offre un exemple plus intéressant peut-être encore, à cause de la comparaison complète, et faite de près, entre un tracé ordinaire et un tracé mixte à crémaillère. A Viège-Zermatt, l'hésitation entre les deux tracés était beaucoup plus grande, et ce n'est qu'à la suite d'études approfondies que l'on a pu prendre parti. (Voir aux annexes).

M. Meyer, ingénieur en chef de la construction a publié des renseignements complets sur cette ligne, dans une étude parue dans le n° d'août 1890 de la *Revue des Chemins de Fer*. Nous lui emprunterons les renseignements ci-dessous.

La vallée de Zermatt en Valais débouche à Viège, station de la ligne du Simplon-St-Maurice-Brigue, dans la vallée du Rhône. La vallée de Zermatt se trouve sur la rive gauche du Rhône. Elle est très fréquentée durant la belle saison par les touristes, attirés par ses sites pittoresques, par la vue du Gervin, et l'ascencion du Cörnergrat (3.136 m.), qui peut se faire à cheval, de Zermatt.

Avant l'établissement du chemin de fer, aucune route carossable n'existait de Viège à Zermatt ; le trajet devait se faire à pied ou à mulet, durant 18 km. jusqu'à St-Nicolas. Néanmoins 12.000 visiteurs venaient chaque année parcourir cette vallée (voir la carte fig. 18).

Un premier tracé par adhérence, figuré en pointillé, fig. 17, fut étudié. Il comportait des courbes de 60 m. et des pentes de 45 mm. avec largeur de 1m.00. La longueur du tracé était de 35.885 m., la hauteur à racheter de 955 m. De Viège (654 m.) on se tenait sur la rive droite jusqu'au point 4.200, où l'on traversait la rivière par un pont biais ; une rampe de 45 mm. menait à Stalden (786), on retraversait ensuite la Viège sur un viaduc et la rampe de 45 mm. continuait jusque vers St-Nicolas (1100). Au delà on traversait de nouveau la Viège, pour monter par une rampe de 45 mm. jusqu'à Randa (1409 m.50). A partir de là, la vallée étant assez plate, les rampes étaient faibles jusqu'au delà de Taesch (1445). Une rampe de 45 mm. amenait à Zermatt, en se reportant sur la rive droite peu après Taesch.

Les dépenses totales étaient évaluées à 5.850.000 fr., soit 163.000 fr. par kilomètre. L'infrastructure, y compris les expropriations, le ballastage et la pose de la voie, le télégraphe et l'imprévu, y entrait pour un total de 3.900.000 fr.

La question fut reprise et étudiée à nouveau en vue de l'application d'un système mixte. On reconnut que l'on pouvait ainsi réaliser sur le capital de premier établissement une économie de 500.000 fr. environ, soit 14.300 par kilomètre. On adopta comme pente maxima 120 mm., ce qui permit de rester plus longtemps à fond de vallée, et de concentrer les difficultés sur une plus faible longueur. On obtenait ainsi un raccourcissement de tracé et une diminution de 787 m. dans la longueur des tunnels.

La ligne de Viège-Zermatt est terminée, et le règlement des comptes permettra sans doute de constater une

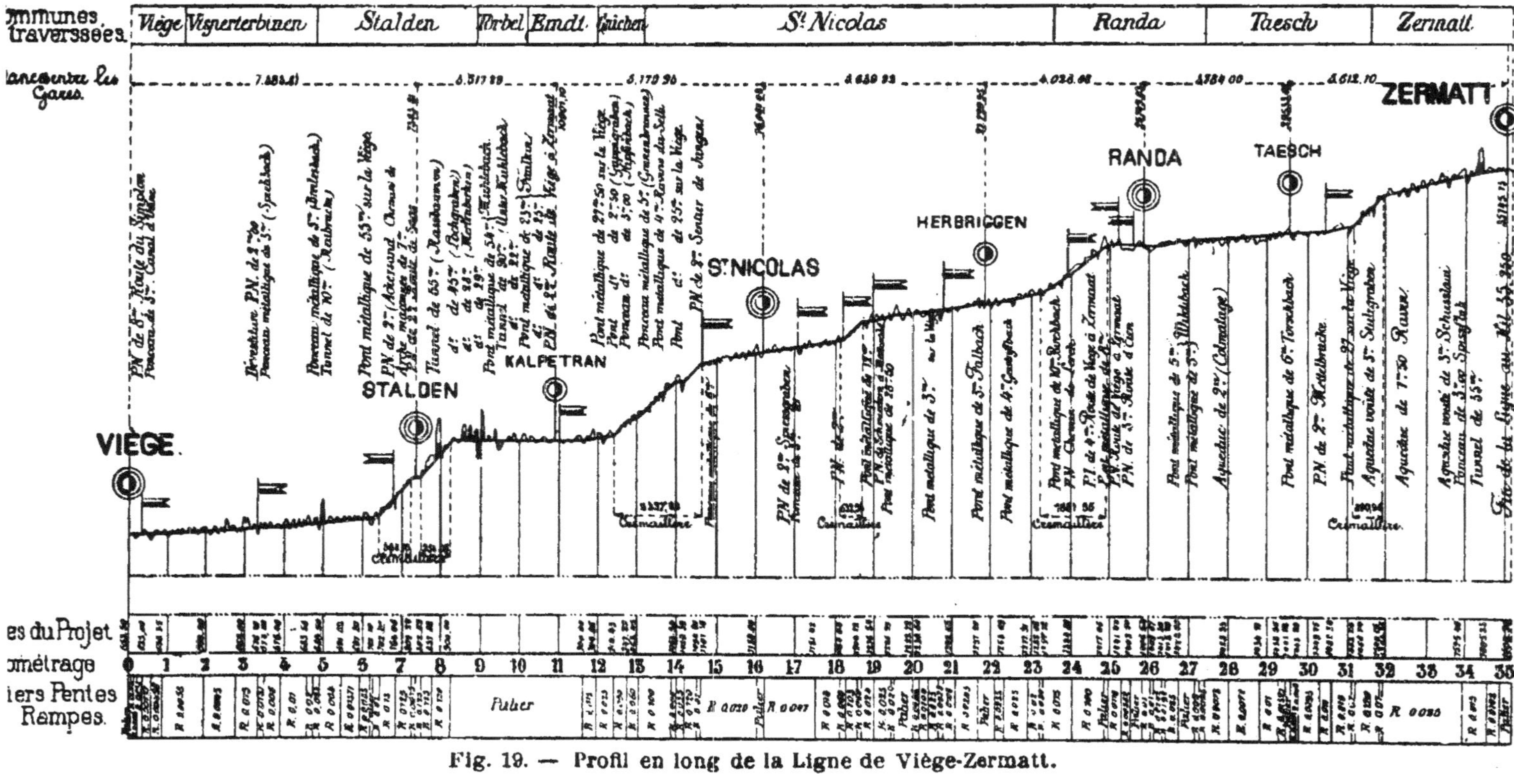

Fig. 19. — Profil en long de la Ligne de Viège-Zermatt.

économie s'écartant fort peu du chiffre indiqué ci-dessus.

Description du Tracé actuel. — La ligne est à voie de 1 m., voir le plan (fig. 18). Elle part de la gare de Viège par une courbe de 60 m. en traversant la Viège, qu'on suit de près jusqu'au point 6.200 m. Cette section comporte des pentes maxima de 0.017 et n'a présenté aucune difficulté (voir profil en long, fig. 19).

Au point 6.250, on traverse à nouveau la Viège sur un pont métallique biais de 35 m. d'ouverture. Un peu au delà commence une section à crémaillère de 964 m.71 de longueur, avec rampes de 0 m.120 à 0 m.125 jusqu'à Stalden (802 m.68). Au delà, la crémaillère reprend en rampe de 0 m.125 et 0 m.120 sur 954 m.08, en traversant une forte tranchée et un tunnel de 55 m. Au point 8 k. 312, on est à la cote 900 ; sur 3.356 m. la ligne reste en palier dans un terrain tourmenté. Divers travaux d'art, tunnels, murs de soutènement, ont été nécessaires. Au point 8 k.980, on franchit sur un viaduc métallique de 54 m. d'ouverture le ravin de Mühlebach. Après deux tunnels et deux viaducs, on arrive à la halte de Kalpatran, point 10 k.900 où se trouve une prise d'eau. Le palier se termine au point 11 k.633, et l'on gravit des rampes de 0 m. 015 et 0 m. 025. On franchit ensuite de nouveau la Viège sur un pont métallique de 27 m.50, et une section à crémaillère reprend sur 2.237 m.22, longeant en surplomb les cascades de la Viège. Cette partie très accidentée est fort curieuse. Au point 14 k.150 on traverse de nouveau la rivière par un pont métallique de 25 m. et l'on arrive à St-Nicolas à la cote 1.130 m.

Au delà reprend une section à crémaillère de 632 m. 93, en rampe de 83 mm. après avoir franchi la Viège ; et au delà de la halte d'Herbrigen (1257 m. 20 d'altitude) vient une autre section à crémaillère comportant des pentes de 100 mm. régnant jusqu'au plateau de Randa ; elle a 1681 m. 55 de long. Au delà de Randa, la ligne suit la Viège d'assez près pour avoir pu servir à l'endiguer. Après Taesch, à la cote 1441 m. on traverse encore la rivière et l'on reprend une crémaillère sur 890 m. 86, avec pentes de 100 mm. Le tracé redevient très accidenté. Enfin, après un dernier tunnel, on arrive à la gare de Zermatt, à la cote 1609 m. et au point 35 k. 050. Le profil en long est indiqué fig. 19.

Dans les parties en crémaillère, le rayon minimum des courbes est de 100 mètres, dans les parties sans crémaillère, le rayon des courbes s'abaisse à 80 m.

La longueur totale des sections à crémaillère est de 6.533 m.; on a employé la crémaillère pour les pentes supérieures à 25 mm.

A cause de la longueur des parties à adhérence, et de leur enchevêtrement continu avec les sections à crémaillère, on a adopté le système Abt qui paraissait naturellement indiqué, mais qui n'a cependant été choisi qu'à la suite d'études comparatives avec d'autres lignes à crémaillère. Voir aux annexes (annexe n° 4) le rapport de MM. Rodieux et Haueter.

26. Lignes diverses et projets. — Nous ferons suivre la description détaillée des lignes à crémaillère, actuellement exploitées, de brèves indications sur les lignes en projet, en construction, ou qui viennent d'être livrées à l'exploitation tout récemment. Citons comme lignes du *système Riggenbach* ; la ligne à voie de 1 m. de Saint-Gall-Gais longue de 14 kil. comportant des déclivités de 90 mm. et des courbes de 30 m. en crémaillère, cette ligne a été ouverte à l'exploitation en octobre 1889. Les dépenses de premier établissement se sont élevées à 135.956 fr. par kilom. [1] ; la ligne de *Padang aux mines d'Ombilien* (Sumatra) étudiée par M. Cluysenaer, avec pentes de 250 mm. La ligne aura 78 k. de longueur, elle desservira un bassin

(1) Monographie des chemins de fer de Saint-Gall-Gais, par F. Martin et Clorard, ingénieurs des Ponts-et-Chaussées, Paris, Baudry, 1891.

houiller exploité. Les dépenses sont évaluées à 16.000.000 fr. La voie aura 1m.00 de largeur. Cette ligne avait été étudiée comme voie ordinaire, et les dépenses et la longueur auraient été presque doubles ; aussi le gouvernement Hollandais l'avait-il abandonnée.

Notons encore la ligne future, en projet, d'*Alger à El Biar* dans le Sahel, concédée à M. Sartor. Cette ligne n'avait pu être établie jusqu'ici à cause des difficultés entre Alger et El Biar. La ligne, à voie de 1m.00, comprendra trois sections à crémaillère ayant ensemble 4 kilomètres ; la longueur totale sera d'environ 26 kilom ; les pentes maxima seront de 150 mm.

Comme lignes du *Système Abt* citons celle *d'Eisenerz-Vordenberg*, ouverte en 1891, établie pour l'exploitation des mines de fer de l'Erzberg (Styrie) et construite à voie normale par l'Etat Autrichien ; on évalue son trafic à mille tonnes de marchandises par jour.

La ligne a 20 k. de longueur dont 14 k. 5 en crémaillère, avec rampes maxima de 71 mm. en crémaillère et 25 mm. en adhérence.

Les rayons minimums sont de 180 m.

La crémaillère est à deux lames de 27 mm. d'épaisseur. Les locomotives mixtes sont portées par trois essieux accouplés et un essieu Bissel ; leur poids en service est de 55 tonnes, elles peuvent remorquer une charge brute de 100 tonnes sur les rampes de 70 mm. en développant 420 chevaux.

Le chemin de fer de *Mendozza à Santa Rosa*, dans l'Amérique du sud servira à mettre en communication le réseau des chemins de fer chiliens avec le réseau argentin et réunira directement Valparaiso à Buenos-Ayres. La chaîne des Andes sera traversée au point culminant à la cote 3.740, par un tunnel de 4900 m. de longueur.

La distance de Valparaiso à Buenos-Ayres sera de 1360 kilomètres, une fois le tronçon actuel terminé. On pense pouvoir ouvrir la ligne jusqu'au tunnel de faite en 1891.

Une fois le chemin de fer interocéanique de l'Amérique du Sud ainsi terminé, on mettra 40 heures de Valparaiso à Buenos-Ayres. Actuellement il faut compter 13 jours pour effectuer ce voyage. Les relations du Chili avec l'Europe seront ainsi très facilitées. En passant par le canal de Suez et Valparaiso, la durée du voyage de France au Chili sera réduite de 11 jours, presque de la moitié du temps nécessaire aujourd'hui.

La longueur de la partie de montagne est de 104 kil. dont 28 en crémaillère. La voie a 1 m.00 de largeur. Les rampes maxima sont de 80 mm. et le rayon minimum des courbes est de 115 m.

Chemin de fer de l'*Etat Grec de Diacophto à Kalavryta.*

Cette ligne, commencée en 1890 est établie à voie de 0 m. 75, sa longueur est de 22 k. dont 3 k.5 en crémaillère. Les rampes maxima sont de 145 mm. en crémaillère, et de 35 mm. en adhérence. Les rayons minimums sont de 30 mm. en adhérence et de 80 mm. en crémaillère.

La crémaillère est à deux lames de 16 mm. d'épaisseur. Les machines pèsent 12 t. en ordre de marche, elles sont portées par trois essieux accouplés et un essieu Bissel. Elles peuvent remorquer une charge de 15 tonnes, à la vitesse de 15 k. à l'heure en adhérence, et à la vitesse de 5 à 10 k. à l'heure sur les rampes de 145 mm.

Ligne de l'*Etat de Bosnie et d'Herzègovine*, d'une longueur de 68 k. dont 19 k. 5 en crémaillère, à voie de 0 m. 760. Les rampes maxima sont de 60 mm. en crémaillère et de 15 mm. en adhérence, avec rayons minimums de 125 m.

Cette ligne va de *Konijca à Sarajevo.*

Les machines pèsent 30 t. en service, peuvent développer 250 chevaux, et remorquer un train de 70 t. sur une rampe de 60 mm, en développant un effort de traction de 7.600 k.

Une exploitation partielle a commencé en 1890.

Citons encore le chemin de fer de *Puerto Plata* à *Saint-*

Domingue, en construction jusqu'à Santiago. La ligne, établie à voie de 0m.760, comporte en adhérence des rampes de 40 mm. et des courbes de 50 m. En crémaillère, des déclivités de 90 mm. avec courbes de 100 m.

Les machines pesant 25 t. peuvent remorquer une charge de 50 tonnes sur les rampes de 90 mm. à la vitesse de 7 kil. à l'heure.

Comme ligne entièrement à crémaillère, du système Abt, nous citerons :

Le chemin de fer du *Monte Généroso,* établi spécialement pour les touristes, exploité depuis 1890, est à voie de 0m.800. La longueur est de 9 k. les pentes maxima atteignent 22 mm., les rayons des courbes ne s'abaissent pas au dessous de 60 m.

La crémaillère est à deux lames de 20 à 25 mm. d'épaisseur. Les locomotives, munies de quatre roues dentées, pèsent 14 t.200, elles poussent une voiture contenant 36 voyageurs. Le trajet, soit à la montée soit à la descente, s'effectue en une heure dix minutes.

Une des grandes difficultés de la construction de la ligne a été le manque d'eau.

Le départ de la ligne est à Capolago, sur le lac de Lugano à l'altitude de 270 m ; le point d'arrivée au sommet du mont Généroso est à 1368 m. au-dessus du point de départ.

La ligne de *Puerto Cabello à Valencia* (Vénézuéla), ouverte en 1887 est à voie de 1 m., sa longueur est de 3 k. 8 en crémaillère, avec rampes de 80 mm. et courbes de 115 m.

La crémaillère est à 3 lames de 22 mm. d'épaisseur.

Les machines pèsent 42 t. et remorquent une charge de 60 t. sur les rampes maxima.

Chemin de fer de *Manitou au Pikes Peak,* établi pour les touristes ; il est à voie normale ; sa longueur est de 14 k. 5 avec rampes de 250 mm. et rayons de 112 m.

Cette ligne part de Manitou, station balnéaire à l'altitude de 2.000 m., et conduit au Pikes Peak, à la cote 4320 m. Un peu avant le sommet, toute végétation a disparu.

L'ouverture de la ligne a eu lieu en 1890.

Comme lignes en exécution ou en projet nous citerons encore.

En France : 1° La ligne d'*Aix-les-Bains au Revard*, destinée aux touristes. Elle sera établie à voie de 1 m. Sa longueur sera de 9 k. 200, entièrement en crémaillère avec rampes de 200 mm. et courbes de 75 m. La crémaillère sera à deux lames de 25 mm. d'épaisseur ; les rails d'acier du poids de 20 k. le m. l., seront portés par des traverses métalliques. Les machines, à trois essieux, dont un articulé, pèseront 18 t. et remorqueront une voiture contenant 60 voyageurs.

Cette ligne est en construction et sera terminée en 1892.

Nous donnons aux annexes un extrait du cahier des charges de la concession (annexe n° 1).

2° La ligne de *Cluses à Martigny par Chamounix*.

Cette ligne, concédée à la Cie P.-L.-M., sera exécutée avec la crémaillère Abt. On étudie simultanément pour cette ligne une solution par traction de locomotive à crémaillère et une solution par traction électrique.

3° Le chemin de fer, destiné aux touristes, allant de *Royat, près Clermont-Ferrand, au sommet du Puy-de-Dôme*.

La ligne concédée par le conseil général est encore à l'état de projet, mais sa construction commencera incessamment.

Deux projets étaient en présence.

Le premier, dressé par nous, et dont nous avons fait l'étude complète, comportait une ligne à crémaillère système mixte, type Abt, avec pentes maxima de 150 mm. et courbes de 100 m. en crémaillère.

En adhérence ces pentes étaient de 40 mm., les rayons minimums de 80 m., la largeur de voie de 1 m.

La longueur tolale de la ligne aurait été de 16 k. 700.

Le deuxième projet, adopté par le conseil général du Puy-de-Dôme, comporte une solution par traction électrique.

La crémaillère adoptée est toujours du système Abt.

Les pentes vont à 200 mm, la longueur du tracé est de 14k.5.

Les derniers 500 mètres sont ceux dans lesquels s'effectue la montée du Puy-de-Dôme par sa face Nord. Cette montée doit être faite par un système funiculaire.

En *Suisse*, nous citerons :

La ligne en construction du *Rothorn*, partant de Brienz, à l'altitude de 5[illegible], pour aboutir au sommet du Rothorn, à l'altitude de 2.350 m. Ce chemin, destiné aux touristes, est à voie de 0m.800. Sa longueur sera de 7k.6, entièrement en crémaillère.

Les rampes maxima atteignent 250 mm, les courbes s'abaissent à 60 m.

Le matériel d'exploitation sera le même que pour le Mont Généroso.

Les travaux ont été terminés en novembre 1891 et l'ouverture aura lieu en 1892.

La ligne de *Glion aux Rochers de Naye*, établie pour les touristes. Cette ligne comporte des rampes de 220 mm. et des courbes de 80 m. elle est à voie de 0 m. 80.

Notons encore : Le chemin de fer de *Veyrier aux Pitons du Mont-Salève*, celui du *Mont-Salève* à traction électrique, à voie de 1 m., rampes de 250 mm. et courbes de 60 m. La longueur de cette ligne est de 9 k. La crémaillère est à deux lames de 16 mm. d'épaisseur.

On trouvera résumées, dans les tableaux des pages 20 et 21 les principales données des chemins à crémaillère pour lesquels il nous a été possible d'obtenir des renseignement assez précis.

§ 4

TERRASSEMENTS ET TRAVAUX D'ART

27. — Les terrassements et travaux d'art des chemins à crémaillère ne donnent pas lieu à des remarques particulières. Les usages et les règles sont les mêmes que pour les voies ordinaires.

Sur des lignes à pentes aussi fortes que les voies à crémaillère, les raccordements des pentes entre elles et avec les paliers doivent être faits par des courbes convenables. Au Rigi, on a pris des arcs de cercles de 1000m de rayon ; à Langres, on s'est contenté d'un cercle de 300m. de rayon.

Les ouvrages d'art ne présentent pas non plus de particularité à noter, si ce n'est celle qui résulte de la forte inclinaison de la ligne. Nous en donnons néanmoins quelques exemples.

La figure 20 représente l'élévation du pont de Schnurtobel de la ligne de Vitznau-Rigi. La fig. 21, celle du pont du Rothenfluh de la ligne d'Arth Rigi. Ces deux ponts sont métalliques, avec piliers métalliques.

Le pont de Rothenfluh, dont chacune des deux travées a 14 m.70 de portée, pèse 1000 kilogr. par mètre courant.

La fig. 14 représente la coupe longitudinale du viaduc d'entrée en ville de la ligne de Langres dont la construction est revenue à 30.285 fr. pour 62 m. 75 de longueur totale.

La fig. 22 représente le viaduc de Mühlebach de la ligne de Viège-Zermatt ; c'est un pont métallique en arc de cercle de 53 m.732 d'ouverture. La hauteur du rail au-dessus du fond de la vallée est de 45 m. La voie est à la

Fig. 20. — Ligne de Vitznau-Rigi, Viaduc de Schnurtobel.

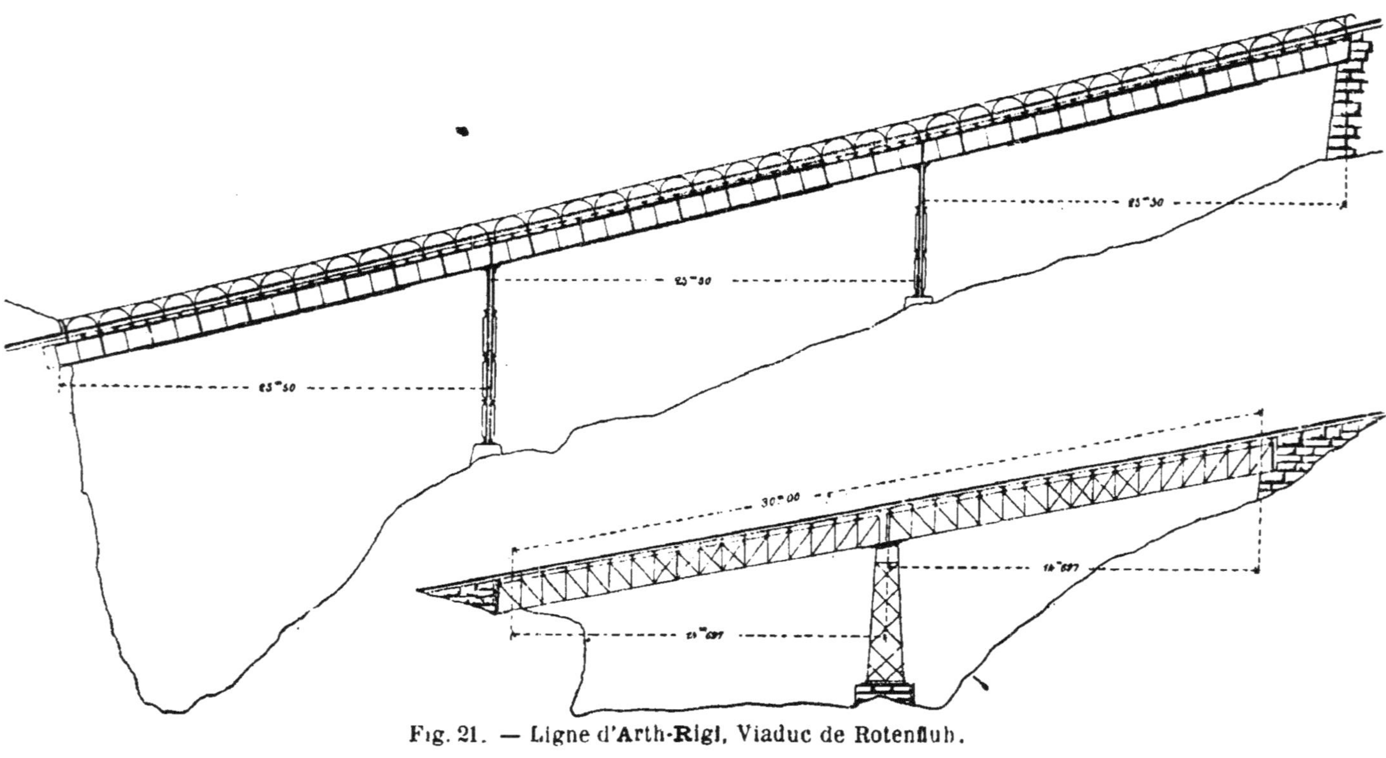

Fig. 21. — Ligne d'Arth-**Rigi**, Viaduc de **Rotenfluh**.

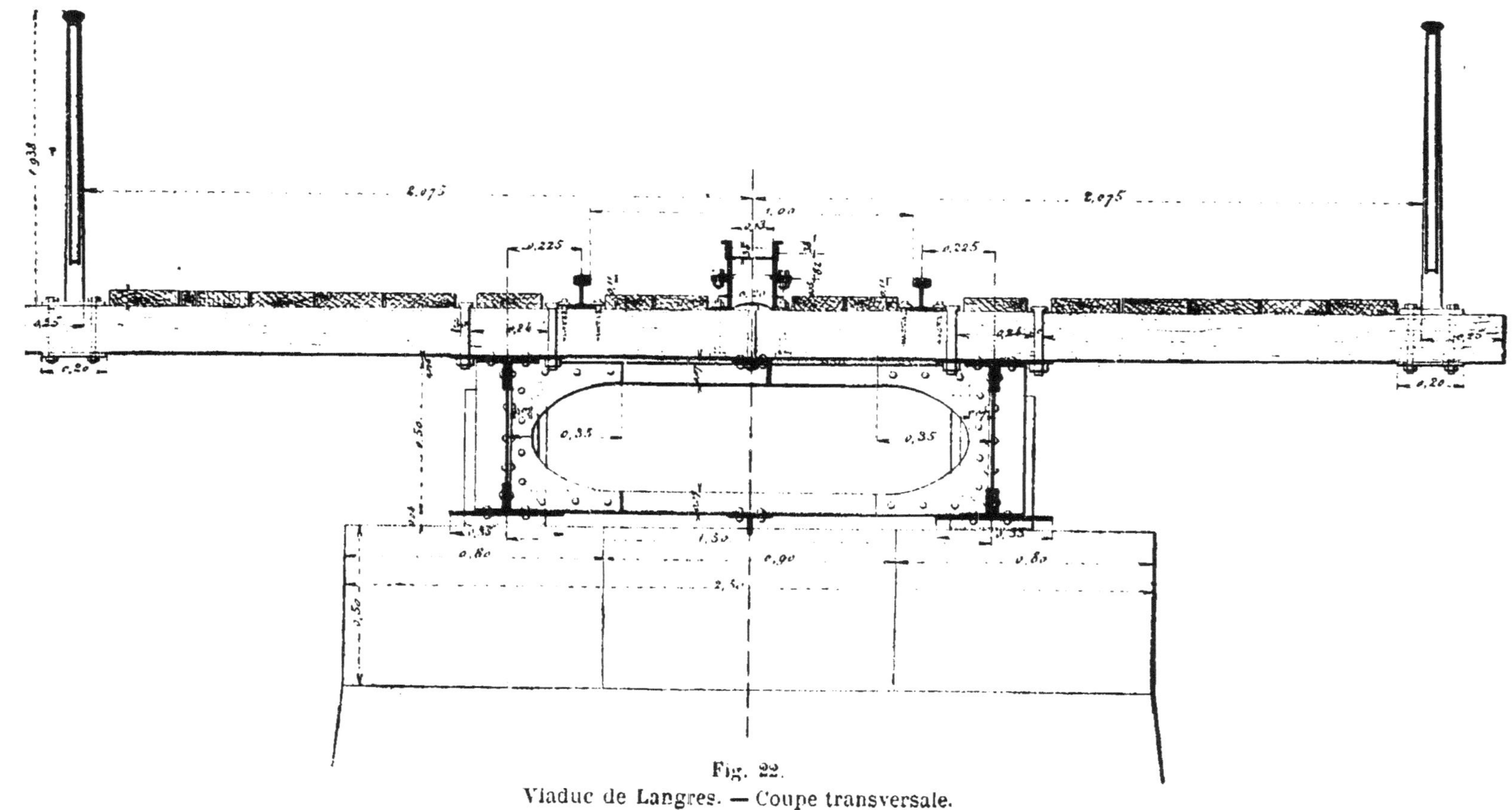

Fig. 22.
Viaduc de Langres. — Coupe transversale.

partie supérieure de l'arc et au-dessus de lui ; elle est supportée par un treillis de 0 m.800 de hauteur, reposant sur l'arc par l'intermédiaire de palées. Le poids des fers de cet ouvrage est de 81 t. 200.

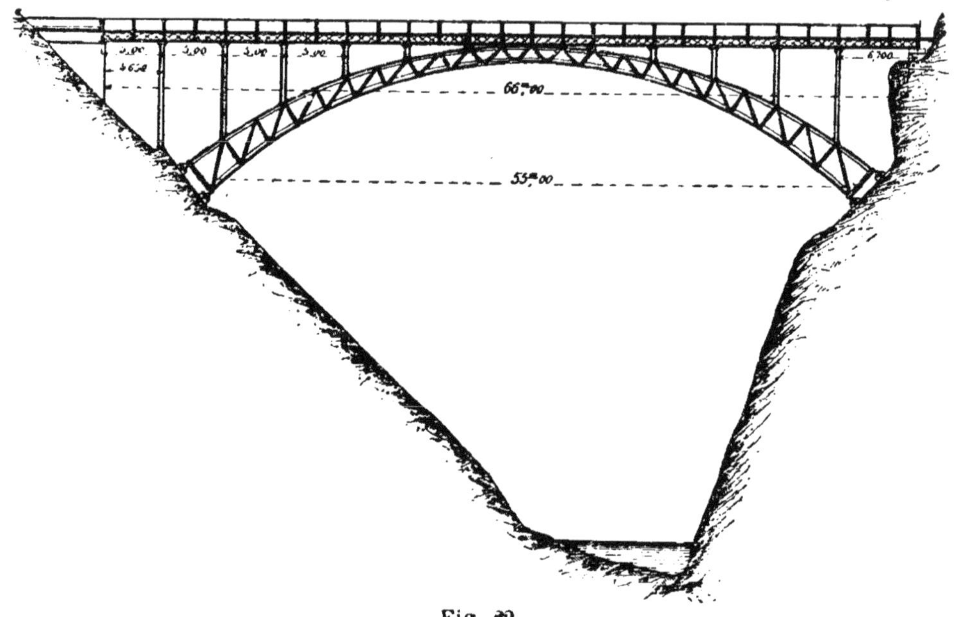

Fig. 22.

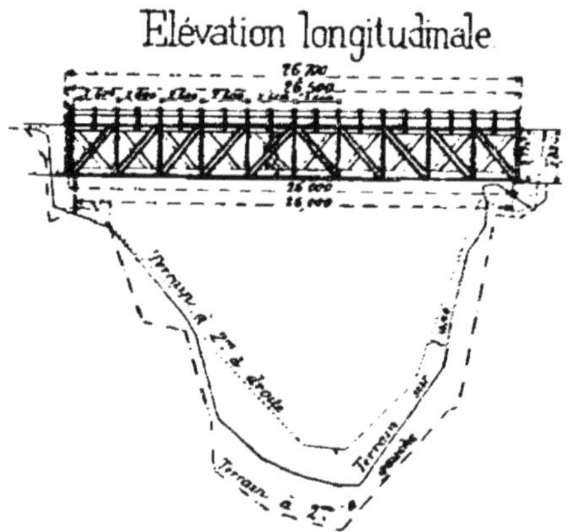

Fig. 23.

Le pont sur le ravin de Faulkin est représenté fig. 20. C'est une poutre droite en treillis de 25 m. de portée, sa hauteur est de 2 m.60; le poids total atteint 23 m.800.

La coupe détaillée du viaduc du Faulkin est indiquée fig. 21.

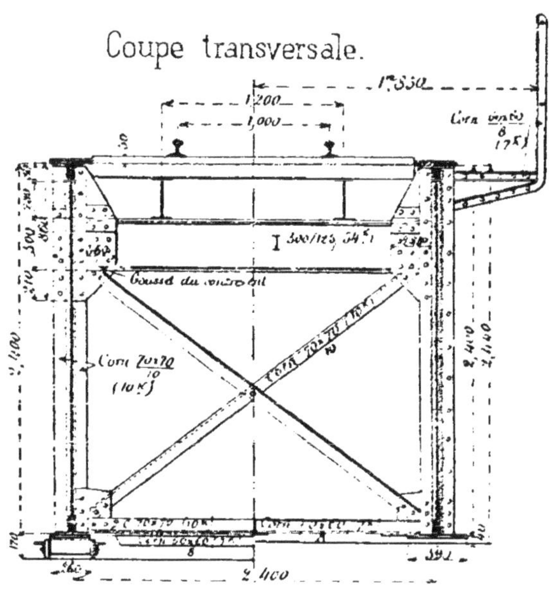

Fig. 25.

La fig. 24 indique avec détail la coupe transversale de la poutre droite du viaduc d'entrée en ville du chemin de

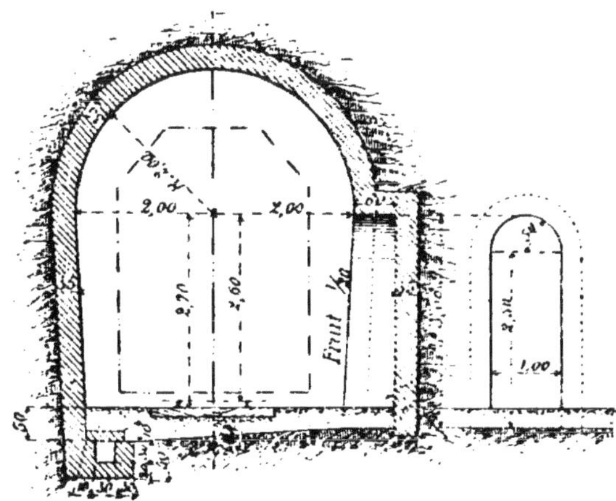

Tunnel dans la terre ou la roche friable.

Fig. 26.

Langres ; dont nous avons donné fig. 14 la coupe longitudinale. Les poutres de ce viaduc sont coupées au droit de chaque appui ; à leur extrémité inférieure elles buttent contre un sommier de fonte solidement encastré dans la maçonnerie ; la dilatation se fait vers l'extrémité supérieure de la poutre qui reste libre.

Cette disposition, adoptée en principe sur les lignes à crémaillère, a pour but de s'opposer au glissement de la poutre sous l'effet de la poussée longitudinale transmise par la crémaillère.

Les lignes à crémaillère ne présentent en général que des ouvrages courants et relativement peu importants. Suivant en effet de près les ondulations du sol, les cotes de hauteur sont faibles et l'on évite soigneusement les traversées à grande hauteur, et autant que possible les tunnels.

La fig. 26 représente le type adopté pour les tunnels de la ligne de Viège à Zermatt.

En général, on peut dire que sur les lignes à crémaillère, on cherche surtout l'économie et la simplification. Ainsi les clôtures sont supprimées.

Au chemin du Brünig, la plupart des ponts de petite ouverture ne sont pas munis de parapets.

On donne aux profils des terrassements des sections aussi faibles que possible.

En France, on est limité à cet égard par les règlements administratifs prescrivant :

1° de placer la crête du ballast à l'aplomb de la partie la plus saillante des véhicules.

2° de réserver une distance de 0 m.90 entre cette crête du ballast et l'arête extérieure du terrassement.

On arrive ainsi pour un chemin à voie de 1 m. et un gabarit de 2 m. 40 à donner en couronne aux remblais une largeur minima de 4m. 20.

Ce règlement impose ainsi aux chemins de montagne

d'ordre secondaire un excédent de dépenses de construction que l'on pourrait peut-être réduire.

En Suisse, où la tolérance est plus grande, on réalise de ce chef une économie assez notable, ce qui favorise dans une certaine mesure la construction de ces petites lignes de montagne.

A Viège-Zermatt, pour un gabarit de 2 m.40 de largeur, on a seulement donné en couronne aux remblais, une largeur de 3 m. 60 ; ce qui réduit à 0 m. 20 la banquette de l'accotement.

Par rapport aux lignes française, c'est une réduction de 0 m.60, soit 1/7 de la largeur totale.

Il y aurait évidemment lieu d'examiner s'il ne conviendrait pas d'admettre de semblables réductions, tout au moins pour les lignes de plaisance construites en vue d'une exploitation discontinue.

La ligne de Saint-Gall-Gais offre à cet égard des exemples intéressants. La largeur de la plate-forme en terrain neuf est de 3 m. 50 ; mais sur 14 kilomètres on en compte 12,5 pendant lesquels la voie est posée sur l'accotement de la route. La largeur réservée à la circulation est de 4 m. 50.

Les contre-rails ont été supprimés aux passages à niveau, même en crémaillère. Il n'en résulte parait-il aucun inconvénient.

CHAPITRE II

VOIE ET CRÉMAILLÈRE

§ 1

VOIES A CRÉMAILLÈRE. — GÉNÉRALITÉS.

28. Dispositions de la voie. — Poids des rails. — Eclissage. — La voie courante n'offre aucune particularité à noter sur les lignes à crémaillère ; si ce n'est que la voie étant munie de crémaillère, les rails sont moins fatigués, n'ayant pas à subir l'action des freins à la descente.

Le type adopté sur ces chemins est exclusivement le rail Vignole reposant sur des traverses ordinaires, ou le plus souvent, sur des traverses métalliques.

Au Vitznau-Rigi le rail pèse 16 kil. 6 le mètre courant, pour une charge maxima de 6.250 kilogr. par essieu.

Au chemin de Wasseralfingen, qui est un chemin mixte, le rail pèse 32 kilogr. au mètre, pour une charge maxima de 5.500 par essieu.

Au Hoellenthal le rail pèse 36 k. 2 par mètre pour une charge maxima de 13 t. 5 par essieu (voie normale).

A Langres, le rail pèse 23 k. 300 pour une charge maxima de 7.800 kilos par essieu ; au chemin de Viège-Zermatt, 24 k. 2 pour un poids maximum par essieu de 10.250 kilogr.

Ces derniers rails sont donc légers comparés à ceux des autres lignes. Il sont en acier et par barres de 10 m. 556.

Le rail de Viège-Zermatt a une section de 31 cm.q. son moment d'inertie en centim. est de 504, son moment résistant $\frac{I}{R} = 96$. Sur la ligne de Blankenbourg à Tanne (voie normale), le rail d'acier pèse 30 kilogr. par mètre courant.

En général on considère qu'un rail de 21 à 23 kilogr. ne doit pas supporter un essieu chargé de plus de 18 tonnes.

La fixation des rails sur les traverses et l'éclissage ne donnent lieu à aucune remarque particulière pour les lignes à crémaillère.

Toutefois sur une ligne à pente aussi extraordinaire que celle du mont Pilate, on a, malgré la continuité de la crémaillère, pris des précautions spéciales pour éviter tout glissement ; nous y reviendrons en décrivant la superstructure de cette ligne.

Les traverses en bois ou métal n'offrent d'autre particularité que de recevoir au milieu, la crémaillère ou ses supports, et latéralement diverses pièces comme des longrines en bois ou métalliques, reliant les traverses les unes aux autres pour contrebuter la poussée de la crémaillère.

Mais avant de s'occuper des moyens de consolidation, il convient d'examiner la construction de la crémaillère. et de se rendre compte des efforts qu'elle a à supporter.

29. Consolidations de la voie. Poussée longitudinale de la crémaillère. — Par exemple, les machines de Vitznau-Rigi peuvent développer un effort de traction de 6.000 kilogr. Effort exercé tout entier au contact d'une dent de la roue avec une dent de la crémaillère. La crémaillère est donc poussée en sens inverse de la marche du train avec un effort de 6 tonnes. Il y a lieu de se préoccuper de cette poussée longitudinale, et d'aviser aux moyens d'y résister énergiquement. Il faut donc consolider fortement la voie, la rendre absolument indéformable. Ce but est atteint généralement en rendant toutes les traverses solidaires les unes des autres; de manière qu'une d'elles ne puisse obéir à un mouvement de translation sans entraîner avec elle les voisines.

A cet effet, on relie les traverses par deux cours de longrines placées symétriquement de chaque côté de l'axe de la voie, courant parallèlement aux rails, et fixées à chaque traverse par des tirefonds. Plus généralement aujourd'hui, au lieu de longrines en bois qui se pourrissaient promptement, on relie les traverses entre elles par des fers ⊔ posés à plat et fixés sur chaque traverse par des tirefonds.

Quand les traverses sont des traverses métalliques, qui, par leur forme, résistent beaucoup mieux au glissement longitudinal, la nécessité de consolider la voie par des liens longitudinaux est moins grande, et l'on compte souvent simplement sur les rails pour assurer la liaison des traverses les unes aux autres. Remarquons aussi que, dans ce dernier cas, la fixation du rail sur la traverse est plus sûre. La vis I fixant le rail sur la traverse I ne peut en effet, mâcher le trou percé dans le métal, comme le tirefonds mâche le bois de la traverse ordinaire.

Sur toutes les lignes comme celles du Vitznau-Rigi, de Langres, etc..., on a, outre ce moyen de consolidation, assuré absolument l'invariabililité d'une traverse tous les 75 ou 100 mètres, en la faisant buter contre deux traverses jumelées placées verticalement et solidement maçonnées en terre.

Au Brünig, où les traverses ne sont pas reliées les unes aux autres par des fers à ⊔ ou des moises, on a eu soin de placer, tous les 80 m. environ, des rails verticaux solidement encastrés dans un massif de béton, et contre lesquels une traverse vient s'appuyer pour résister à la poussée.

Les longrines de bois destinées à consolider la voie ont été remplacées, même au Rigi, par des fers ⊔ placés à plat et fixés aux traverses par des tirefonds. Mais les eaux pluviales suivent ce fer ⊔ comme un canal, et, s'introduisant entre le tirefonds et son trou, pénètrent jusque dans la traverse, dont elles amènent la pourriture. On remédie à cet inconvénient en plaçant sous la tête du tirefonds une tresse de chanvre enduite de minium qui assure l'étanchéité.

Ces fers ⊔ sont assemblés entre eux par des éclisses, laissant le jeu de la dilatation, ou simplement fixés par des tirefonds sur une traverse de joint.

Pour éviter que l'effet de la poussée ne fatigue les tirefonds assemblant ces fers ⊔ avec chaque traverse, on rive sous ce fer ⊔ un fragment de cornière qui vient buter contre la traverse de joint, et y reporte la poussée longitudinale.

Au chemin de fer de Langres, ce fer ⊔ a 80 mm. de largeur.

Lorsque la pente du chemin est inférieure à 100 mm. la nécessité de l'entretoisement n'apparaît plus aussi impérieusement, et on le supprime sur certaines lignes à pentes moins raides.

30. Supports et mode d'attache de la crémaillère. — Sur les chemins où la crémaillère est continue, elle est fixée directement sur les traverses par des boulons. Mais, lorsque la ligne comporte des sections exploitées par simple adhérence, si le dessus de la crémaillère était au même niveau que les rails, la roue dentée toucherait le sol dans la traversée des passages à niveau. Il faut donc, dans ce cas, rehausser la crémaillère par un support intermédiaire placé sur la traverse.

A l'origine, on avait placé deux cours de longrines dans l'axe de la voie, et posé sur ces longrines la crémaillère (Rorschach-Heiden, Wasseralfingen) (fig. 26 et 27).

Mais outre la prompte pourriture des traverses, la différence de dilatation entre le bois et le fer offrait de sérieux inconvénients. Aussi a-t-on renoncé aux longrines, et l'on supporte la crémaillère par des coussinets en fonte, sur le dessus desquels elle est solidement fixée par des boulons.

Sur les lignes à crémaillère ordinaires, dont les pentes n'excèdent pas 250 mm., les dispositions précédentes sont suffisantes pour assurer l'assiette de la superstructure, toujours maintenue par le ballast. Mais au Mont-Pilate, où la pente atteint 480 mm., il a fallu fonder la voie beaucoup plus solidement, et n'en faire qu'un seul tout inébranlable.

A cet effet, on a maçonné la voie et on a recouvert la partie supérieure du terrassement de dalles de granit de 0,20 d'épaisseur, ayant toute la largeur du chemin, soit 1 m. 20.

Les traverses métalliques de 1 m. 20 de longueur sont constituées par des fers à U de 140 mm. de largeur d'âme et de 63 mm. de hauteur. Les ailes du fer à U sont encastrées jusqu'à mi-hauteur dans la dalle de granit, de telle façon que la partie supérieure soit parallèle à l'axe de la voie.

Ces traverses sont solidement fixées sur le dallage par des boulons de fondation ou des étriers (voir fig. 47 et 48).

Les rails ont 6 m. de longueur ; chacun d'eux est supporté par huit traverses, ayant un espacement moyen de 1,310 ou 380 mm.

L'éclissage des rails est à noter. Deux fers profilés symétriques, de 520 mm. de hauteur, prennent entre eux le patin du rail jusqu'à mi-hauteur, ainsi que la partie supérieure du patin.

Quatre boulons fixent ces fers aux traverses, et six boulons traversant les patins des rails à réunir assurent l'éclissage.

La portée des rails sur les autres traverses se fait d'une façon analogue, par des fers profilés de 140 mm. de longueur fixés à la traverse par quatre boulons, et assemblés par deux boulons traversant le patin du rail (voir fig. 46).

On laisse pour la dilatation un jeu de 2 mm. correspondant à une différence de température de 60°.

Le tableau ci-joint résume divers renseignements sur la superstructure de la voie courante des lignes à crémaillère.

31. Tableau résumant les données de la superstructure des lignes à crémaillères. — Rails et traverses

NOMS DES LIGNES	Largeur de voie	Pentes maxima	Rayon minimum des courbes	Poids des traverses métalliques	Espacement des traverses	Hauteur du rail	Poids par mètre courant du rail	Poids par mètre courant de la consolidation	Système	Poids par mètre courant de la crémaillère	OBSERVATIONS
		m/m				m/m	kig.	kig.			
Ostermundigen	1.435	100	»	traverses en bois	0,75	120	32	2,5	mixte	58	
Vitznau-Rigi	»	250	180	»	0,750	80	16,6	1,5	simple	55,55	
Kahlenberg	»	100	»	»	»	»	20	1,8	»	55,55	
Schwabenberg	»	102,5	»	»	»	»	20	1,8	»	55,15	
Arth Rigi	»	212,57	»	»	»	»	20	1,78	»	55,55	
Rorschach-Heiden	»	90	240	»	»	»	20	1,78	»	53,5	
Langres	1.00	172	120	»	1,00 0,55	»	23,3	17	mixte	49,5	Dans les parties sans crémaillères le rayon des courbes descend à 60 m.
Hoellenthal	1.43	55	200	42,5	»	129	36,2	»	mixte	101	Traverses acier fondu, 10 traverses par travée de 9 mètres. Y compris les coussinets, tire-fonds et boulons.
Blankenbourg à Tanne	1.435	60	200	40	0,550 1,070 0,880	120	30	»	mixte	»	L'espacement de 550 s'applique à la traverse de joint et celle de 1070 aux traverses courantes en voie ordinaire. La cote de 880 est l'espacement dans les parties en crémaillère.
Viège-Zermatt	1.00	120	100	37,8	0,498 0,635 0,880	110	24,2	»	mixte	»	La cote 490 s'applique aux traverses de joint. La cote 635 s'applique aux traverses du milieu. La cote 680 s'applique aux traverses courantes.
Mont Pilate	0,800	480	80	»	0,380 1,310	»	»	»	»	»	La cote de 380 s'applique aux traverses de joint et du milieu. La cote de 1,310 aux traverses courantes.
Le Brünig	1.00	120	120	»	»	»	24,2	»	mixte	78	

32. Généralités. Efforts supportés par la crémaillère. — Les crémaillères employées sont de divers systèmes; mais quel que soit le système, il comporte toujours une ou plusieurs roues dentées engrenant avec les dents d'une crémaillère fixe placée dans l'axe de la voie.

Les échelons, les dents de la crémaillère, ont par suite à subir toute la réaction de l'effort de traction, et le transmettent à leur support.

On a toujours, et à juste raison, donné aux dents de la roue motrice des profils obtenus par développante de cercle. Il en résulte pour le profil conjugué des dents de la crémaillère des lignes droites. On sait, en effet, que dans ce système la distance de l'axe de la roue à la ligne primitive de la crémaillère peut varier légèrement sans que l'engrènement cesse d'être convenable. De plus, l'usure est plus régulière que dans les autres systèmes de tracé.

On avait appliqué sur une des premières lignes à crémaillère un engrenage à lanterne, sur la ligne d'Ostermundigen, et on a dû y renoncer à cause des chocs et de l'usure considérable qui en résultait.

L'effort total de traction se répartit toujours au moins sur deux dents de la crémaillère.

Mais la crémaillère peut avoir à supporter un effort plus grand que celui correspondant à la traction du train.

C'est lorsqu'à la descente la roue dentée tourne dans la crémaillère en retenant le train quand on serre les freins.

Soit i l'angle de la voie avec l'horizon,
P le poids total du train,
V sa vitesse,
L le parcours effectué jusqu'à l'arrêt.

Au moment du serrage des freins, la force totale motrice sollicitant le train sur la pente est

$$\frac{PV^2}{2g} + P \sin i.$$

Soit F la force destinée à annuler la force vive, elle communiquerait sur une longueur L une vitesse V à la masse $\frac{P}{g}$, soit γ son accélération, on a $V = \gamma t$ $L = \frac{1}{2}\gamma t^2$, d'où $\gamma = \frac{V^2}{2L}$;

les forces étant proportionnelles aux accélérations :

$$\frac{F}{P} = \frac{\frac{V^2}{2L}}{g} \text{ et } F = \frac{V^2 P}{2gL}$$

La pression totale sur la crémaillère sera donc :

$$Q = \frac{PV^2}{2gL} + P \sin i.$$

Toutefois, les trains descendant lentement sur les lignes à crémaillère, le premier terme est généralement faible vis-à-vis du premier.

Appliquons la formule à la ligne de Vitznau-Rigi, $V = 2^m$.

$P = 20.000$ kilogr., soit $\sin i = \operatorname{tg} i = \frac{1}{4}$.

Supposons que l'arrêt doive pouvoir s'effectuer sur 10 mètres.

$$L = 10 \text{ et } Q = \frac{20.000 \times (2)^2}{2 \times 9{,}8 \times 10} + \frac{20.000}{4} = \frac{4.000}{9{,}8} + 5.000$$

Soit $Q = 400 + 5.000$. Mais, par contre, on voit par cette formule l'importance, au point de vue des réactions en jeu, d'éviter toute accélération ; car, pour une vitesse de 3 m. par seconde, au lieu de 2 m., le terme dû à la force vive aurait une valeur de 900 kilos, c'est-à-dire qu'il ferait plus que doubler.

Quelle est la force absorbée par le frottement des dents de la roue dentée sur les dents de la crémaillère ? Le frottement de deux roues dentées se calcule par la formule $F = \left(\frac{1}{r} + \frac{1}{r'}\right) \frac{f \times p}{2} \times P$, dans laquelle :

r et r' désignent les rayons des roues,
f le coefficient de frottement,
p le pas,
P la pression des dents.
Pour une crémaillère $r' = \infty$

et $F = \frac{1}{r} \times \frac{f \times p \times P}{2}$ pour les machines du Rigi,

$$r = 0{,}525 \qquad f = 0{,}1 \qquad p = 0{,}100$$

$$\text{et } F = P \times \frac{0{,}1 \times 100}{1050} = P \times \frac{10}{1050} = \frac{P}{105}$$

Soit approximativement $\frac{1}{100}$ de la pression des dents.

Mais il est clair que cette quantité varie essentiellement avec f, coefficient de frottement des dents l'une contre l'autre, valeur qui dépend du soin que l'on apporte au graissage des dents de la crémaillère et des circonstances atmosphériques. En tous cas, il y a évidemment intérêt à graisser avec soin les dents de la crémaillère ; aussi prend-on toujours cette précaution.

La crémaillère est constituée par une série de tronçons que l'on réunit par un solide éclissage, en ménageant le jeu de la dilatation. On donne aux divers tronçons une longueur d'environ 3 m., et il ne serait guère possible d'augmenter cette longueur, à cause de la dilatation. En effet, le métal est soumis en ces pays de montagne à des différences de température d'au moins 50° (de — 10° à + 40°). Ce qui, pour un coefficient de dilatation de 0,00001235, correspond à un allongement de $\frac{0^{m},00185}{2}$ pour une longueur de 3 m., en supposant la division faite à la température moyenne de 25°.

Cela fait encore un déplacement d'environ 0m,001 pour le dernier échelon ou la dernière dent de la crémaillère. Aussi cette longueur de 3 m. a-t-elle été constamment adoptée et n'a jamais été dépassée sur aucune ligne à crémaillère. Sauf pour la ligne de Saint-Gall-Gais, où la longueur des tronçons de crémaillère atteint 4m.995.

Lorsque la crémaillère est destinée à une ligne où la traction se fait d'un bout à l'autre à l'aide de la crémaillère, le rayon du cercle primitif de la roue dentée est égal au rayon des roues porteuses, et la roue dentée peut être calée directement sur un essieu porteur. Le niveau des échelons, ou, pour parler plus exactement, celui de la ligne primitive de la crémaillère doit être alors le même que celui de la surface de roulement des rails. La crémaillère est fixée sur les traverses et à peu de hauteur.

Mais sur les lignes mixtes où les sections à crémaillère et à adhérence se succèdent les unes aux autres, il faut que dans les parties sans crémaillère la roue dentée ne puisse pas venir toucher le sol. Dans ce cas, cette roue est portée par un arbre spécial, et la crémaillère est supportée par des coussinets ou des longrines reposant sur les traverses afin de la surélever au-dessus du niveau des rails.

Nous avons vu précédemment, à propos du tracé (p. 23) qu'avec la longueur de 3 m., choisie pour la crémaillère, on ne pouvait guère adopter des rayons de courbe inférieurs à 100 m. sans se heurter à des difficultés de construction. Mais cette condition change avec le système de crémaillère, aussi y reviendrons-nous plus loin. Constatons seulement que c'est là encore un motif s'opposant à l'augmentation de longueur de barre des crémaillères.

33. Calculs des efforts de flexion et de cisaille-

ment supportés par la crémaillère. Exemples. — Les échelons ou les dents de la crémaillère travaillent dans des conditions particulières que nous allons examiner.

Supposons d'abord qu'il s'agisse d'une crémaillère type Riggenbach, constituée par des échelons en fer trapézoïdaux, rivés dans des fers ⊔ dont les montants sont verticaux.

La pression des dents est appliquée normalement à la face de la dent de la crémaillère, et tend à faire fléchir ce barreau, dont les extrémités sont prises dans les montants verticaux des fers ⊔.

Par suite, α désignant l'angle de la dent de la crémaillère, avec la verticale, la pression p donne une composante normale à la voie, qui tend à faire fléchir le barreau, et une composante parallèle à la voie qui tend à le cisailler :

$$P_N = P \sin \alpha,$$
$$P_p = P \cos \alpha.$$

La pression de la roue dentée sur l'échelon de la crémaillère s'exerce sur toute la largeur de cette roue, et on peut la supposer uniformément répartie sur cette étendue. D'autre part, le mode de construction permet de supposer l'échelon encastré dans les montants de la crémaillère. L'échelon est donc, dans le cas d'une pièce encastrée à ses extrémités, supportant une charge uniformément répartie sur une certaine portion de sa longueur.

Généralement, on suppose que la pression est répartie *sur toute la largeur de l'échelon, snr toute sa portée*, ce qui est inexact.

Nous allons établir la formule donnant la résistance d'une telle pièce.

Soient l la portée de la pièce encastrée en A et B ;

p la charge par mètre courant répartie sur une longueur $a < l$ du point C au point D entre A et B.

Les réactions des appuis sont $\frac{pa}{2}$.

Les équations donnant la valeur du moment fléchissant sont au nombre de trois, suivant que le point d'abcisse x est compris entre A et C, entre C et D ou entre D et B. Ces équations sont, en désignant par μ la valeur inconnue du moment d'encastrement :

$$\text{I}\left\{\begin{array}{l} \text{EI}\,\dfrac{d^2y}{dx^2} = \dfrac{pa}{2}x - \mu \\ \text{EI}\,\dfrac{d^2y}{dx^2} = \dfrac{pa}{2}x - \dfrac{p}{2}\left(x - \dfrac{l-a}{2}\right)^2 - \mu \\ \text{EI}\,\dfrac{d^2y}{dx^2} = \dfrac{pa}{2}x - pa\left(x - \dfrac{l}{2}\right) - \mu \end{array}\right.$$

intégrant il vient :

$$\text{II}\left\{\begin{array}{l} \text{EI}\,\dfrac{dy}{dx} = \dfrac{1}{4}pax^2 - \mu x \\ \text{EI}\,\dfrac{dy}{dx} = \dfrac{1}{4}pax^2 - \dfrac{1}{6}p\left(x - \dfrac{l-a}{2}\right)^3 - \mu x \\ \text{EI}\,\dfrac{dy}{dx} = \dfrac{1}{4}pax^2 - \dfrac{1}{2}pax^2 - \mu x + \dfrac{pal}{2}x + \text{C}. \end{array}\right.$$

Les deux premières équations II n'ont pas de constantes parce que pour la première $\frac{dy}{dx} = o$ pour $x = o$, et que pour la seconde la valeur de $\frac{dy}{dx}$ doit être la même pour cette équation que pour la première pour $x = \frac{l-a}{2}$.

En écrivant de même que les deux dernières équations II donnent la même valeur a $\frac{dy}{dx}$ pour $x = \frac{l+a}{2}$, nous déterminerons la valeur de C :

$$\frac{1}{4}pax^2 - \frac{1}{6}p\left(x - \frac{l-a}{2}\right)^3 - \mu x = -\frac{1}{4}pax^2 + x\left(\frac{pal}{2} - \mu\right) + \text{C},$$

réduisant il vient :

$$\frac{1}{2}pax^2 - \frac{1}{6}p\left(x - \frac{l-a}{2}\right)^3 = \frac{pal}{2}x + \text{C} \quad \text{et comme } x = \frac{a+l}{2}$$

il vient :

$$\frac{1}{2}pa\left(\frac{a+l}{2}\right)^2 - \frac{1}{6}ap^3 = \frac{pal}{2}\left(\frac{a+l}{2}\right) + \text{C} \text{ développant,}$$

il vient : $\frac{1}{8}pa^3 + \frac{1}{8}pal^2 + \frac{1}{4}pa^2l - \frac{1}{6}pa^3 - \frac{1}{4}pa^2l - \frac{1}{4}pal^2 = C$

et réduisant on a

$$C = -\frac{1}{24}pa^3 - \frac{1}{8}pal^2 = \frac{-pa}{24}(a^2 + 3l^2)$$

ayant la valeur de C, la dernière des équations II donne la valeur de μ, moment d'encastrement, car pour

$$x = l. \quad \frac{dx}{dy} = o$$

donc on a :

$$-\frac{1}{4}pal^2 + l\left(\frac{pal}{2} - \mu\right) - \frac{pa}{24}(a^2 + 3l^2) = o$$

d'où :

$$-\mu l = \frac{1}{4}pal^2 - \frac{pal^2}{2} + \frac{pa}{24}(a^2 + 3l^2) = \frac{1}{4}pal^2 - \frac{pal^2}{2} + \frac{pa^3}{24} + \frac{pal^2}{8}$$

d'où :

$$\mu l = \frac{1}{8}pal^2 - \frac{1}{24}pa^3$$

et

$$\mu = \frac{pa}{24\,l}(3l^2 - a^2)$$

En étudiant de plus près cette formule, on reconnaîtra que μ est le moment fléchissant maximum, et quand on calcule le moment d'encastrement, en supposant la charge uniformément répartie sur la longueur l, on trouve que le moment, qui est aussi le moment maximum, est $\mu' = \frac{pa^2}{12}$ et que toujours $\mu' < \mu$. Ainsi, en prenant l'exemple indiqué par M. Abt dans son livre *Die drei Rigi Bahnen*, et relatif à la crémaillère de Rorschach-Heiden, en supposant la charge uniformément répartie, on trouve que le métal travaille à 5 kilos, 2 par mmq. de section.

$$\mu a = 6.000 \text{ kilos}, \quad b = 126 \text{ mm}. \quad a = 100 \text{ mm}.$$

$$\mu' = \frac{6.000 \times 0^{m},126}{12} = 63$$

tandis que

$$\mu = \frac{6.000}{24 \times 0{,}126}(3 \times \overline{0{,}126}^2 - \overline{0{,}1}^2) = \frac{6.000}{24 \times 0{,}126} \times 0.037628$$

ou $\mu = 75{,}2$

Donc le travail du métal n'est pas $5^k{,}2$, mais

$$5\ \mathrm{k}.\ 2 \times \frac{75}{63} = 6\ \mathrm{k}.\ 2$$

c'est-à-dire qu'il est évalué par la formule simplifiée à environ $\frac{1}{5}$ au-dessous de sa valeur.

Quant à l'effort tranchant qui est maximum dans l'encastrement, il a évidemment pour valeur la moitié de la charge totale.

Les montants verticaux tendent évidemment à être fendus par la poussée longitudinale de la crémaillère ; mais ils offrent toujours un excès de résistance, sauf pour le dernier échelon d'aval le plus près du joint du tronçon.

Mais nous reviendrons sur ce point en nous occupant de la construction des crémaillères.

Nous décrirons quatre types de crémaillère :

1° Crémaillère Riggenbach ;

2° Crémaillère Riggenbach, modification Bissinger ;

3° Crémaillère Abt ;

4° Crémaillère Locher.

§ 2.

DESCRIPTION DES DIVERS TYPES DE CRÉMAILLÈRE.

34. Crémaillère Riggenbach. — Les figures 27 et 28 montrent les types de crémaillère du Rigi et de Rorschach-Heiden.

La crémaillère est formée de deux fers ⊔ dont les montants verticaux retiennent les échelons formés de fers trapézoïdaux.

Les angles de ces fers sont arrondis sur toute la profondeur de leur portée dans les montants verticaux du fer ⊔, et la forme de cette portée empêche toute rotation de l'échelon sous la pression de la roue dentée. Les deux extrémités de l'échelon sont rivés à froid; de sorte que la résistance au surécartement est largement assurée.

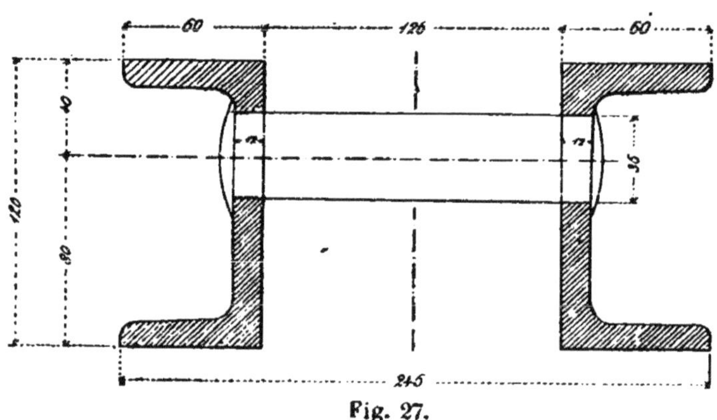

Fig. 27.

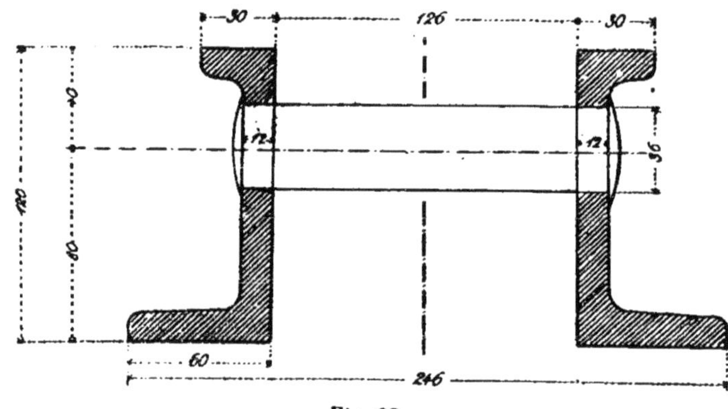

Fig. 28.

Le pas de la crémaillère est généralement de 100 mm.

L'angle α, que forme avec la voie la face de la dent, est d'environ 60°.

M. Riggenbach a construit généralement deux types d'échelons :

Les dimensions du premier type sont $\frac{54 + 36}{2} \times 36$ comme l'indique la fig. 27, et l'angle $\alpha = 61° 11' 20''$; la roue dentée a alors un diamètre primitif de 1,050 mm.;

Dans le second type, les dimensions de l'échelon sont $\frac{29 + 47}{2} \times 32$, $\alpha = 60° 57' 30''$; la roue dentée a dans ce cas un diamètre primitif de 764 mm.

C'est le premier type qui a été appliqué à Langres.

Au Rigi, le vide intérieur entre les montants verticaux des fers ⊔ est de 126 mm.; la roue dentée motrice a 102 mm. de largeur ; il reste donc de chaque côté un jeu de 12 mm.

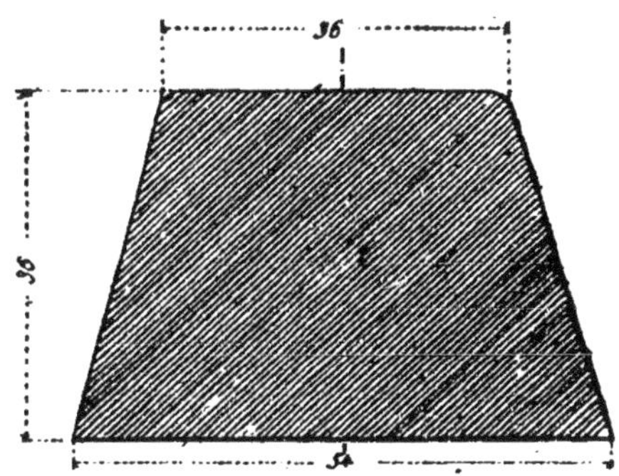

Fig. 29.

Cette quantité a été conservée à peu près dans les constructions plus récentes.

La coupe (fig. 27) de la crémaillère du Rigi indique que les ailes horizontales supérieures du fer ⊔ sont aussi larges que les ailes inférieures. Cela tient à ce que ces ailes supérieures sont destinées à pouvoir résister à la traction de grappins fixés aux voitures et passant audessous d'elles. En cas de vent très violent tendant à renverser la voiture, ces grappins seraient retenus par l'aile du fer à ⊔, et s'opposeraient au renversement de la voiture.

On a supprimé cette aile supérieure sur les lignes moins exposées que le Rigi (voir fig. 28).

Comme nous l'avons dit plus haut, le dernier échelon d'aval tend à cisailler le métal du fer ⊔ tout comme les autres, et il n'y a pour résister à cet effort que la longueur du métal restant entre le dernier échelon et l'extrémité du tronçon.

Pour renforcer cette partie délicate et augmenter cette longueur, on a réservé au Rigi une longueur plus grande entre le dernier échelon d'aval et l'extrémité inférieure du tronçon, qu'entre le premier échelon d'amont et l'extrémité supérieure du tronçon ; le premier intervalle est égal à 35 mm. et le second à 21 mm.

Cette disposition a l'inconvénient d'empêcher le retournement bout pour bout de la crémaillère, pour utiliser les deux faces des dents des échelons. Mais on ne peut l'éviter qu'en donnant au montant du fer ⊔ une épaisseur suffisante. On le fait souvent, pour profiter de l'économie que procure le retournement.

La crémaillère Bissinger, que nous décrivons plus loin, évite cet inconvénient.

Des expériences ont été faites jadis à propos du Rigi sur ce point délicat, dont l'importance n'avait pas échappé aux ingénieurs habiles qui le construisaient.

M. Abt indique que l'on trouva dans ces essais une résistance au cisaillement de 37 kilos par millimètre carré. Ces essais étaient faits du reste simplement en chargeant, jusqu'à rupture du montant, le dernier échelon d'aval de la crémaillère.

Rappelons ici que le profil rond a été essayé pour les échelons de la crémaillère au chemin d'Ostermundigen, mais que les résultats ont été mauvais.

La pression maxima, admise pour les crémaillères du Rigi, pression entre les dents de la roue et celles de la crémaillère, est de 6.000 kilos.

Au chemin d'Arth-Rigi, où cette pression a été portée à 6.300 kilos, il en est résulté une usure plus sensible des dents de la roue motrice.

Cette pression de 6.000 kilos au Vitznau-Rigi, de 6.300 à l'Arth-Rigi est égale à l'effort de traction total de la machine ; elle se répartit donc sur toutes les dents simultanément en contact; et l'on a toujours au moins deux dents en prise.

Les tronçons de crémaillère ont à peu près 3 m. de longueur (de 2.996 à 2.998 mm., afin de laisser le jeu de la dilatation).

Les parties destinées aux courbes sont, une fois construites, courbées à l'atelier à la demande du rayon.

La crémaillère de Vitznau Rigi pèse 55 kil. au mètre, celle de Wasseralfingen 47 kil. seulement; à Langres son poids est de 49 kil. 5 (voir le tableau récapitulatif au n° 31).

Passons à la fixation de la crémaillère sur ses supports et à la jonction des divers tronçons.

35. Fixation de la crémaillère. Eclissage. — La crémaillère est portée quelquefois directement par les traverses.

Ce dispositif, qui a le mérite de la simplicité, ne peut s'appliquer que sur un chemin où la crémaillère est continue, et qui, en outre, n'est pas exploité pendant l'hiver.

Sans un surhaussement, il serait en effet bien difficile d'enlever la neige de la crémaillère. De toute façon cette disposition rend évidemment le nettoyage de la crémaillère plus difficile.

Néanmoins, c'est la disposition adoptée au Vitznau-Rigi (voir la fig. 30) ; l'aile inférieure du fer ⊔ repose directement sur la traverse, elle y est fixée par deux tirefonds. Pour éviter que la poussée longitudinale, tendant à faire glisser la crémaillère sur les traverses, ne vienne

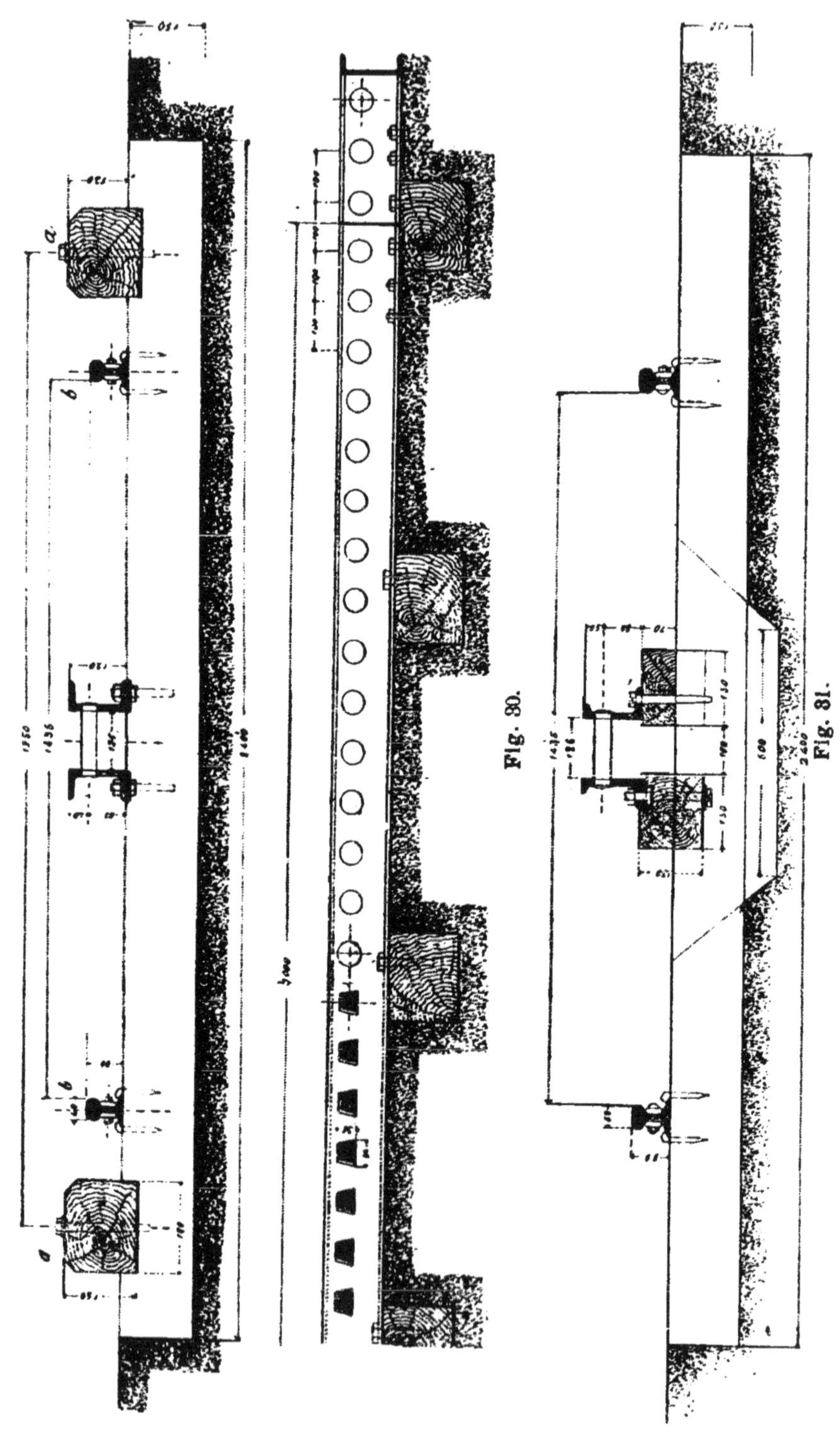

Fig. 80.

Fig. 81.

arracher les tirefonds, on a rivé sous les ailes inférieures un fragment de cornière. L'aile verticale de cette cornière, placée perpendiculairement à l'axe de la voie, vient buter contre la traverse, de façon à arrêter toute tendance au glissement.

Les joints des tronçons de crémaillère sont faits sur une traverse (voir fig. 30). Une sorte de selle en fer plat, boulonnée mi-partie sur un tronçon, mi-partie sur l'autre, consolide l'assemblage.

Sur la ligne de Rorschach-Heiden, où l'exploitation est continue et où les voitures doivent pouvoir passer sur une voie ordinaire, il a fallu surélever la crémaillère. A cet effet, on l'a supportée par deux longrines placées dans l'axe du chemin, reposant sur les traverses (voir fig. 31). Cette disposition a donné de mauvais résultats. Les longrines se pourissent, et la mise en place de la crémaillère ne peut se faire avec autant de précision qu'en employant des supports métalliques ; de plus, les différences de dilatation du bois et du fer ont amené des disjonctions.

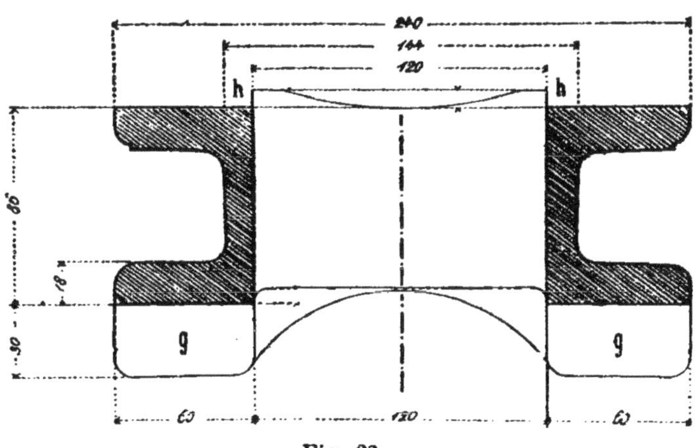

Fig. 32.

Le principe de cette dernière solution est partout employé, mais on supporte la crémaillère au droit de chaque traverse par des coussinets de fonte, et l'on a renoncé aux longrines.

La fig. 32 montre les détails de construction du coussinet employé à Wasseralfingen comme coussinet de joint. Il est fixé à la traverse par quatre tirefonds, et à l'aile inférieure de la crémaillère par quatre boulons. Deux de ces boulons peuvent glisser dans leur trou ovalisé, de façon à ce que l'extrémité inférieure de chaque tronçon puisse obéir à la dilatation, l'extrémité supérieure restant fixe.

A la partie inférieure du coussinet se trouve une nervure *g*, *g* qui peut buter contre la traverse, de façon à empêcher toute poussée sur les tirefonds. Trois autres nervures, placées à la partie supérieure et comprises entre les montants verticaux des fers ⊔ de la crémaillère, empêchent toute tendance à un déplacement latéral.

Sur les traverses intermédiaires, la crémaillère est supportée par des cales de bois.

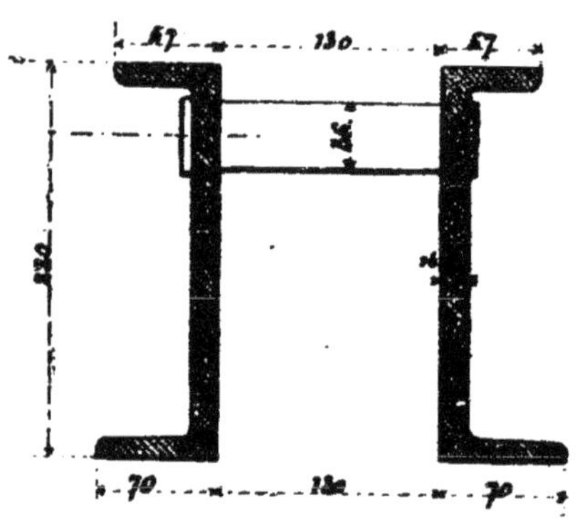

Fig. 33.

A Langres, on a remplacé ces cales de bois par des coussinets moins longs que les coussinets de joint. Ces coussinets ont 105 mm. de hauteur et pèsent 10 k. 350 la pièce, tandis que ceux de joint pèsent 17 k. 500.

Pour empêcher le glissement longitudinal, on a rivé

aussi sous la crémaillère des cornières de 130 mm. qui viennent buter contre le coussinet de joint.

Quelquefois les joints des tronçons de crémaillère sont placés en porte à faux, et des éclisses latérales assurent la jonction.

Lorsque les traverses sont métalliques, la fixation de la crémaillère ou des coussinets sur ces traverses se fait à l'aide de boulons. Nous décrirons surtout cette disposition en parlant de la crémaillère Abt.

Enfin, une autre solution a été employé au Brünig pour supprimer les coussinets tout en surélevant la crémaillère. Elle consiste à donner aux montants des fer ⊔ une hauteur suffisante, pour placer l'axe de l'échelon à la cote exigée (voir fig. 33). Cette disposition rend naturellement la crémaillère plus lourde. Avec les échelons, la crémaillère du Brünig pèse environ 78 kilos, tandis que celle du Rigi n'en pèse que 55 et celle de Langres 50.

En tenant compte du poids des coussinets, le type de Langres est encore plus léger.

Mais il est clair que le type du Brünig a pour lui sa simplicité, et sa facilité de mise en place.

L'espacement des supports de la crémaillère est variable. Au Rigi, les traverses supportant directement la crémaillère sont espacées de 750 mm.; à Langres, les coussinets supportant la crémaillère sont équidistants de 1 mètre.

Cette quantité doit varier nécessairement suivant le type de crémaillère, les charges remorquées et les pentes de la ligne.

36. Pièce d'entrée et de sortie de la crémaillère. — Sur les lignes mixtes, lorsque l'on passe d'une section ordinaire à une section à crémaillère, on ne peut entrer en crémaillère brusquement, sans transition, à cause des chocs qui en résulteraient; de plus, l'engrènement pourrait ne pas se produire.

Aussi dispose-t-on toujours un tronçon de crémaillère mobile autour d'un axe horizontal à une extrémité, et porté par un ressort à l'extrémité abordée par la roue dentée de la locomotive.

Lorsque la dent de la roue de la machine choque la pièce d'entrée, deux cas peuvent se présenter :

1° La dent qui se présente tombe dans un vide de la denture de la pièce d'entrée. Dans ce cas, l'engrènement se produit immédiatement;

2° La dent choque un plein de la crémaillère.

Dans ce cas, la dent de la roue appuyant sur la dent de la pièce d'entrée, celle-ci s'abaisse sur ses ressorts, et le mouvement continue, les têtes des dents de la roue motrice roulant sur les têtes des dents de la crémaillère.

Si le pas de la denture de la pièce d'entrée était le même que celui de la roue, et par suite de la crémaillère, le mouvement pourrait continuer indéfiniment sans que l'engrènement se produisît jamais, la roue étant calée sur un essieu porteur ou sur un essieu accouplé avec ce dernier. Mais on a soin de faire le pas de la denture de la pièce d'entrée légèrement plus petit que celui de la crémaillère. De sorte qu'à chaque tour, les dents de la roue s'appuient de plus en plus en arrière sur les dents de la pièce d'entrée, et qu'à un certain moment l'engrènement a lieu.

Soit en effet a la distance séparant les arêtes des dents de la roue dentée et de la crémaillère au moment du premier contact.

Soient p et p' les pas de la roue dentée et de la crémaillère. L'engrènement se produira, p' étant plus petit que p, quand on aura, en désignant par n, le nombre de dents venues en contact à ce moment, $np=a+np'$, d'où

PIÈCES D'ENTRÉE.

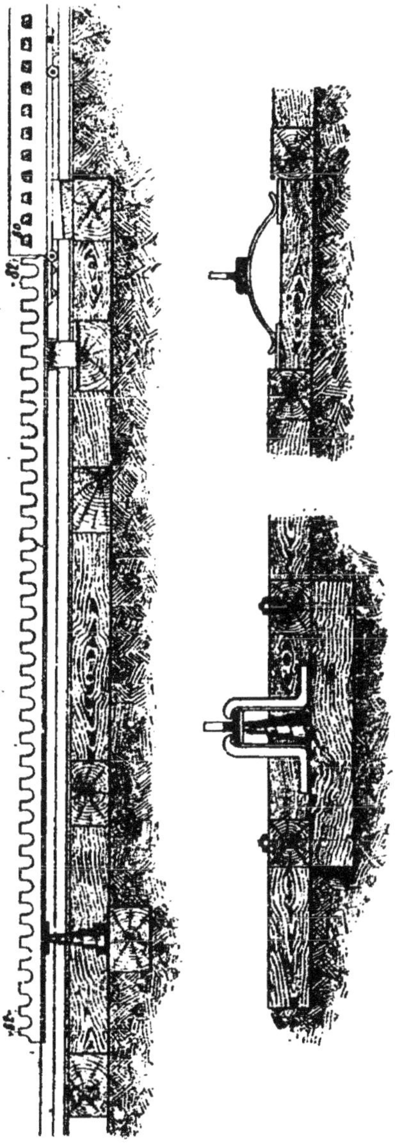

Fig. 84. — Type de Wasseralfingen.

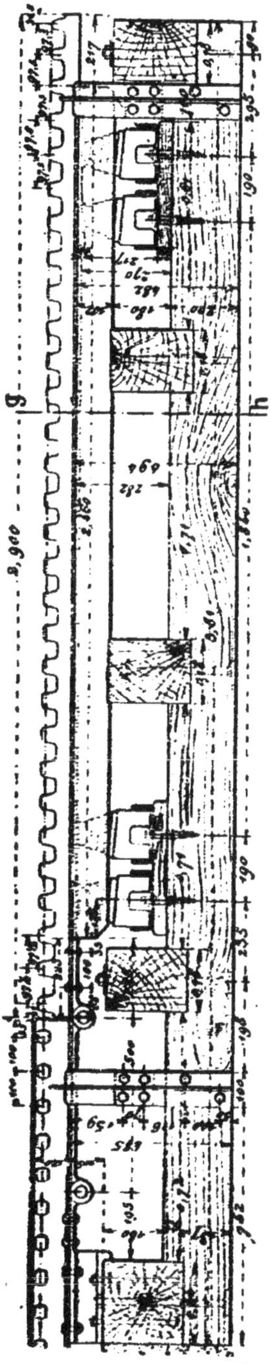

Fig. 85. — Type de Langres.

$n = \frac{a}{p - p'}$. L'engrènement aura donc lieu d'autant plus vite que la quantité $p - p'$ sera plus grande.

Si, par exemple, la largeur de la dent est de 27 mm. au sommet, et si $p - p' = 2$ mm. la plus grande valeur de a étant $\frac{27}{2}$, l'engrènement aura lieu pour $n = \frac{\frac{27}{2}}{2} = \frac{27}{4}$, soit dès la 7ᵉ dent.

Mais on peut voir aisément qu'alors même que le pas de la pièce dentée serait le même que celui de la crémaillère, l'engrènement finirait par avoir lieu.

En effet, le roulement ayant lieu sur la tête des dents au lieu d'avoir lieu sur le cercle primitif, à chaque tour

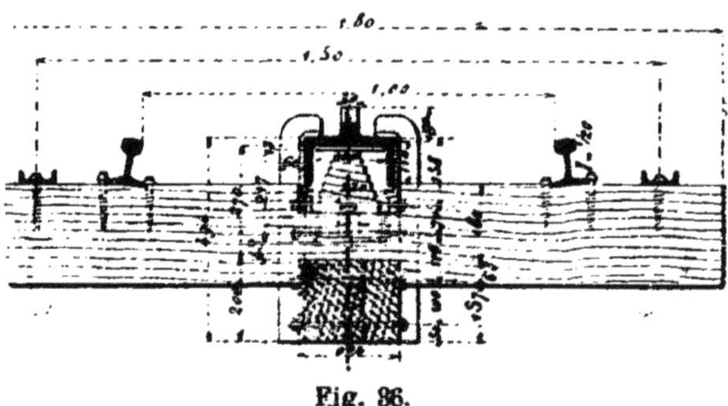

Fig. 86.

de la roue dentée la dent qui a choqué la pièce d'entrée décrit une circonférence ayant pour rayon non pas le rayon primitif, mais ce rayon primitif augmenté d'une partie de la hauteur de la dent.

Par suite, au bout du premier tour de roue cette dent de la roue ne tombera plus sur la tête d'une dent de la crémaillère dans la même position qu'au moment où elle a abordé la pièce d'entrée. La différence s'accentuant toujours dans le même sens, il arrivera forcément un moment où l'arête de la dent de la roue tombera dans un vide, et l'engrènement se produira.

Mais en général on donne à la pièce d'entrée un pas légèrement plus petit que celui de la crémaillère.

Une fois l'engrènement produit, la roue dentée et la crémaillère ayant des pas différents, il en résulte forcément des glissements sur toute l'étendue de la pièce d'entrée ; car chaque fois que la roue dentée tourne d'une dent, elle ne peut pas tourner d'une quantité correspondante à la valeur de son pas mesuré sur la circonférence primitive.

Cet inconvénient n'existe pas avec les machines à deux mécanismes distincts comme la machine Abt.

La fig. 34 représente la pièce d'entrée de Wasseralfingen, avec le détail des ressorts à feuilles et à spirale. Les grappins servent à limiter le soulèvement de la pièce d'entrée et à assurer la fixité de son niveau.

Les fig. 35 et 36 représentent l'élévation de la pièce d'entrée de Langres qui diffère peu de celle de Wasseralfingen, ainsi que sa coupe transversale.

Seulement, tandis qu'à Wasseralfingen le pas de la division de la pièce d'entrée est de 82 mm., pour un pas de roue dentée de 80 mm., à Langres au contraire le pas de la pièce d'entrée est de 97 mm. 5 pour un pas de 100 mm. de la roue. Généralement le pas de la pièce d'entrée est toujours inférieur au pas de la roue dentée, comme à Langres.

La pièce d'entrée, comme le montre la figure, n'est pas faite à échelons; c'est une véritable crémaillère dont les dents sont découpées dans une lame de fer ou d'acier.

Souvent la première dent de la pièce d'entrée, qui reçoit le choc et s'use plus vite, est mobile et peut être changée quand elle est usée.

La disposition des pièces d'entrée est due à M. Abt.

On peut, à l'aide de ces pièces d'entrée, passer sans arrêt d'une section à adhérence à une section à crémaillère, et *vice versa*. Il suffit d'un ralentissement. On a soin de disposer des paliers, ou des raccordements à faible pente, dans les parties de ligne où se trouvent ces pièces d'entrée.

Remarquons qu'une fois l'engrènement produit, la pièce d'entrée supporte une partie de l'effort de traction, celle qui correspond au travail de la roue dentée. Cet effort se reporte sur le boulon de l'articulation. Aussi ne serait-il pas prudent de placer une pièce d'entrée dans une rampe un peu forte.

L'engrènement se produit, du reste, beaucoup plus aisément quand la pièce d'entrée est placée en palier ou sur une déclivité très faible. Il y a lieu de tenir compte de ce fait quand on étudie le profil d'une ligne à crémaillère ; car en fait il se produit toujours des chocs très nuisibles quand la pièce d'entrée n'est pas placée dans une partie en palier.

37. Crémaillère Bissinger. — Cette crémaillère est une modification de la crémaillère Riggenbach, elle a été imaginée et appliquée par M. Bissinger au chemin du Hoellenthal (grand duché de Bade).

La disposition essentielle de cette crémaillère consiste en ce que chaque échelon n'est plus rivé contre le montant vertical du fer ⊔. Les extrémités de chaque échelon sont tournées et pénètrent librement dans le fer ⊔. Sur quatre échelons, l'un d'eux présente une tête filetée faisant saillie sur le montant, et l'on serre à l'aide d'un écrou, de façon à assurer la solidité de la crémaillère et d'empêcher toute déformation latérale (voir fig. 37).

Les barreaux reposent en dessous sur une saillie régnant longitudinalement sur toute la longueur du montant vertical, de telle sorte que tout mouvement de rotation du barreau sous l'effort de la dent devient impossible. Les tronçons de crémaillère ont 3 m. de longueur, moins le jeu de la dilatation, soit 2 m. 998 ; ils sont assemblés en-

CRÉMAILLÈRE BISSINGER

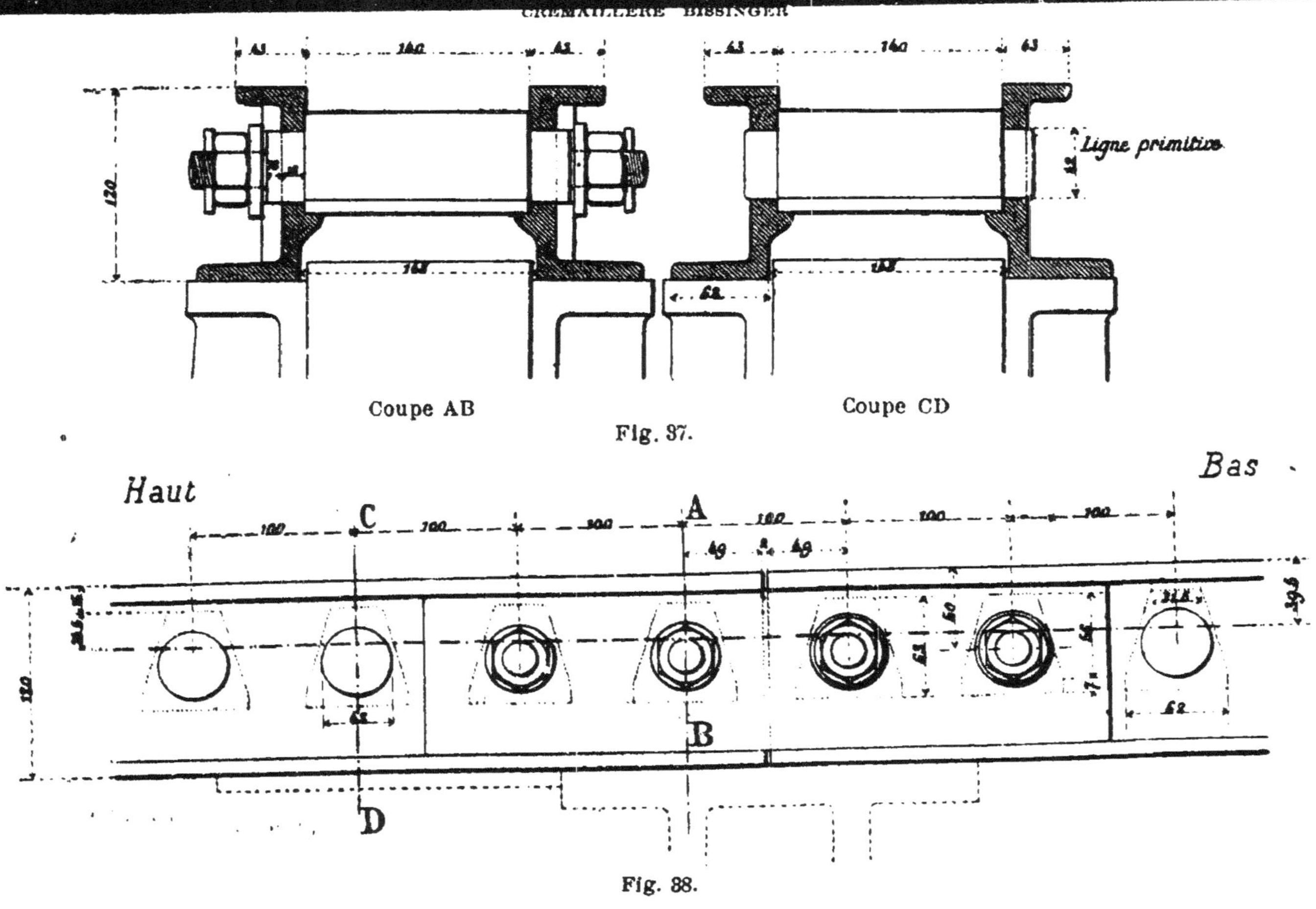

Fig. 87.

Fig. 88.

tre eux sur un coussinet. Le joint est consolidé par des éclisses latérales en fer plat (fig. 38) serrées contre les montants du fer à ⊔ par les têtes des échelons, qui présentent à cet effet une tête filetée et un écrou.

Cet éclissage à l'aide de plates bandes à l'avantage d'éviter la tendance au cisaillement du métal du montant, en dessous du dernier échelon d'aval d'un tronçon de crémaillère. Et cela tout en conservant à ce montant vertical une épaisseur d'âme minima.

Par suite le dernier échelon d'aval et le premier échelon d'amont peuvent être placés chacun à la même distance de l'extrémité qui leur est contigue.

Il en résulte que la crémaillère est semblable à ses deux extrémités.

La crémaillère repose sur les traverses par l'intermédiaire de coussinets en fonte. On a rivé dans les ailes des montants verticaux des fers qui, venant buter contre le coussinet, empêchent toute tendance au glissement longitudinal. Les coussinets eux-mêmes portent des nervures, qui s'appuient contre les traverses, dans le même but, et pour éviter le cisaillement des rivets, car les traverses employées sont des traverses métalliques (voir fig. 39, 40 et 41).

L'avantage principal de cette crémaillère, c'est que l'on peut aisément changer un échelon usé ou avarié, sans toucher aux autres, tandis que dans la crémaillère Riggenbach, il faut dériver tous les échelons, pour en changer un seul.

Toutefois il ne faut pas exagérer l'importance de cet avantage, car en réalité les échelons de la crémaillère ne s'usent que fort peu, et depuis vingt ans que le Rigi est exploité, il n'y en a eu jusqu'ici qu'un nombre insignifiant de remplacé.

La réduction possible de l'épaisseur d'âme des montants, par suite des joints à éclisse, est très réelle et économique; comme les échelons extrêmes d'aval et d'amont, sont disposés symétriquement, la crémaillère peut être retournée bout pour bout si besoin est.

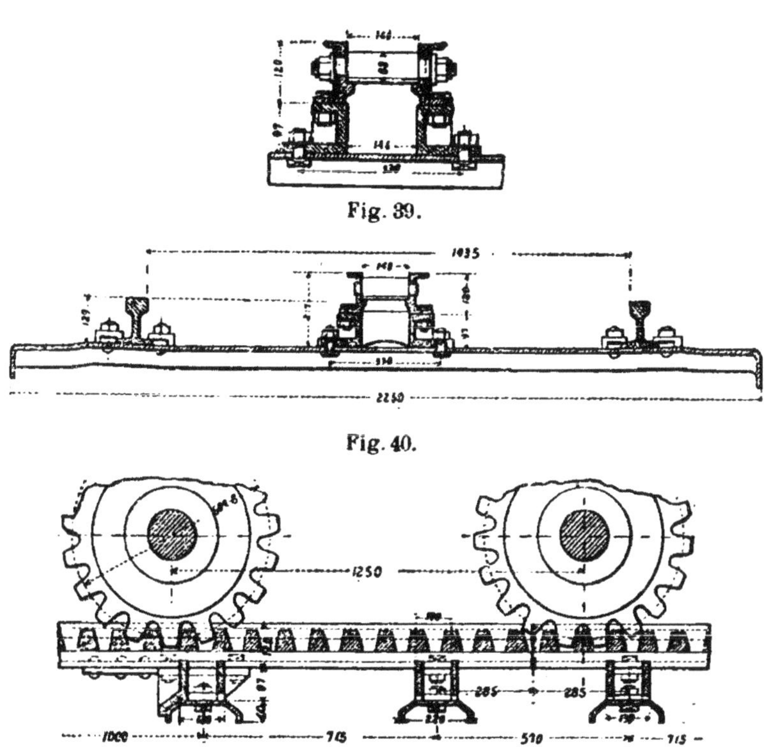

Fig. 39.

Fig. 40.

Fig. 41.

M. Bissinger fait aussi remarquer que les trous ménagés dans les montants verticaux des fers ⊔ doivent être découpés à l'emporte pièce pour la crémaillère Riggenbach, à cause de leur forme trapézoïdale.

Pour la crémaillère Bissinger, ces trous peuvent être faits à la machine à percer, ce qui permet plus de rigueur dans l'espacement d'axe en axe des échelons.

La fig. 40 indique la coupe transversale de la voie du Hoellenthal.

La fig. 39 donne le détail de la coupe de la crémaillère et de son coussinet.

La fig. 41 montre la coupe suivant l'axe longitudinal de la voie, de la crémaillère et des traverses qui la supportent.

La crémaillère Bissinger type du Hoellenthal pèse avec les coussinets, boulons et éclisses, 101 kilog. par mètre.

Une crémaillère présentant de grandes analogies avec le type du Hoellenthal a été adoptée au chemin de Saint-Gall-Gais. Elle pèse 67 k. 5 le m. l. avec ses accessoires; la crémaillère seule pèse 55 k. le m. l.

Toutes ces crémaillères à échelons ont pour elles la simplicité et la solidité, qualités essentielles. Mais comme toutes choses elles ont des défauts, et le principal c'est que la marche des machines sur ces crémaillères est parfois saccadée. Lors qu'une dent de la roue motrice vient en contact avec un nouvel échelon, il se produit parfois une secousse qui est désagréable pour les voyageurs. Ces chocs sensibles déjà à la marche de 8 kilomètres à l'heure augmentent rapidement avec la vitesse; on ne pourrait les éviter qu'en diminuant le pas, c'est-à-dire l'écartement des échelons qui est généralement de 100 mm. Malheureusement cela n'est pas possible, car les dents de la roue motrice n'auraient plus alors l'épaisseur voulue pour résister aux efforts qu'elles ont à supporter.

D'après M. Tschieret (Génie civil, 1887), lorsque les barreaux de la crémaillère prennent du jeu dans les montants; la graisse tombant de la roue dentée et recouvrant l'échelon passe entre cet échelon et le montant vertical, par le jeu survenu dans l'encastrement. Cette graisse apparaît à l'extérieur de la crémaillère, et se traduit par une tache noire autour de la tête du barreau. Suivant M. Tschieret, cette tache se manifesterait au Rigi à un assez grand nombre d'échelons, ce qui indiquerait la nécessité d'un remplacement éventuel dans un certain nombre d'années. En tout cas, il ne faut pas oublier que la voie du Rigi à déjà vingt années de service.

Enfin la construction des crémaillères à échelons est

assez compliquée ; elle présente des opérations multiples, ce qui augmente leur prix de revient.

Pour essayer de parer à ces inconvénients, un collaborateur de M. Riggenbach, connaissant le fort et le faible de ce système à crémaillère, en a imaginé un autre différant assez notablement des crémaillères à échelons ; nous allons le décrire.

M. Abt a construit, en outre, une machine spéciale ap-

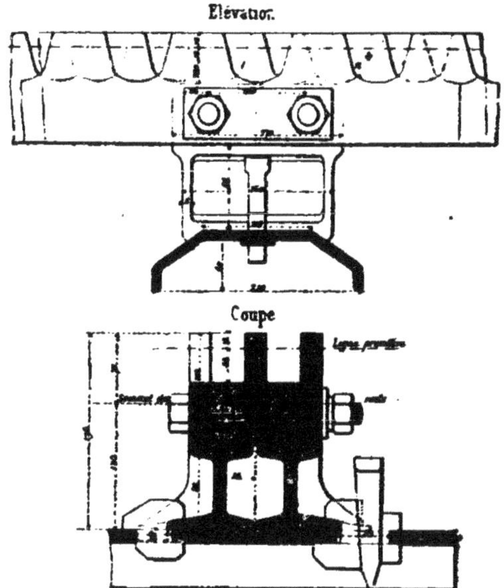

Crémaillère de la ligne du Harz.

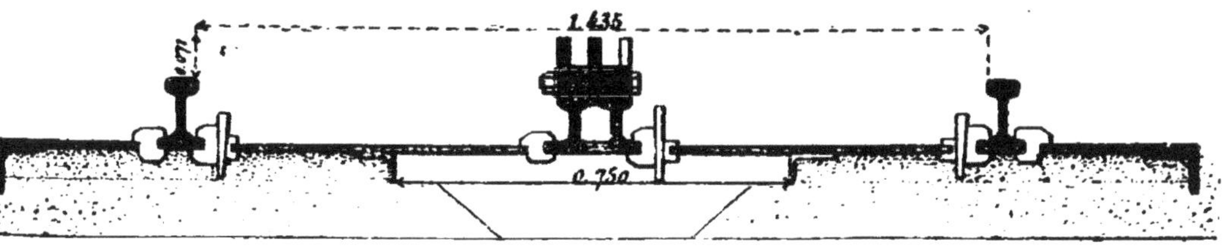

Fig. 42.

propriée à la marche sur crémaillère ; nous nous en occuperons plus tard, quand nous traiterons des locomotives.

38. Crémaillère Abt. Constitution. Calcul des dents. Fixation de la crémaillère. Exemples divers. — Avantages comparatifs. — La crémaillère Abt n'est plus formée d'échelons fixés entre des montants. C'est une crémaillère à lame, dont les dents d'un même tronçon sont toutes découpées dans une lame d'acier. Plusieurs lames parallèles fixées côte à côte, de façon que les dents soient croisées, constituent la crémaillère. Ces lames, au nombre de deux ou trois, sont fixées dans des coussinets, qui les entretoisent et assurent le parallélisme (figure 42).

Le nombre des lames est de deux ou de trois, suivant que l'effort de traction est plus ou moins grand. S'il y a deux lames, les axes des dents, au lieu de se correspondre en projection verticale, sont déplacés l'un par rapport à l'autre de la moitié du pas. C'est-à-dire qu'au plein d'une lame correspond le vide de l'autre. S'il y a trois lames le déplacement est d'un tiers de pas. La denture adoptée est le tracé par développante de cercle ; il y a donc toujours sur chaque lame au moins une dent en prise, soit en tout 2 ou 3 au minimum, suivant le nombre des lames. On conçoit dès lors qu'un pareil système puisse donner un mouvement plus doux qu'un système à échelons, et qu'il soit possible d'avoir une marche plus rapide, et d'admettre un effort de traction plus considérable, si les autres circonstances le permettent.

La crémaillère à lames, surtout quand il n'y a que deux lames, ne s'oppose plus d'elle-même à l'emploi de courbes de très faibles rayons. Mais, disons-le tout de suite, en fait il y a d'autres circonstances qui limitent l'emploi de courbes de faibles rayons, notamment l'usure rapide des boudins des roues de la machine, et peut-être aussi l'attaque des arêtes des dents de la crémaillère dans les courbes raides. Il convient, avant d'abaisser les rayons, de suivre les résultats d'exploitation des lignes actuelles.

Les dimensions normales des lames sont généralement les suivantes :

Epaisseur de la lame, 20 mm. ; hauteur, 110 mm.; hauteur de la dent, 50 mm.; distance du dessus de la dent à la ligne primitive, 15 mm.; partie pleine de la crémaillère au-dessous de la dent, 60 mm.; pas, 120 mm., partagé par moitié, entre la dent et le creux.

La longueur des lames est de 2 m. 540.

En général on limite à 1300 kilos, l'effort maximum supporté par chaque dent; la largeur de la dent étant de 20 mm., cela fait 65 k. de pression par mm. de largeur de dent, chiffre que la pratique a indiqué comme ne devant pas être dépassé. Nous avons vu en effet que, pour la crémaillère Riggenbach, la pression maxima sur une dent a été fixée à 6000 kilos, pour une largeur de dent de 100 mm. soit 60 k. par mm. de largeur de dent.

Chaque longueur de lame de 2 m. 54 pèse 40 kil.; ce qui en fait un objet aisément maniable et facile à poser. L'effet de la dilatation sur cette longueur est très peu sensible.

La face des dents fait avec l'axe et la lame un angle de 12°36' ; il en résulte que la pression exercée sur la dent se décompose en deux: une parallèle à la voie, et l'autre normale. Ces composantes, pour une réaction normale de 1300 k. sont respectivement égales à :

$$1300 \times \cos(12°36') = 1270 \text{k. et } 1300 \times \sin(12°30') = 280 \text{k.}$$

calculons le travail de la pièce dans le cas le plus défavorable. Ce cas se produira évidemment, quand la roue dentée sera en prise avec une dent de la crémaillère située au milieu de la portée, entre deux coussinets consécutifs, généralement espacés de 1 m. On peut regarder la lame comme simplement posée sur ses deux coussinets sans tenir compte de l'espèce d'encastrement réalisé sur ces coussinets; et supportant en son milieu la composante normale de la pression des dents égale à 280 k.

Si l est la distance des coussinets, P le poids chargeant

la pièce, le moment fléchissant maximum au milieu est $M = \frac{Pl}{4}$.

Le module de résistance $\frac{I}{v} = \frac{1}{6} ah^2$, h étant la hauteur de la lame a sa largeur ;

La résistance du métal sera :

$$R = \frac{Mv}{I} = \frac{M}{\frac{I}{v}} \text{ ou } v = \frac{h}{2}$$

$$\text{donc } R = \frac{M}{\frac{1}{6} ah^2} = \frac{\frac{Pl}{4}}{\frac{ah^2}{6}} = \frac{6Pl}{4ah^2} \text{ et } P = 280^k \quad a = 18^{mm} \quad l = 100^{mm}$$

Nous prendrons pour h la hauteur minima au-dessous du creux de la dent $h = 60$ mm. d'ou l'on tire $R = 5$ k 9, chiffre très normal.

Quant à la composante parallèle à la lame, elle tend seulement à cisailler la dent, sa section étant au minimum de $20 \times 45 = 900$ mm. q. Cela fait par mm. carré $R \times \frac{1270}{900} = 1$ k. 41.

Ces lames sont donc dans de bonnes conditions, au point de vue de la résistance aux efforts qu'elles ont à subir.

Des essais ont été faits sur la résistance de ces lames, et ils ont montré que l'on pouvait exercer sur chaque dent une pression de 17 tonnes avant d'arriver à cisailler l'arête supérieure.

Ces lames sont solidement fixées dans des coussinets en fonte ou en acier, reposant sur les traverses ; des boulons traversant le coussinet et les lames assurent la fixation. Les joints sont faits par des coussinets éclisses, et ces joints sont croisés, de telle sorte qu'ils sont toujours faits au-dessus de chaque traverse et qu'il n'y en a jamais qu'un seul au dessus de chacune.

Les lames sont fixées par des boulons de part et d'autre

de leur milieu dans des coussinets distants entre eux de 0 m. 900 : elles sont mobiles vers leur extrémité pour ménager le jeu de la dilatation ; de plus, elles sont fixées dans chacun des coussinets du milieu par deux boulons : vers les extrémités les lames sont fixées par un seul boulon dans le coussinet éclisse supportant le joint. Chacune d'elles est donc fixée dans son ensemble par six boulons de 20 mm. de diamètre. Ces boulons serrent fortement la lame par la pression que la tête de l'écrou exerce sur le coussinet. On estime que chaque boulon peut résister

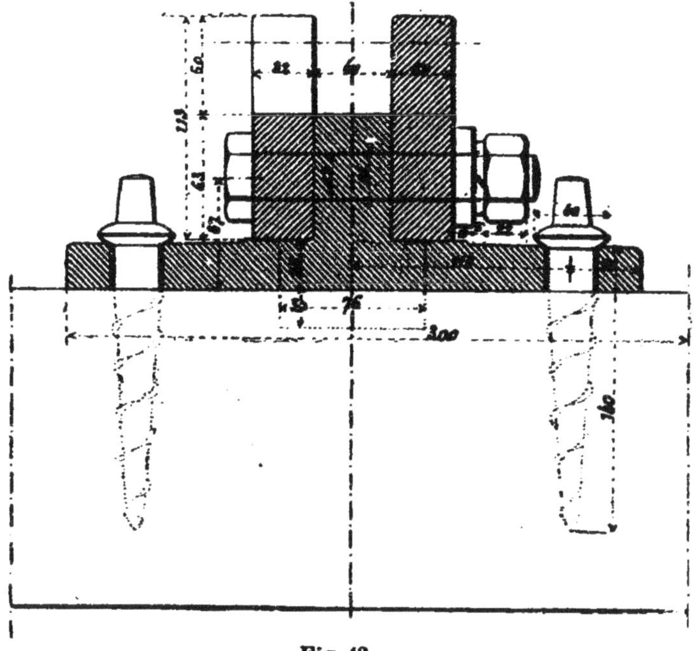

Fig 43.
Chemin de fer de Manitou au Pikes Peak. Coupe de la crémaillère.

par frottement, une fois serré à fond, à une force longitudinale de 1000 kilos, soit 6.000 kilos pour les 6 boulons. Or, la lame n'est sollicitée dans ce sens, comme nous l'avons vu, que par une force maxima de 1270 k., et s'il y a deux roues dentées par une force de 2540 k. La résistance est plus que double.

Si tous les écrous étaient dessérés, ils ne travailleraient plus que par leur résistance au cisaillement ; et dans chaque boulon le travail du métal par mm. carré serait de $\frac{2540}{314 \times 6} = 1$ k. 35.

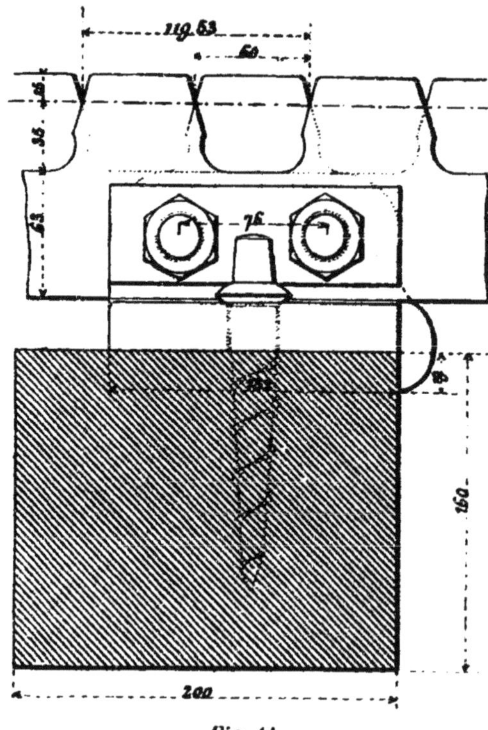

Fig. 44.

Mais ce serait un cas très anormal que celui où les six écrous d'une même lame seraient tous desserrés à la fois.

Quoiqu'il en soit, il y a là une sujétion d'entretien qui existe également avec les crémaillères à échelons ; elle n'est pas très considérable il est vrai, car l'employé qui visite les tirefonds des rails peut facilement regarder les boulons de la crémaillère.

39. Exemples divers. Avantages comparatifs. — Pièces d'entrée et de sortie. — Les fig. 42, 43 et 44, indiquent le type de crémaillère des chemins de fer du Harz et de Manitou au Pikes Peak (Etats-Unis).

La ligne d'Oerstelbruch, qui dessert seulement une ardoisière, comporte une crémaillère à deux lames comme celle du Manitou au Pikes Peak. Chaque lame a 15 mm. d'épaisseur, 100 mm. de hauteur. Les coussinets sont en fonte et fixés sur des traverses en bois.

Au Harz, le nombre des lames est de trois ; mais la charge des trains atteint 120 tonnes. Chaque lame a 15 mm. d'épaisseur et 110 mm. de hauteur. Les coussinets, en acier fondu, sont formés de deux parties symétriques, emboîtant la lame du milieu. Ils reposent sur des traverses en acier pesant 42 kil. pièce.

A Viège-Zermatt, il n'y a que deux lames de 25 mm. d'épaisseur pour les rampes supérieures à 100 mm. et de 20 mm. pour les rampes inférieures à 100 mm.

Au chemin de Manitou au Pikes Peak, on emploiera deux lames de 32 mm. d'épaisseur, car l'effort de traction y sera très élevé, et les rayons des courbes s'abaisseront à 110 m. pour une largeur de voie normale, avec pentes de 250 mm.

La fabrication des lames de crémaillère est assez simple.

En sortant du laminage, les lames sont entaillées à chaud, de façon à ébaucher aussi bien que possible la forme des dents. Ensuite on les réunit par paquets de 40 à 50, en se servant des trous destinés aux boulons ; et on les finit à l'aide d'une machine a raboter.

Le métal des lames doit présenter une résistance à la rupture de 48 à 50 k. par mm. carré (acier Thomas) un allongement d'au moins 18 0/00 mesuré sur 200 mm. ; la striction est de 50 à 58 0/0.

Une lame de 2 m. 640 de longueur utile, (2 m. 636 de longueur réelle) pèse en moyenne 40 k. soit environ 15 k. par lame et par mètre courant.

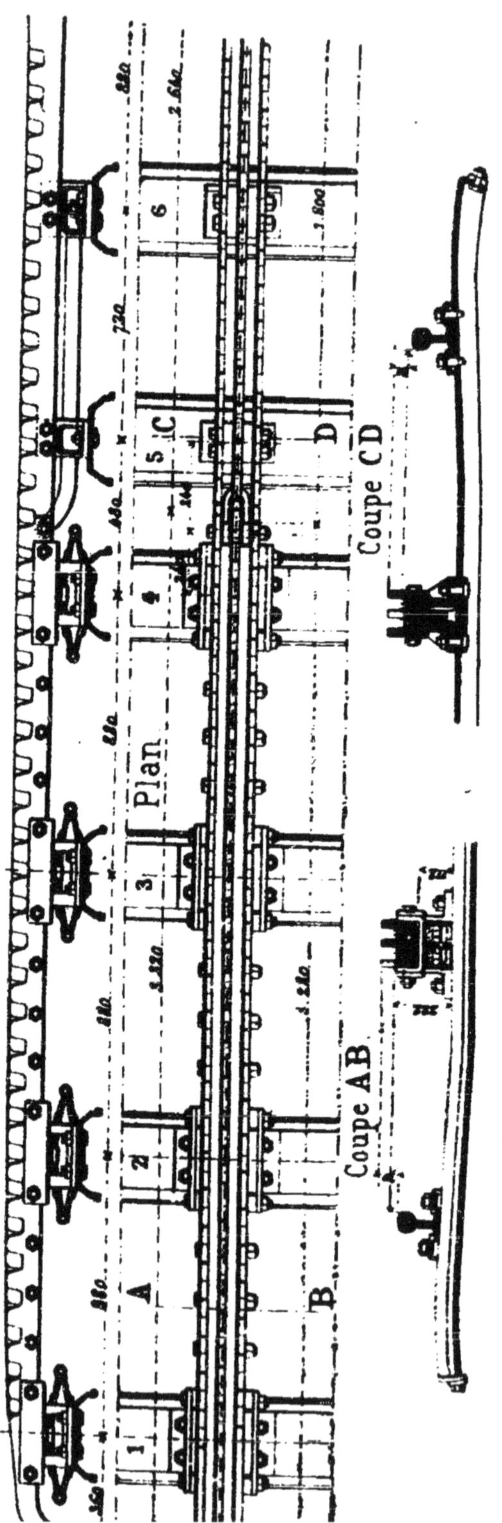

Fig. 45. — Ligne de Viège-Zermatt. — Pièce d'entrée et de sortie.

Une crémaillère à trois lames pèse donc environ 45 kg. par mètre courant, sans compter les boulons et les coussinets.

L'avantage de la crémaillère Abt, c'est de donner un mouvement plus doux, tout en permettant une marche plus rapide et de lourdes charges. Combinée avec l'emploi de la locomotive système Abt, elle permet un trafic plus considérable que la crémaillère Riggenbach. Le but de M. Abt a toujours été du reste d'appliquer la crémaillère qu'il a imaginée à des lignes présentant un trafic notable, à des chemins d'utilité publique.

Pièce d'entrée et de sortie. — Les fig. 45 représentent les dispositions de la pièce d'entrée de la ligne de Viège-Zermatt. Le principe est le même, mais elle diffère par quelques dispositions de détail des pièces d'entrée employées pour le système Riggenbach. On remarquera notamment le patin courbe destiné à recevoir le choc de la dent de la roue motrice à l'arrivée de la machine. Avec la machine Abt qui a deux mécanismes moteurs distincts, la roue dentée est immobile au moment où elle aborde la pièce d'entrée, et quand le choc de la dent contre l'arrondi de cette pièce a lieu, deux cas peuvent se présenter :

1° La résistance du mécanisme moteur est plus grande que le frottement de la dent sur l'arrondi de la pièce d'entrée.

Dans ce cas la roue dentée reste immobile jusqu'à ce que la dent tombe dans le premier vide de la crémaillère ; et l'engrènement a lieu. Ce cas est le plus fréquent.

2° La résistance du mécanisme moteur est inférieure au frottement de la dent sur l'arrondi de la pièce d'entrée.

La dent tourne alors, la tête des dents de la roue roulant sur la tête des dents de la crémaillère ; mais la distance d'axe en axe des dents de la crémaillère d'entrée étant égale au pas, la distance d'axe en axe des dents de la roue dentée mesurée suivant le cercle des dents, est au contraire supérieure au pas ; par suite chaque dent de la roue s'appuie toujours plus en arrière sur la tête des dents de la crémaillère jusqu'à ce que, rencontrant un vide, elle y tombe, et l'engrènement a lieu. Ici la pièce d'entrée a le même pas que la crémaillère courante ; nous avons déjà parlé plus haut de cette disposition. Son avantage est qu'une fois l'engrènement produit, le roulement a lieu dans la pièce d'entrée comme dans la crémaillère courante. Tandis que si les divisions de la pièce d'entrée sont plus petites que celles de la crémaillère normale, on a le désavantage, sur toute la longueur de la pièce d'entrée, d'avoir une roue dentée roulant sur une crémaillère d'un pas différent du sien.

40. Crémaillère système Locher, type du Mont-Pilate. — Considérons une roue dentée roulant sur sa crémaillère, et ramenons les mouvements à se faire sur les cercles et lignes primitifs.

Soit F, la force parallèle à la voie, sollicitant la roue ; elle se décomposera en deux : une force verticale V et une horizontale H. Or, la composante V tend évidemment à soulever la roue, avec d'autant plus d'intensité que l'inclinaison du plan est plus grande ; soit α l'angle de la voie avec l'horizontale on a : $V = F \sin \alpha$, pour $\alpha = 30_0$ (pente de 0 m. 500 par mètre), la composante $V = \frac{1}{2} F$.

L'expérience a pleinement confirmé le raisonnement précédent.

Quand il s'est agi d'étudier la crémaillère destinée au chemin du Pilate, on fit des essais avec la crémaillère ordinaire sur une pente de 480 mm., égale à celle que devait présenter la voie. Il fut constaté que, sur une pareille pente, la roue dentée sortait très facilement de la crémaillère ; l'engrènement n'était plus assuré.

M. le colonel Locher renonça alors à la crémaillère ordinaire, et il eut l'idée de placer la roue dentée dans un

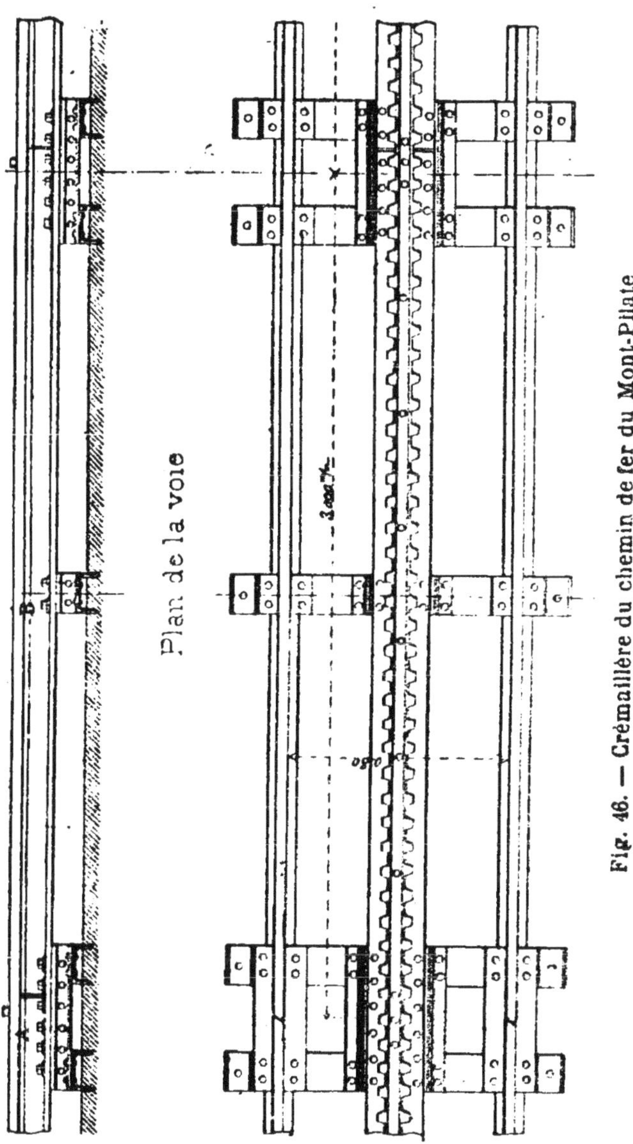

Fig. 46. — Crémaillère du chemin de fer du Mont-Pilate

plan horizontal, en disposant aussi horizontalement les dents de la crémaillère.

En réalité il y a deux roues dentées disposées symétriquement par rapport à l'axe de la voie et engrènant chacune avec des crémaillères placées dos à dos, comme l'indique la fig. 46.

C'est en somme la disposition du chemin de fer du Mont-Cenis, de M. Fell ; seulement le rail central est remplacé par les crémaillères.

La crémaillère est constituée par des barres d'acier Martin de 2 m. 398 de longueur, larges de 130 mm., hautes de 40 mm. Dans ces barres sont découpées les dents.

Les dents, horizontales, ont un pas de 85 mm. 7; leur hauteur est de 28 mm., dont 13 au-delà de la ligne primitive, et 15 en dedans.

Les barres laissent à leurs abouts un jeu de 2 mm. pour la dilatation, quantité correspondant à une différence de température de 60°, de —20° l'hiver à +40° l'été.

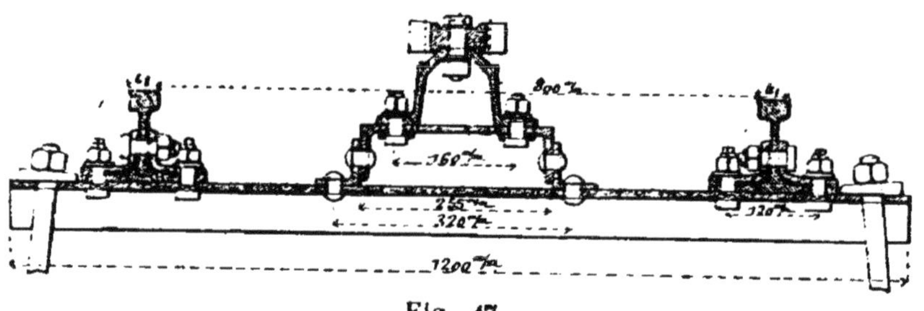

Fig. 47.

Chaque barre constituant la crémaillère double est supportée par des fers Zorès de 100 mm. de hauteur, régnant sur toute la longueur de la crémaillère et formant une table d'appui.

Ce fer Zorès est lui-même soutenu, au droit des traverses métalliques de la voie, par des fers ⊔ de 140 mm. de longueur dont les ailes sont boulonnées sur des cornières rivées aux traverses de la voie, ainsi que l'indique la fig. 47.

Les barres de crémaillère sont fixées aux fers Zorès par des boulons.

Les joints des fers Zorès et de la crémaillère sont croisés.

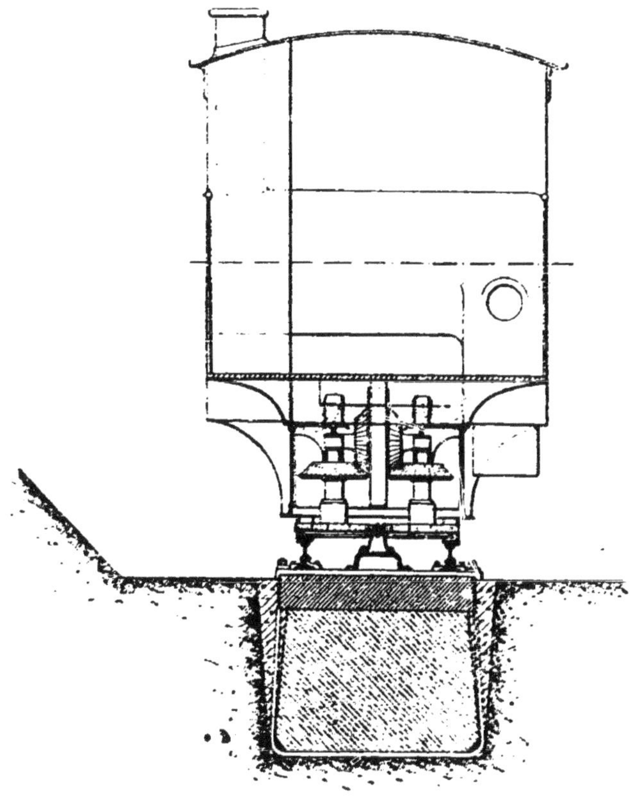

Fig. 48.

L'éclissage des fers Zorès est assuré par des fers ⊔ de 255 mm. de largeur, 72 de hauteur et 520 mm. de longueur.

Les ailes sont boulonnées à des cornières rivées sur chacune des traverses de joint. Voir fig. 46.

La disposition est semblable à celle décrite pour les traverses courantes. Ces détails de construction se voient du reste clairement sur les figures.

L'effort de traction, ou, ce qui revient au même, la poussée de la crémaillère, tend à cisailler les boulons qui la fixent au fer Zorès, en cas de desserrage de leur écrou. Il y a donc intérêt à maintenir ces boulons soigneusement serrés.

Comme l'indiquent les figures 46, 47, 48, l'ensemble de la crémaillère et les rails sont supportés par des traverses métalliques reposant sur des dalles de granit placées elles-mêmes sur un massif de maçonnerie. Deux boulons de fondation fixent invariablement la traverse sur les dalles; de telle sorte que la voie ne fait qu'une seule pièce. Avec des pentes de 480 mm. ces précautions étaient indispensables pour éviter tout glissement.

Les dalles de granit ont 0,20 d'épaisseur et 1 m. 20 de largeur.

Les traverses faites en fer ⨆ ont 1 m. 20 de longueur également, 140 mm. de largeur et 63 mm. de hauteur.

Les rails ont 6 m. de long, les tronçons de crémaillère 3 m.

Dans une travée de 6 m. il y a huit traverses espacées de 1310 ou 380 mm. d'axe en axe. Les joints, soit du rail, soit de la crémaillère, tombent toujours entre deux traverses distantes de 380 mm.

Les dispositions de la voie et de la crémaillère adoptées au Mont-Pilate méritent assurément de fixer l'attention des ingénieurs.

La solidité de la voie permet d'y prendre un point d'appui pour empêcher les voitures d'être renversées par le vent en cas d'ouragan. C'est assez fréquent sur les flancs du Mont-Pilate ; car le climat y est rude, et le temps variable. Les vents violents n'y sont pas rares.

Jusqu'à présent la voie s'est admirablement comportée, et a parfaitement résisté aux efforts en vue desquels son mode de construction avait été étudié.

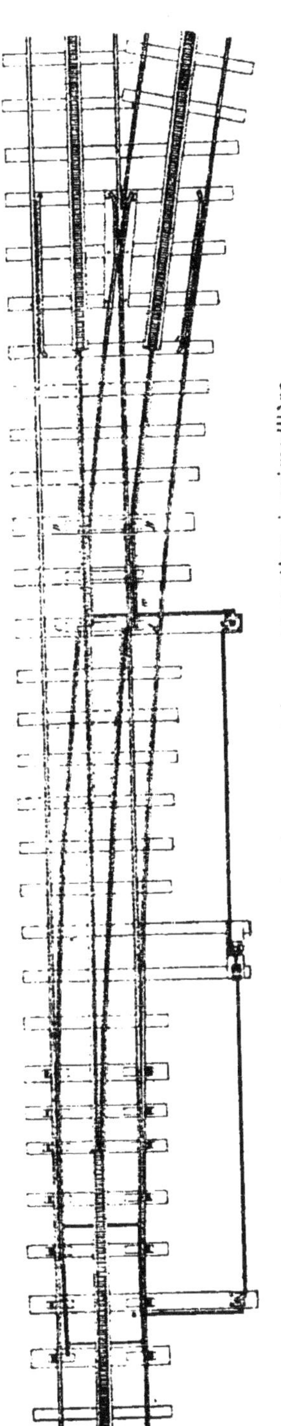

Fig. 49. — Appareil de changement dans une section à crémaillère.

41. Appareils de changement. Ponts roulants. — Lorsque les appareils de changement doivent être établis dans une portion de voie à crémaillère, l'on conçoit aisément, que l'existence de cette crémaillère en saillie, ne permet plus l'emploi d'aiguilles ordinaires.

Au chemin du Rigi on fait usage de ponts roulants. Chaque pont roulant peut contenir l'ensemble de la machine et du train composé au maximum de deux voitures. Il comporte 2 tronçons distincts de voie à crémaillère.

Ce pont est placé dans une portion de voie en pente de 60 mm. Le plancher dans le sens de la voie a une longueur totale de 15 m. 500; il est mobile dans le sens perpendiculaire à la voie et peut se mouvoir sur des chemins de roulement placés au fond de la fosse.

En outre le plancher est encore soutenu par 3 rouleaux solidement fixés sur la maçonnerie. Le mouvement est imprimé à l'ensemble du système par une manivelle actionnant des roues dentées qui se meuvent sur deux crémaillères placées au fond de la fosse.

Ces ponts roulants ont l'inconvénient de laisser un vide à l'extrémité d'une des voies desservies, aussi a-t-on cherché à les remplacer par des aiguilles.

Seulement dans ce cas, outre le système des aiguilles employées sur les voies ferrés ordinaires, il faut placer un élément de crémaillère mobile. Ce n'est jamais une crémaillère à échelons qui est employée à cet usage; mais bien une crémaillère à dents découpée dans une barre d'acier. La fig. 41 montre du reste la disposition générale de l'aiguillage.

Il est naturellement bien préférable, quand cela se peut, de ne pas placer les appareils de changement dans les parties de voie munies de crémaillère. Autant que possible, on place toujours les changements de voie dans les parties exploitées par simple adhérence.

42. Prix de revient de la crémaillère. — Le prix de revient du mètre linéaire de voie à crémaillère varie naturellement beaucoup suivant les circonstances particulières où l'on se trouve.

Dans les circonstances ordinaires, on peut compter pour la crémaillère et ses supports (non compris les rails, traverses, ballast, etc.), au moins 30 fr. le m. l. Au Hœllenthal, la crémaillère est revenue, mise en place, à 42 fr. 50 le mètre linéaire. A Langres, la crémaillère seule a coûté 27 fr. le m. l.

En moyenne le prix de revient varie de 30 à 40 fr. le mètre linéaire, suivant le profil de la ligne, et les charges à remorquer.

CHAPITRE III

LOCOMOTIVES DES CHEMINS A CRÉMAILLÈRES. MATÉRIEL ROULANT

§ 1.

GÉNÉRALITÉS. DESCRIPTION DES PRINCIPAUX TYPES DE MACHINES.

43. Généralités, machines simples, mixtes, à deux mécanismes. — Une machine destinée à une ligne à crémaillère peut être construite de deux façons bien différentes.

Ou bien, comme au Rigi, on renonce franchement à se servir de l'adhérence pour la traction ; dans ce cas les roues porteuses sont folles sur leur essieu et c'est la roue dentée qui supporte tout l'effort de traction, c'est une machine simple. Ou bien, comme à Langres, on veut faire contribuer les roues porteuses au travail de la traction, en utilisant leur adhérence ; dans ce cas elles sont calées sur leur essieu, et suivent le mouvement de la roue dentée, qui ne supporte plus qu'une fraction plus ou moins grande de l'effort total de traction. On a alors une machine mixte.

Dans ce dernier cas, la roue dentée étant reliée par bielles et manivelles aux roues porteuses, toutes doivent fournir des rotations égales, sous peine de glissement, et par suite avoir les mêmes diamètres. En effet, la roue dentée ayant un diamètre D et tournant d'un angle $d\alpha$ la roue porteuse de diamètre D' tournant aussi du même angle $d\alpha$, à cause des transmissions, avancera d'une quantité $D' \times d\alpha$ et il faut que $D \times d\alpha = D' \times d\alpha$. Si donc $D \lesseqgtr D'$ il y aura forcément un glissement égal à $(D - D')\, d\alpha$. Or, si l'égalité entre le diamètre de contact de la roue porteuse et le diamètre du cercle primitif de la roue dentée, peut être réalisée avec une machine neuve, on conçoit que cette égalité ne subsiste plus au bout de quelque temps de service. Il y a donc toujours des glissements dans la marche en crémaillère avec cette machine.

Les machines simples ont surtout le grave inconvénient de ne pouvoir être employées que sur les voies munies de crémaillère, ce qui restreint beaucoup leurs applications.

Car, ainsi que nous l'avons déjà vu, ce sont surtout les lignes mixtes qui sont destinées à se développer ; les lignes présentant alternativement des sections avec et sans crémaillères. Il faut que la même machine puisse les parcourir les unes et les autres, indifféremment, et pour cela employer des machines du second type, des machines mixtes.

Le système simple, n'utilisant pas l'adhérence, présente même dans la marche en crémaillère l'inconvénient de faire supporter tout le travail moteur par la roue dentée. Considérons par exemple, la machine du Rigi, pesant en service 12.500 k. : son mécanisme à adhérence pourrait, en comptant sur un coefficient d'adhérence de $\frac{1}{7}$, fournir dans l'effort de traction total un appoint de 1200 kilos. L'effort total de traction étant de 6.000 kilos, c'est à peu à près le $\frac{1}{5}$, et à la vitesse ordinaire de la machine, environ 7 kil. à l'heure, c'est un travail de 30 chevaux que la roue dentée doit fournir en sus.

La machine mixte, au contraire, présente l'inconvénient inhérent à la solidarité des roues porteuses et dentées, qui, ainsi que nous l'avons exposé, se traduit par un travail de glissement. Toutefois, il ne faut pas exagérer la valeur de ce travail perdu ; afin de bien fixer les idées, nous allons en calculer immédiatement la valeur pour une machine déterminée.

Prenons comme exemple la machine de Wasseralfingen, dont le poids adhérent est de 11 tonnes. L'effort de traction maximum susceptible d'être produit par le mécanisme à adhérence sera de $\frac{11.000 \text{ k.}}{7} = 1.570$ kilogr. Par suite, lorsque la route développera un chemin de 1mm. le travail produit sera de $1.570 \text{k.} \times 0 \text{ m}.001 = 1.570$ k.l.g.m.t. Supposons que la roue dentée ait un diamètre primitif de 6mm. plus faible que celui des roues porteuses, la différence de chemin parcouru dans un tour de roue sera de $3,1416 \times 6 = 19$ mm., représentant pour le mécanisme à adhérence un travail perdu de $19 \times 1,579 \text{k.} = 9,8$k.l.g.m.t. correspondant au travail du glissement. Mais la roue dentée ayant un diamètre primitif de 764mm. et la pression des dents étant de 3,000 kg. le travail produit sera de

$$\pi \times 0.764 \times 3.000 = 2 \text{ m}. 4 \times 3.000 = 7.200 \text{ kilogr.}$$

La perte de travail correspondant au glissement n'est donc au maximum que de $\frac{29,8}{7,200}$ soit $\frac{4}{1,000}$; elle est donc en pratique tout à fait négligeable, et du même ordre de grandeur que le glissement des roues solidaires sur les files de rails intérieurs et extérieurs dans les courbes.

Il importait de bien établir ce point, car on est toujours porté à attribuer beaucoup d'importance à ce défaut des machines mixtes, tandis que le raisonnement et la pratique ont montré que ce défaut n'avait en réalité aucune importance au point de vue de la perte de travail.

Si le diamètre des roues porteuses est plus grand que le diamètre primitif de la roue dentée, au bout d'un certain temps, les bandages s'usant, la différence s'atténue et le défaut devient de plus en plus faible jusqu'à l'égalité des deux diamètres.

Au delà, les bandages continuant à s'user, leur diamètre devient inférieur à celui du cercle primitif de la roue dentée, et le glissement reparaît.

Mais ce glissement est positif ou négatif suivant les cas. Dans le premier cas, quand le bandage de la roue porteuse tend à faire marcher la machine plus vite que ne le permet la roue dentée, le frottement de glissement s'ajoute à la force de traction.

Si le contraire a lieu après usure des bandages, c'est l'inverse qui se produit ; la force de glissement tend à retarder la marche de la machine en produisant un travail négatif.

Aussi se place-t-on toujours dans le premier cas. Car, si le défaut signalé est insignifiant au point de vue de la force perdue, on comprend aisément que dans le second cas il se produit des réactions qui fatiguent la crémaillère et la roue dentée, et amènent des secousses.

De plus, dans les courbes raides, le glissement des bandages sur le rail est augmenté ; et l'usure de ces bandages, qui se creusent en forme de gorge, est très rapide.

Un autre défaut des machines mixtes, produit aussi par la solidarité des mécanismes à adhérence et à crémaillère, est le suivant. Ces machines, devant parcourir des sections avec et sans crémaillère, doivent prendre dans ces sections des vitesses bien différentes.

Il en résulte que les pistons moteurs doivent avoir aussi des vitesses très variables. Par suite, si au point de vue du travail de la vapeur on leur donne une vitesse convenable dans les sections à crémaillère, ils prendront une vitesse exagérée dans les sections à adhérence, qui doivent être parcourues beaucoup plus vite. Pour arriver à donner dans les deux cas la vitesse moyenne normale aux pistons, on est obligé d'avoir recours à des arbres intermédiaires, conduits par des pignons et engrenages ; cela amène des complications, augmente les frottements et produit quelquefois des chocs, sans arriver à donner des vitesses supérieures à 15 kilomètres dans les sections sans crémaillère.

Cette vitesse est certainement suffisante dans la plupart des cas, car ces lignes de montagne présentent toujours dans les parties sans crémaillère des rampes d'au moins 25 à 35 mm. Mais, pour pouvoir néanmoins avoir une vitesse plus grande, on a imaginé un autre type de machines, étudié surtout par M. R. Abt, type qui comprend deux mécanismes moteurs distincts. Les roues à adhérence sont alors commandées par deux cylindres, et la roue dentée motrice par deux autres. De cette façon on peut adopter dans les parties sans crémaillère telle vitesse que l'on désire, sans être gêné par la connexion des deux systèmes à adhérence et à crémaillère.

Cet avantage se traduit nécessairement par une complication et une augmentation de poids des locomotives. A surface de chauffe égale elles sont plus lourdes. Ce dernier défaut est sensible pour les machines de faible tonnage.

Ainsi la machine à 4 essieux, type Riggenbach, employée à Langres, pèse 344 kilogr. par mq. de surface de chauffe, tandis que la machine à 2 mécanismes type Abt, de Viège à Zermatt, pèse 361 kil. par mq., et celle de Diacophto Kalavryto dont la tare à vide est sensiblement la même que la machine de Langres pèse 437 kil. par mq.

Ces machines, dans la pensée du constructeur, sont surtout destinées à faire face à un trafic important, et à remorquer des charges assez fortes à des vitesses moyennes.

Pendant longtemps la crémaillère n'a été employée que pour des lignes à faible trafic, depuis quelques années la cremaillère a été appliquée sur des lignes ayant un trafic notable. Mais, dès que le trafic devient un peu important le défaut capital du poids mort de la machine pèse lourdement sur le rendement économique de la traction.

La locomotive à crémaillère répond bien au but que l'on s'est proposé lors de sa création ; c'est-à-dire de parer au défaut d'adhérence sur les très fortes rampes ; mais elle ne peut remédier à l'inconvénient résultant de l'influence du poids mort.

Or, à surface de chauffe égale, une machine mixte pèsera toujours plus qu'une machine à simple adhérence, et cela quel que soit le système adopté pour la machine.

On peut donc diviser les machines destinées aux chemins à crémaillère en trois classes.

1re classe. Machines simples. — Destinées exclusivement aux lignes entièrement à crémaillère. Ce sont généralement des lignes de plaisance, ou de petits chemins industriels, à très fortes pentes et de faible longueur.

Ces machines remorquent de très faibles charges à de très petites vitesses ; elles sont légères. Les roues porteuses sont folles sur leur essieu. La roue dentée est commandée seule par les pistons moteurs.

2e classe. Machines mixtes. — Destinées aux lignes comprenant des sections à adhérence et à crémaillère. Elles sont un peu plus lourdes que les précédentes, franchissent généralement des rampes moins raides et moins longues, et peuvent remorquer de plus fortes charges. Les pistons moteurs agissent, à la fois, sur les roues porteuses et sur la roue dentée.

3e classe. Machines à deux mécanismes. — Destinées également aux lignes comprenant des sections à adhérence et à crémaillère. Elles sont généralement plus lourdes que les machines des catégories précédentes. Leur but est de marcher aussi vite que possible dans les sections sans crémaillère.

Un mécanisme spécial met en mouvement les roues dentées motrices, et les roues adhérentes, et la machine comporte quatre cylindres.

Nous examinerons successivement chacune de ces classes dans l'ordre indiqué, qui est aussi l'ordre chronologique dans lequel ces locomotives ont été successivement créées.

La première machine du Rigi a été conçue et exécutée par M. Riggenbach; les machines à deux mécanismes ont été surtout étudiées par M. R. Abt. Le type de la machine du Harz créé par lui est devenu classique et a été toujours suivi depuis lors, pour les machines à deux mécanismes. M. Riggenbach a également eu l'idée de construire des machines à deux mécanismes.

Citons aussi la machine de MM. Locher et Guyer Freuler, destinée aux pentes exceptionnelles du mont Pilate.

44. 1re Classe. — Machines simples. — Machines du Rigi et du Mont-Pilate. — Machines de la ligne de Vitznau Rigi. — La machine primitive du Rigi, représentée par la fig. 50, a sa chaudière presque verticale, portée par deux chassis reposant sur deux essieux distants de 3 m.

Les roues, munies d'un bandage, sont folles sur leur essieu, et ne servent qu'à porter la machine en la guidant. Les cylindres sont extérieurs et horizontaux ils ont un diamètre de 270 mm., les pistons ont une course de 400 mm. et agissent par l'intermédiaire de bielles sur un arbre auxiliaire *mm* portant deux roues dentées ayant un diamètre primitif de 222 mm. 7 et munies de 14 dents chacune. Ces roues attaquent l'essieu porteur *aa*, sur lequel est ca-

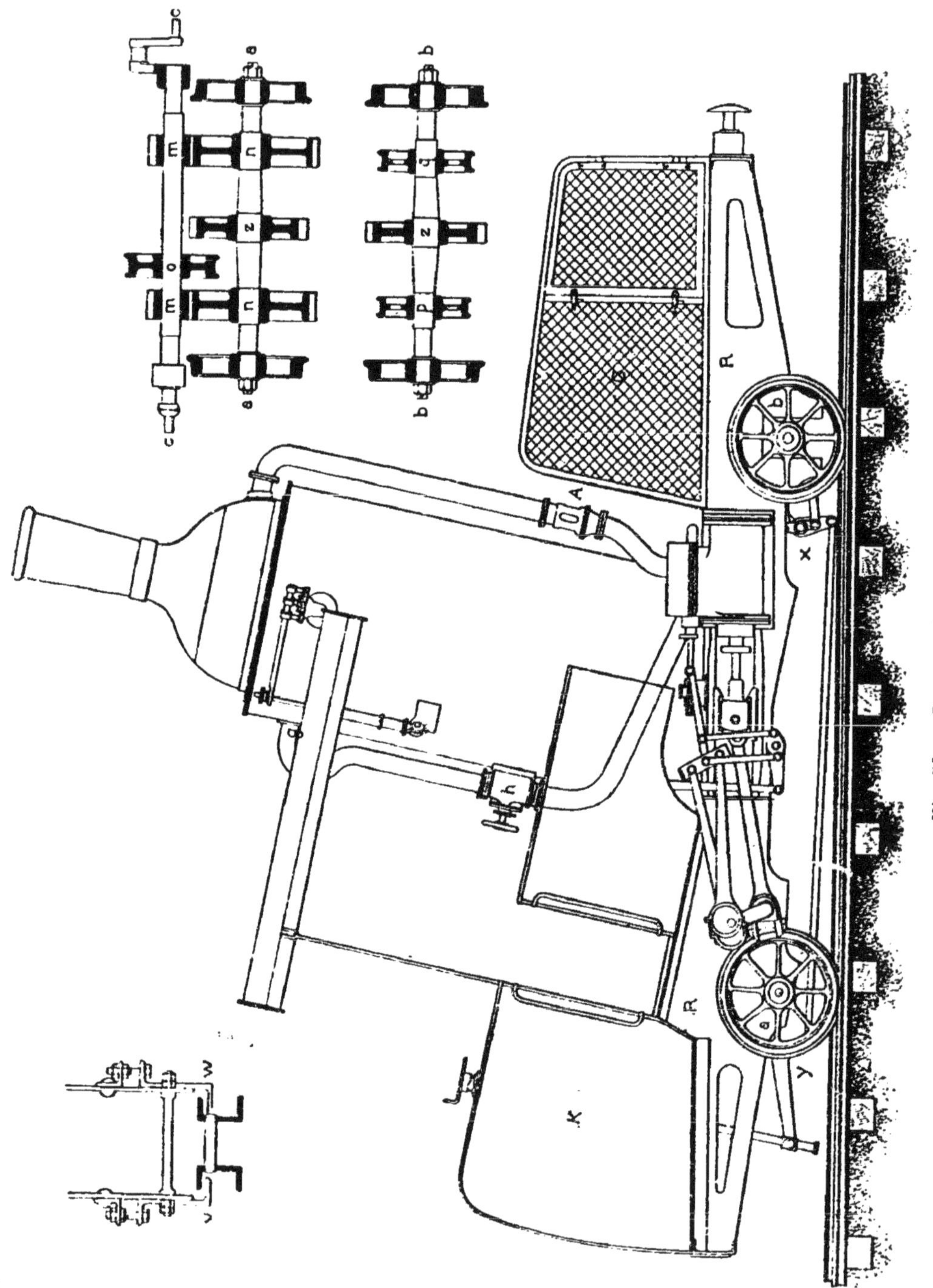

Fig. 50. — Locomotive du Rigi.

lée la roue dentée *z*, par l'intermédiaire de deux roues dentées *nn* de 636 mm. 6 de diamètre primitif munies de 20 dents (voir fig. 50 le détail). On le voit, lorsque la roue dentée motrice fera un tour, l'arbre auxiliaire fera $\frac{636}{222} = 2,86$ tours, ce qui correspond à environ 5 coups de piston.

Cette disposition était nécessaire pour donner aux pistons une vitesse suffisante.

Autrement, s'ils eussent agi directement sur l'essieu moteur, à cause du faible diamètre de la roue dentée et de la vitesse réduite, ces pistons se seraient mus beaucoup trop lentement, et la vapeur aurait été mal utilisée.

L'arbre auxiliaire porte aussi une poulie de frein que peuvent venir enserrer deux mâchoires manœuvrées par le machiniste à l'aide de tringles et leviers. Ce frein sert normalement pour l'arrêt aux stations.

La roue dentée motrice fixée sur l'arbre moteur a un diamètre primitif de 636 mm. 6 ; elle est munie de 20 dents de 49 mm. de largeur sur la circonférence primitive. Le pas est de 100 mm.

L'essieu porteur *bb* est situé à l'avant de la machine ; il porte aussi, calée en son milieu, une roue dentée *z*, identique à la roue motrice, et engrenant avec la crémaillère. De part et d'autre sont aussi calées sur le même essieu deux poulies de frein *p* et *q*, qui peuvent être serrées entre des mâchoires de friction, manœuvrées par une vis et des renvois de levier placés à portée du mécanicien. Ce frein est du reste un appareil de secours, destiné à être utilisé seulement en cas de rupture des autres appareils servant à arrêter la machine. La locomotive n'est jamais attelée au train qu'elle pousse à la montée, et retient à la descente, de façon à rassurer complètement les voyageurs, en donnant toutes les sécurités possibles. Il y a encore un troisième frein, fort curieux, qui est un frein à air comprimé; c'est celui du reste qui sert constamment pour modérer la vitesse, car un frein à friction s'userait promptement et les surfaces en contact s'échaufferaient fortement et presqu'immédiatement. A cet effet, la machine descendant. la distribution est renversée, et un robinet A permet l'entrée de l'air dans les boites à tiroir. Dès lors, les pistons aspirent l'air et le refoulent dans un tuyau venant déboucher près du mécanicien ; une valve *h* permet de régler la sortie de cet air comprimé. En fermant l'ouverture de ce tuyau, l'air comprimé n'a plus d'issue, et la machine s'arrête presqu'immédiatement.

Le robinet d'entrée de l'air, A, est placé sur le tuyau d'échappement de la vapeur, de façon qu'en le tournant on puisse à volonté laisser pénétrer l'air dans ce tuyau, ou laisser le tuyau continu en vue de la marche normale.

La compression de l'air est naturellement accompagnée d'un dégagement de chaleur. Pour empêcher les garnitures du piston, et la glace du tiroir de gripper; on fait arriver un filet d'eau dans les cylindres. Cette eau en se vaporisant rafraichit les cylindres et les tiroirs.

On voit qu'il y a en réalité trois freins absolument indépendants, et que chacun d'eux, à lui seul, est en état d'arrêter la machine.

Enfin notons aussi deux grappins courant sous les ailes de la crémaillère qui peuvent venir saisir ces ailes et maintenir énergiquement la machine sur les rails, dans le cas où elle tendrait à être soulevée, soit par un obstacle placé dans la crémaillère, soit par l'effet d'un vent violent (Voir le croquis de détail fig. 50).

Les caisses à eau et à charbon sont à l'arrière de la machine ; à l'avant est réservé un petit compartiment grillé pour les bagages.

La chaudière n'est verticale que sur la pente moyenne de 190 mm. La forme verticale a été choisie à cause des variations considérables du niveau de l'eau de la chaudière sur une ligne comportant des pentes de 250 mm. Mais les tubes sont trop courts, et l'utilisation du combustible est très imparfaite. Aussi a-t-on remplacé les chaudières verticales, par des chaudières horizontales.

Les autres organes accessoires sont les mêmes que sur les machines ordinaires des voies ferrées.

Voici les principales données de cette machine qui peut remorquer sur les rampes maxima un train de 9 t. à la vitesse de 5 kilomètres à l'heure :

Diamètre intérieur de la chaudière		1 m.	20
Tubes	longueur	1	850
	diamètre	0	048
	nombre		284
Surface de chauffe	boite à feu	2 m. q	88
	tubes	55	5
	totale	58	38
Timbre		10 k.	
Surface de grille		0 mq.	82
Cylindres	diamètre	0 m.	270
	course	0	400
Empattement		3 m.	
Diamètre	des roues porteuses	0 m.	660
	de la roue dentée motrice	0	636

Travail maximum, 105 chevaux vapeur.

Soit 135 kilogrammètres par mq. de surface de chauffe.

Poids	à vide	10.000 k.
	en service	12.500 k.

Pression maxima sur la dent 5.400 kilos.

Les machines primitives telles que nous venons de les décrire ont fait un service régulier jusqu'en 1884. A cette époque on les a reconstruites ; comme elles ont fonctionné seulement six mois par an, depuis 1870, elles ont donc fait un service effectif de sept années et parcouru 30.000 kilomètres.

Les nouvelles machines ont leur chaudière à peu près horizontale ; voici leurs principales données :

Surface de chauffe de la boite à feu		6 mq.
— totale		48
Longueur des tubes		2 m.
Nombre des tubes		161
Surface de grille		1 mq.
Course des pistons		0 m. 400
Diamètre des cylindres		0 270
Empattement		3 000
Poids de la machine	à vide	14 t.
	en service	17

Les machines de l'*Arth-Rigi* diffèrent peu de la précédente.

La chaudière est horizontale ou plutôt son axe est incliné de 10 0/0 sur l'horizon. La modification principale porte sur les roues d'engrenage de l'essieu moteur. Au lieu d'être calées sur cet essieu comme à Vitznau, de part et d'autre de la roue dentée motrice, on a complètement accolé à cette roue motrice deux couronnes dentées engrenant avec les roues d'engrenage calées sur un arbre intermédiaire recevant directement le mouvement des pistons.

De plus la roue dentée motrice est calée sur un arbre spécial au lieu d'être simplement placée sur un essieu porteur. La disposition du Rigi présentait des inconvénients en pratique.

On a perfectionné aussi la prise d'air de la boite à fumée, en fermant par un clapet le débouché du tuyau d'échappement de façon à éviter que des escarbilles ne puissent s'introduire au moment de l'aspiration dans les cylindres et les boîtes à tiroir.

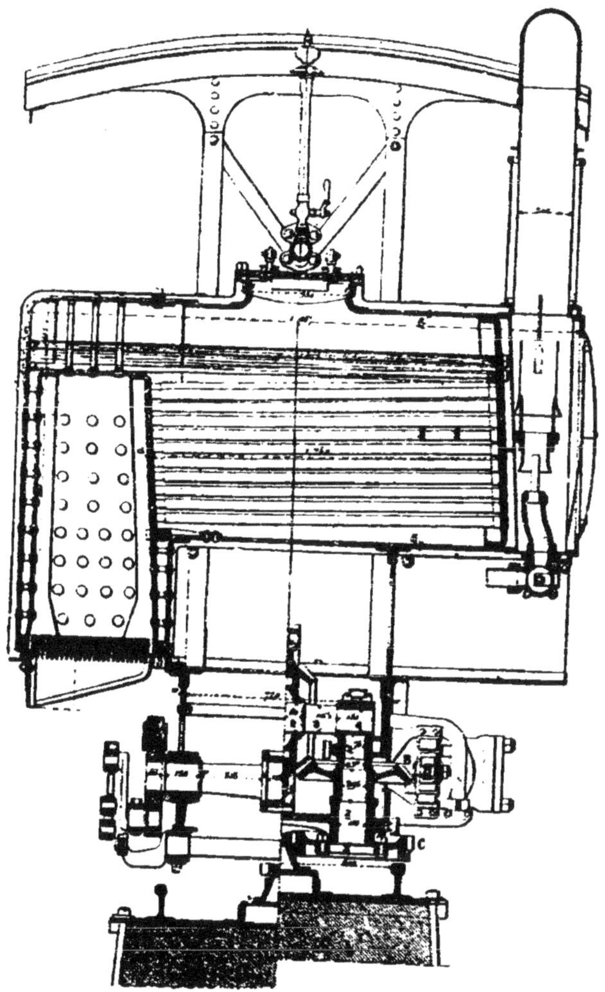

Fig. 51. — Coupe transversale de la machine du Mont-Pilate.

La vitesse des machines du Rigi est fixée à 1 m.77 par seconde ; tant à la montée qu'à la descente.

A cette vitesse, les machines peuvent remorquer un poids de 9 tonnes, sur une rampe de 250 mm.

MACHINE DU MONT PILATE

Cette machine, destinée à se mouvoir uniquement en crémaillère, n'est pas montée sur un véhicule spécial, elle est placée sur la voiture même qu'elle doit faire mouvoir.

Les pentes atteignant 480 mm on a, pour éviter l'effet des variations du niveau de l'eau dans la chaudière, employé un type tubulaire, disposé perpendiculairement à l'axe de la voie, comme le montre la fig. 52.

La surface de chauffe totale est de 21 mq. ; la surface de grille est de 0 mq. 380.

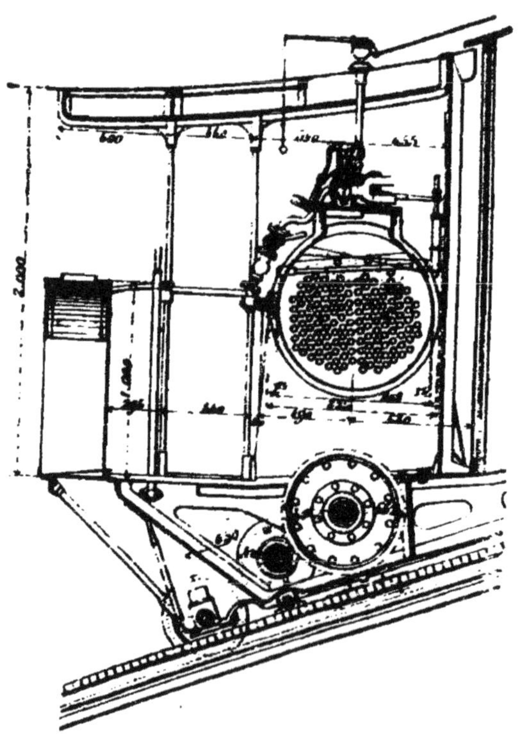

Fig. 52. — Machine du Mont-Pilate. Coupe longitudinale.

Le poids total à remorquer est de 5.500 kil. ; la vitesse adoptée étant de 1 m. par seconde, le travail à développer est de 5.500 k.l.g.m.t. ou 73 chevaux-vapeurs; soit 262 k.l.g.m.t. par mq. de surface de chauffe.

On se souvient sans doute que la crémaillere double est horizontale; et que deux roues dentées motrices, symétriquement placées par rapport à l'axe de la voie, montées sur deux axes verticaux (fig.51) et (52) et (53) produisent le mouvement.

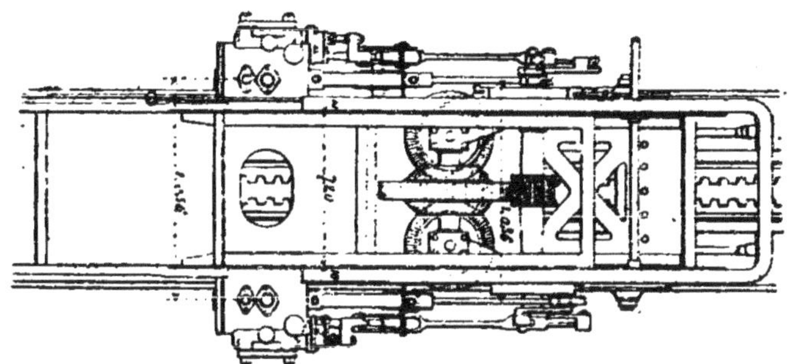

Fig. 53. — Machine du Mont-Pilate. Plan du mécanisme.

Sur chacun de ces axes, et au-dessus de la roue motrice (voir fig. 51) est calée une roue d'angle. Chacune de ces roues d'angles horizontales engrène avec une autre paire de roues d'angles verticales tournant sur un axe horizontal (voir fig. 53). Ces roues sont accolées de part et d'autre à une autre roue centrale calée sur un axe horizontal. Cet axe est mis en mouvement par un pignon engrenant avec ladite roue; et ce pignon est calé sur un arbre intermédiaire qui reçoit directement l'action des pistons.

Les cylindres moteurs sont extérieurs au châssis. La distribution est du système Brown.

Voici les principales données de la machine :

Surface de grille	0 mq. 380
Surface de chauffe directe	2 mq. 400
Surface de chauffe indirecte	18 mq. 600
Surface de chauffe totale	21 mq. 000
Diamètre des cylindres	0 m. 220
Course des pistons	0 m. 300

Nombre de tours par minute de l'arbre auxiliaire	180
Diamètre primitif des roues dentées	0 m. 409
Pas	0 m. 0857
Nombre de dents	15
Diamètre des roues porteuses	0 m. 400
Empattement	6 m. 100
Timbre	12 at.
Eau { Chaudière	0 m. c. 485
Eau { Caisse	0 m. c. 800
Combustible	350 kil.
Poids de la machine	6.500 kil.
Poids du véhicule	1.100 kil.
Total en service avec 31 personnes	10.500 kil.

Toute la machinerie est placée à l'arrière de la voiture (fig. 48 et 53).

Les châssis sont constitués par deux poutres, distantes de 720 mm. ; l'espace libre entre eux forme la caisse à eau.

Les roues dentées motrices ont leur engrènement absolument assuré par l'artifice suivant :

Au-dessous de la couronne dentée, et tournant avec elle, on a placé un bandage d'acier qui vient rouler sur une plate-bande formant rail, disposée un peu au-dessous de la crémaillère et fixée au fer Zorès qui soutient l'ensemble de la crémaillère (fig. 47). Cela fait en quelque sorte comme un rail central du système Fell, avec la crémaillère en sus.

Le guidage du véhicule est absolument assuré, et l'on a pu du même coup supprimer les boudins des roues porteuses, facilitant ainsi le passage dans les courbes, qui s'abaissent jusqu'à 80 m. de rayon. Avec un rayon aussi faible, les lignes primitives des deux crémaillères n'ont plus exactement le même développement, malgré leur faible écartement en plan.

Tant pour ce motif que pour parer à de légers défauts provenant de la division de la crémaillère, on a laissé un certain jeu dans l'engrenage commandant les roues dentées motrices, de telle façon que la distance des arbres sur lesquels elles sont fixées puisse varier très légèrement quand le besoin s'en fait sentir.

Pour mieux guider le véhicule et avoir un frein de sécurité, on a installé vers l'avant de la voiture deux autres roues dentées semblables aux roues motrices.

Le véhicule repose par trois points seulement sur deux essieux, distants de 6 m. 10. Deux sur l'essieu inférieur, et un sur l'essieu supérieur, afin que les quatre roues portent toujours en plein sur les rails, malgré les pentes et les courbes.

On a fixé vers l'avant de la voiture des grapins qui peuvent venir embrasser les rails, et s'opposer au renversement.

Il y a trois espèces de freins : un frein à air système Riggenbach, un frein de friction dont la poulie est calée sur l'arbre auxiliaire, et un autre frein à friction installé sur l'arbre des roues dentées placé vers l'avant de la voiture, près de l'essieu d'avant.

Ce frein comporte une commande automatique, de façon à agir dès que la vitesse du véhicule dépasse 1 m. 30 par seconde.

Tels sont les deux types les plus intéressants de machines simples, pour chemins uniquement à crémaillère ; nous avons choisi à dessein, pour les décrire, le type le plus ancien, le premier de tous, celui du Rigi, et la dernière application faite tout récemment au Mont Pilate.

Passons maintenant à un type plus répandu, celui des machines mixtes, pouvant se mouvoir à la fois avec et sans crémaillère.

45. 2e Classe. Machines mixtes à un seul mécanisme. — Machines d'Ostermundigen. — Wasseralfingen, Friederichssegen à la Lahnn, de Langres. — L'idée des machines mixtes est aussi ancienne que celle des machines simples. Car dès 1870, M. Riggenbach en installait une pour le chemin des carrières d'Ostermundigen. A vrai dire, ce n'était pas là une véritable machine mixte, telle que nous les comprenons aujourd'hui, en ce sens que les mécanismes à adhérence et à crémaillère n'étaient pas solidaires ; mais qu'un mécanisme à débrayage permettait de faire agir à volonté les pistons moteurs sur le mécanisme à adhérence ou de les laisser commander seulement la roue dentée.

Les pistons mettaient directement en mouvement l'essieu portant la roue dentée. Cet essieu était réuni par des bielles à l'essieu porteur d'arrière, qui était double. C'est-à-dire que les roues étaient calées sur un essieu extérieur creux, traversé par un essieu intérieur sur lequel étaient calées les manivelles.

L'embrayage rendait solidaires à volonté ces deux essieux concentriques. On voit que dans les sections à adhérence la roue dentée tournait à vide.

Cette disposition de l'embrayage a permis de tourner la difficulté relative aux deux vitesses différentes de la machine, dans les sections avec et sans crémaillère. En effet, le diamètre des roues porteuses est de 1 m. 15 et celui de la roue dentée est de 0 m. 764. Mais, comme le rapport des engrenages est d'environ 1 à 3, une même vitesse des pistons donne à la machine une allure convenable soit en crémaillère, soit dans les sections à adhérence.

Si au contraire les deux mécanismes eussent été solidaires, il aurait fallu, pour que les chemins parcourus par les roues porteuses et la roue dentée fussent égaux, que le rapport des engrenages fût égal au rapport des diamètres $= \frac{1.150}{0.764} = 1.5$. Et alors, la vitesse des pistons n'eût pas été satisfaisante dans les deux cas.

Cette disposition, tout en fonctionnant convenablement, présentait quelques inconvénients, notamment celui-ci : à l'entrée en crémaillère il fallait s'arrêter pour manœuvrer l'organe d'embrayage, et de même à la sortie.

Pour éviter cet embrayage, on a été amené à construire le véritable type mixte dans lequel les roues porteuses et la roue dentée motrice sont constamment solidaires.

Machine de Wasseralfingen. — C'est en 1876, que M. Riggenbach construisit cette locomotive pour le chemin mixte de Wasseralfingen.

La fig. 54 représente cette machine. Le mouvement des pistons est transmis, par bielles et manivelles, à un arbre auxiliaire ; sur cet arbre est calé un pignon qui communique directement son mouvement à la roue dentée motrice calée sur un faux essieu spécial. On a pu supprimer ici les roues dentées intermédiaires, à cause de la faiblesse du travail à produire. Ce faux essieu entraîne à son tour les deux roues porteuses à l'aide de bielles et manivelles.

Pour faciliter le nettoyage de la crémaillère, et l'enlèvement des neiges, l'exploitation étant continue toute l'année, il a fallu surélever l'essieu portant la roue dentée et par suite surélever aussi la crémaillère. Cette machine, pesant 9 tonnes à vide, a une surface de chauffe de 25 m.q. et peut développer un travail maximum de 95 chevaux. Elle a servi de type pour toutes les machines mixtes construites depuis lors.

Nous n'insisterons pas davantage sur la description de cette machine, nous décrirons avec quelques détails, un type qui en dérive, la machine construite récemment pour le chemin de Langres.

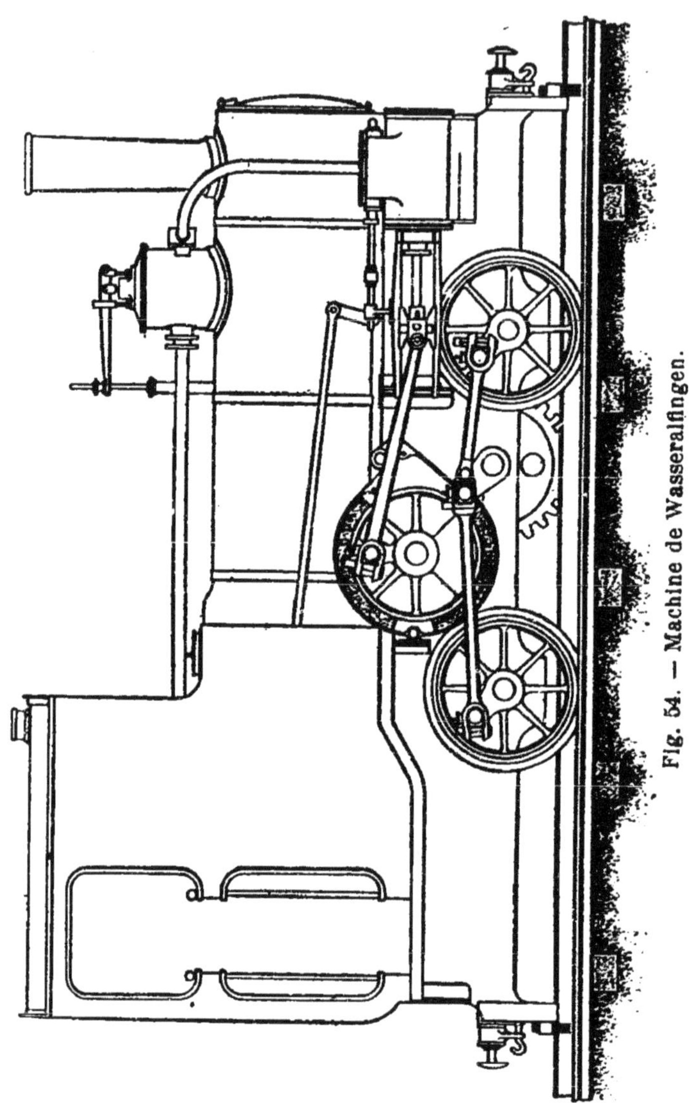

Fig. 54. — Machine de Wasseralfingen.

Auparavant nous allons décrire les machine des Friederichssegen à la Lahn.

Machines du chemin de Friederichssegen à la Lahn. — Ces machines datent de 1880 et dérivent du type précédent,

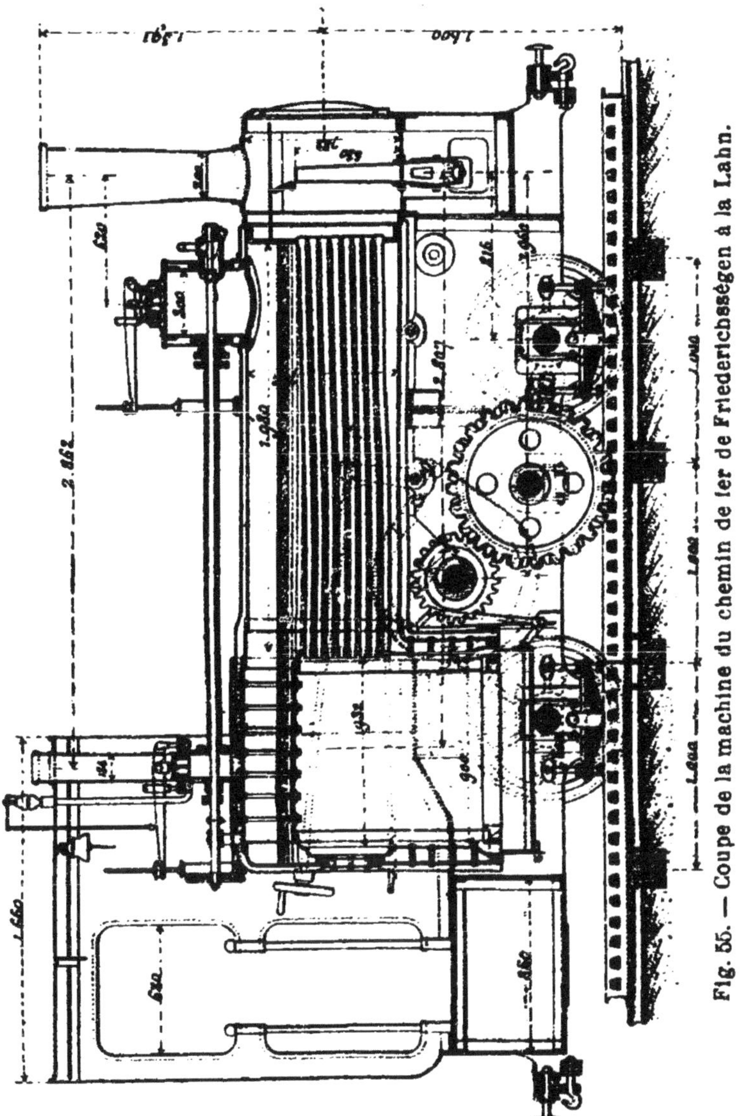

Fig. 55. — Coupe de la machine du chemin de fer de Friedrichsségen à la Lahn.

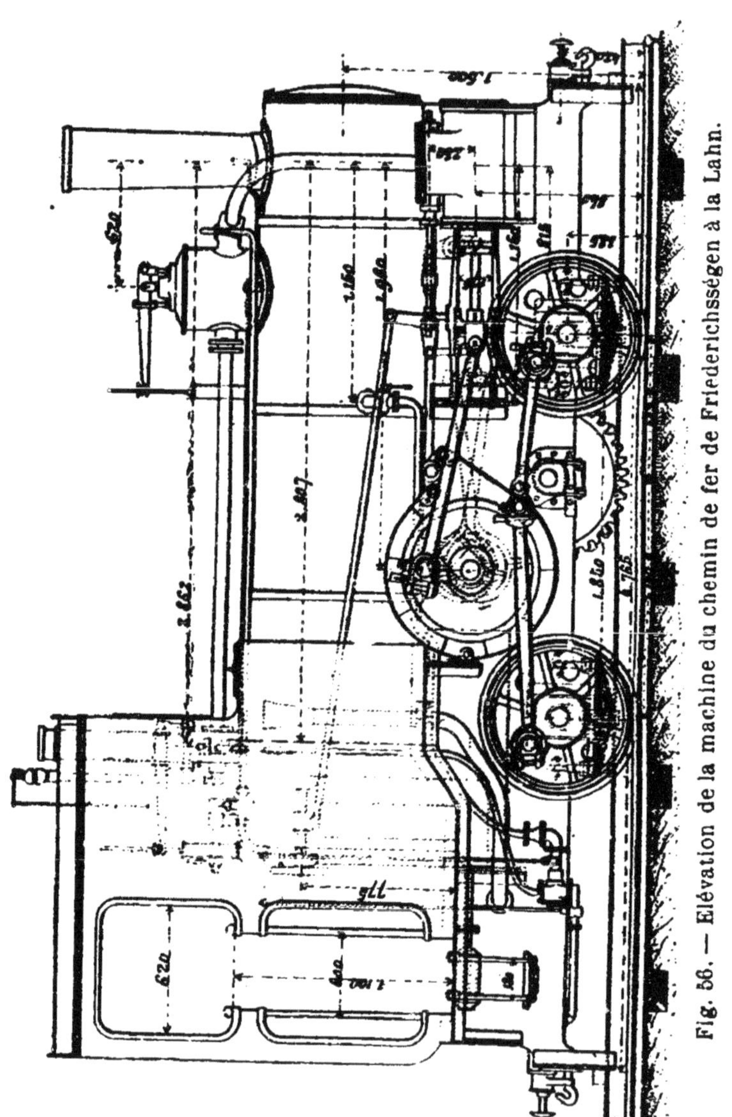

Fig. 56. — Elévation de la machine du chemin de fer de Friedrichsségen à la Lahn.

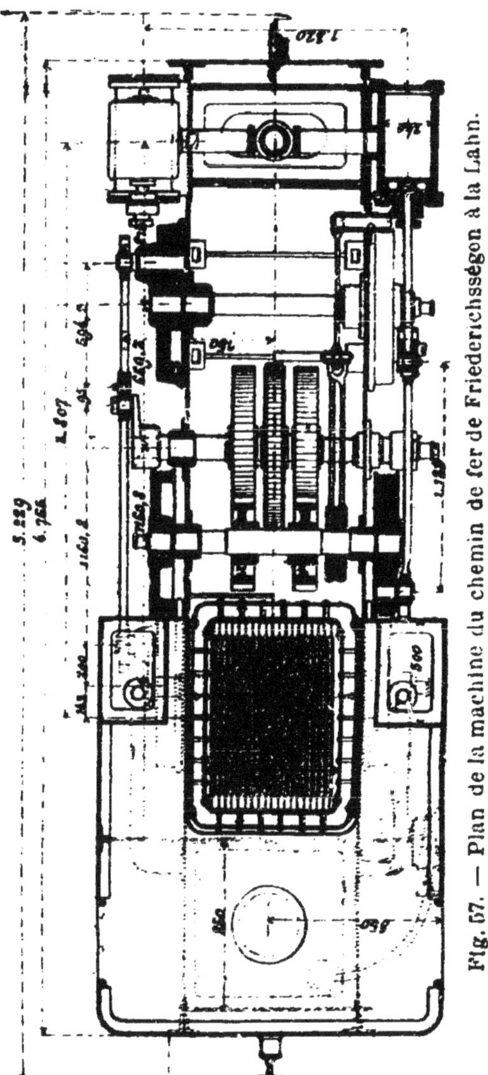

Fig. 57. — Plan de la machine du chemin de fer de Friedrichsségon à la Lahn.

Leur vitesse est réglée à 10 kil. dans les parties à adhérence et à 5 dans les sections à crémaillère. La charge à remorquer est de 10 t. à la montée et de 18 t. à la descente. Voici les principales données de cette locomotive:

Surface de grille	0 mq. 62
Surface de chauffe	25 m. q.
Diamètre des roues à adhérence	0 m. 770
Diamètre de la roue dentée	0 m. 764
Empattement	1 m. 850
Timbre	9 at.
Poids en service	11 t. 8
Poids à vide	10 t.
Pression de la vapeur	9 at.
Rapport des vitesses angulaires de l'arbre auxiliaire et de l'arbre de la roue dentée	23 à 40

Les figures 55, 56 et 57 représentent en détail cette machine, tres analogue à la machine de Wasseralfingen.

Machines de Langres. — Cette locomotive est représentée par la fig. 58 [1]. Elle est portée par deux essieux distants de 1 m. 85. Les cylindres sont extérieurs et commandent par bielles et manivelles un arbre auxiliaire, comme à Wasseralfingen. Sur cet arbre sont calés, symétriquement par rapport à l'axe de la machine, deux pignons engrenant avec deux autres roues dentées de plus grand diamètre, accolées symétriquement de part et d'autre à la roue dentée motrice. L'axe de cette roue, à son tour, transmet son mouvement par bielles et manivelles aux roues porteuses.

(1) *Nouvelles Annales de la construction*, mars 1888.

Or, le diamètre primitif des pignons calés sur l'arbre auxiliaire est égal à 0 m. 353 et le diamètre primitif des roues accolées à la roue dentée motrice est 0 m. 613, le rapport $\frac{0.613}{0.353} = 1.74$. C'est-à-dire que lorsque la roue dentée fait un tour, l'arbre en fait 1.74.

Le diamètre des roues porteuses étant de 0 m. 773, la machine avance par tour de roue de 2 m. 428, la vitesse normale étant de 10 kil. à l'heure, soit 166 m. 67 par minute, le nombre de tours par minute sera $\frac{166,67}{2,428} = 69$ tours environ.

Par suite, l'arbre intermédiaire fera, à cette vitesse, un nombre de tours égal à $69 \times 1.74 = 120$. Cela fait 4 coups de piston par seconde, ce qui place le mécanisme moteur dans de bonnes conditions de vitesse.

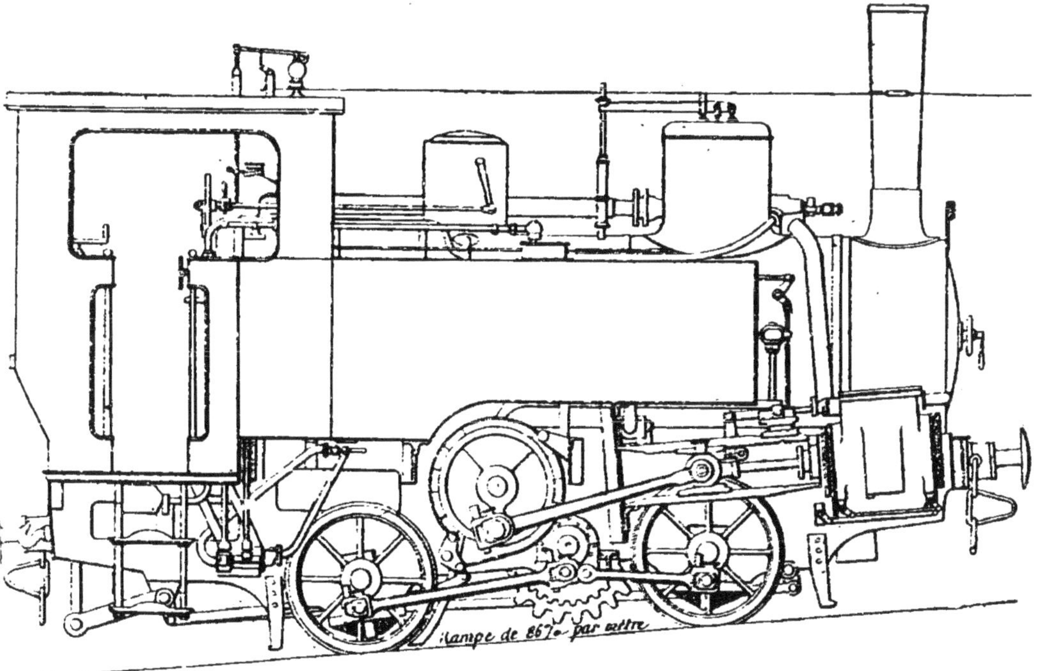

Fig. 58. — Machine de Langres.

La chaudière ou plutôt son axe est incliné de 0 m. 086 par mètre, de façon à ce que cette ligne soit horizontale sur la pente moyenne du chemin. Le dôme de prise de vapeur est placé vers l'avant de la machine; il porte une soupape à ressort (balance). Vers le milieu se trouve une sablière, permettant au mécanicien d'envoyer du sable sous les roues porteuses, en cas de verglas.

La surface de chauffe totale est de 36 m. q. 20, la surface de grille de 0 m. q. 76.

La machine pèse à vide 12 t. 400; en ordre de marche 15 t. 600.

Elle peut remorquer, à la vitesse normale de 10 kil., un train de 12 t. 5 sur les rampes de 172 mm. que comporte la ligne, ce qui correspond à un travail d'environ 200 chev. vapeur ou 5 chevaux, 5 par m. q. de surface de chauffe; c'est évidemment un chiffre très élevé, justifié seulement par la faible longueur de la rampe de 172 mm. qui n'existe que sur 230 m. Il est évident que sur cette rampe extrême la machine, pour maintenir sa vitesse de 10 kil., doit être forcée, et qu'on lui impose un maximum de rendement. Aussi en pratique a-t-on été amené à réduire la charge en ne composant le train que d'un seul wagon, autant que possible.

Sur les rampes de 30 mm. la machine fonctionne par adhérence, et n'y est pas exposée à patiner, car l'effort de traction limite, en supposant le coefficient d'adhérence égal à $\frac{1}{7}$, est de 2.000 kil., tandis que l'effort de traction réel n'atteint pas 1100 kilos.

La machine est munie d'un frein à air comprimé système Riggenbach, absolument semblable à celui que nous avons décrit pour la machine du Rigi.

L'arrêt normal est produit dans les gares par un frein semblable à celui des freins de grue; il est installé sur l'arbre intermédiaire. Cet arbre porte à l'extérieur, près des longerons, deux poulies clavetées sur lui. Deux lames métalliques flexibles peuvent presser contre les jantes de ces poulies des garnitures de bois, en produisant un serrage énergique sous l'action d'un levier mû par le mécanicien. Ce frein, agissant sur l'arbre intermédiaire, produit à la fois l'arrêt de la roue dentée motrice, et l'arrêt des roues à adhérence. Il peut servir sur toute la longueur de la ligne, qu'il y ait ou non la crémaillère.

Le troisième frein, semblable à ceux déjà décrits, ne peut servir que dans les portions de voie à crémaillère.

L'essieu d'avant porte une roue dentée, folle sur l'essieu, semblable à la roue dentée motrice, à laquelle sont accolées deux poulies cannelées faisant corps avec la roue dentée. En serrant des mâchoires de friction contre ces poulies, on arrête la roue dentée, et par suite la machine, quand la roue dentée engrène avec la crémaillère.

Le diamètre des roues porteuses est supérieur de 9 mm. au diamètre du cercle primitif de la roue dentée motrice. Nous avons expliqué que dans ce cas, les glissements résultant de cette différence, se font dans le sens de la marche de la machine, et que la marche de celle-ci s'améliore avec l'usure des bandages, jusqu'au moment de l'égalité des diamètres.

Les caisses à eau et à charbon sont placées sur les côtés de la machine.

La machine a été construite sur les indications de M. Riggenbach, par la société alsacienne, dans ses usines de Belfort.

Voici en résumé les principales données de la machine.

Largeur de voie		1 m. 00
Diamètre.	Roues adhérentes	0 m. 773
	Primitif de la roue dentée motrice	0 m. 764
Nombre de dents		24
Empattement		1 m. 850
Diamètre des cylindres		0 m. 280
Course des pistons		0 m. 450
Timbre		11 kil.
Surface de grille		0 m. 76
— de chauffe		36 m. q. 20
Poids	vide	12 t. 400
	en service	15 t. 600
Longueur de tampon en tampon		5 m. 500
Plus grande largeur		2 m. 070
Largeur sans les marchepieds.		1 m. 940

A cause des faibles rayons des courbes, les bandages des roues des locomotives du chemin de Langres, s'usent avec la plus grande rapidité. Ces bandages se creusent très vite en gorge.

Il est probable que ce fait tient en grande partie à l'inégalité existant entre le diamètre primitif de la roue dentée motrice, d'une part, et le diamètre au roulement des bandages des roues porteuses.

La machine étant à un seul mécanisme, les roues porteuses sont évidemment soumises à un fort glissement dans les courbes raides.

L'influence des courbes doit être fort sensible, car sur la ligne du Brünig, où les rayons minimums sont de 120 m., l'usure des bandages des machines, du même type que celle de Langres, n'a rien d'anormal.

46. Machines à deux mécanismes. Considérations générales. — C'est en 1885 que l'on inaugura la ligne à voie normale de Blankenbourg à Tanne dans le Harz, et que l'on y appliqua les machines à deux mécanismes construites par M. R. Abt.

Depuis, un assez grand nombre de ces machines ont été construites et mises en service; M. Abt a toujours combiné l'emploi de ses machines avec la crémaillère à lames, dont il est l'inventeur.

Mais plus récemment, en 1887, au chemin de fer du Hœllenthal l'ingénieur, M. Bissinger, a construit une locomotive à deux mécanismes, analogue aux machines Abt, circulant sur une voie munie d'une crémaillère à échelons.

Toutes ces machines ont en vue le service de trains relativement lourds; aussi doivent-elles présenter une surface de chauffe plus considérable que les machines simples, et par suite être plus lourdes.

Ceci conduit généralement à les faire supporter par trois essieux, dont deux seulement sont accouplés sur les lignes à faible rayon.

L'essieu d'arrière est généralement un essieu du système Bissel.

Il en résulte une conséquence fâcheuse : une fraction seulement du poids adhérent est utilisée dans les sections à adhérence.

Le mécanisme à adhérence est extérieur ; les deux cylindres sont extérieurs au longeron; au contraire, les deux cylindres commandant le mécanisme à crémaillère sont placés entre les deux longerons.

Comme nous l'avons dit, ces machines à deux mécanismes remorquent des trains assez lourds. Par suite, une seule roue dentée ne serait plus suffisante pour résister à l'effort de traction. On est obligé de recourir à l'emploi de deux roues dentées, placées l'une derrière l'autre, accouplées par une bielle ; chacune d'elles ne supportant alors que la moitié de l'effort total.

Nous examinerons d'abord les machines du système

Abt, qui sont actuellement les plus répandues comme machines à deux mécanismes.

47. Machines à deux mécanismes. Système Abt. Machines de Blankenbourg à Tanne, Viège-Zermatt. Lehesten à Oertelsbruch. Diacophto à Kalavryta. — *Type de la ligne de Blankenbourg à Tanne.* — Ces machines, très puissantes, peuvent remorquer un train de 135 tonnes sur une rampe de 60 mm., à la vitesse de 10 kilomètres à l'heure.

Elles sont portées par 4 essieux, dont 3 accouplés; un quatrième essieu placé à l'arrière, au-delà du foyer, ne sert que comme essieu porteur; il est à articulation, système Bissel, et placé à 2 m. 40 de l'essieu moteur le plus proche. L'empattement des trois essieux moteurs est de 3 m. 05.

L'emploi d'un essieu à articulation était nécessaire pour permettre le passage dans les courbes de 250 m. de rayon, avec la voie à largeur normale.

De plus, les approvisionnements en eau et charbon étant répartis vers l'arrière, la pression sur les essieux moteurs varie aussi peu que possible.

Les cylindres du mécanisme à adhérence (voir fig. 59) sont extérieurs; ceux du mécanisme à crémaillère sont intérieurs.

La transmission de mouvement du cylindre à la roue dentée ne se fait pas simplement par bielles et manivelles, à cause de la grande hauteur régnant entre l'axe du cylindre et celui de la roue dentée. Le piston agit à l'aide d'une bielle sur l'une des extrémités d'un levier, dont l'autre extrémité entraine par une bielle le bouton de manivelle de la roue dentée. Comme il y a deux roues dentées, le mouvement est transmis à l'autre par une bielle.

L'ensemble du mécanisme des roues dentées est porté

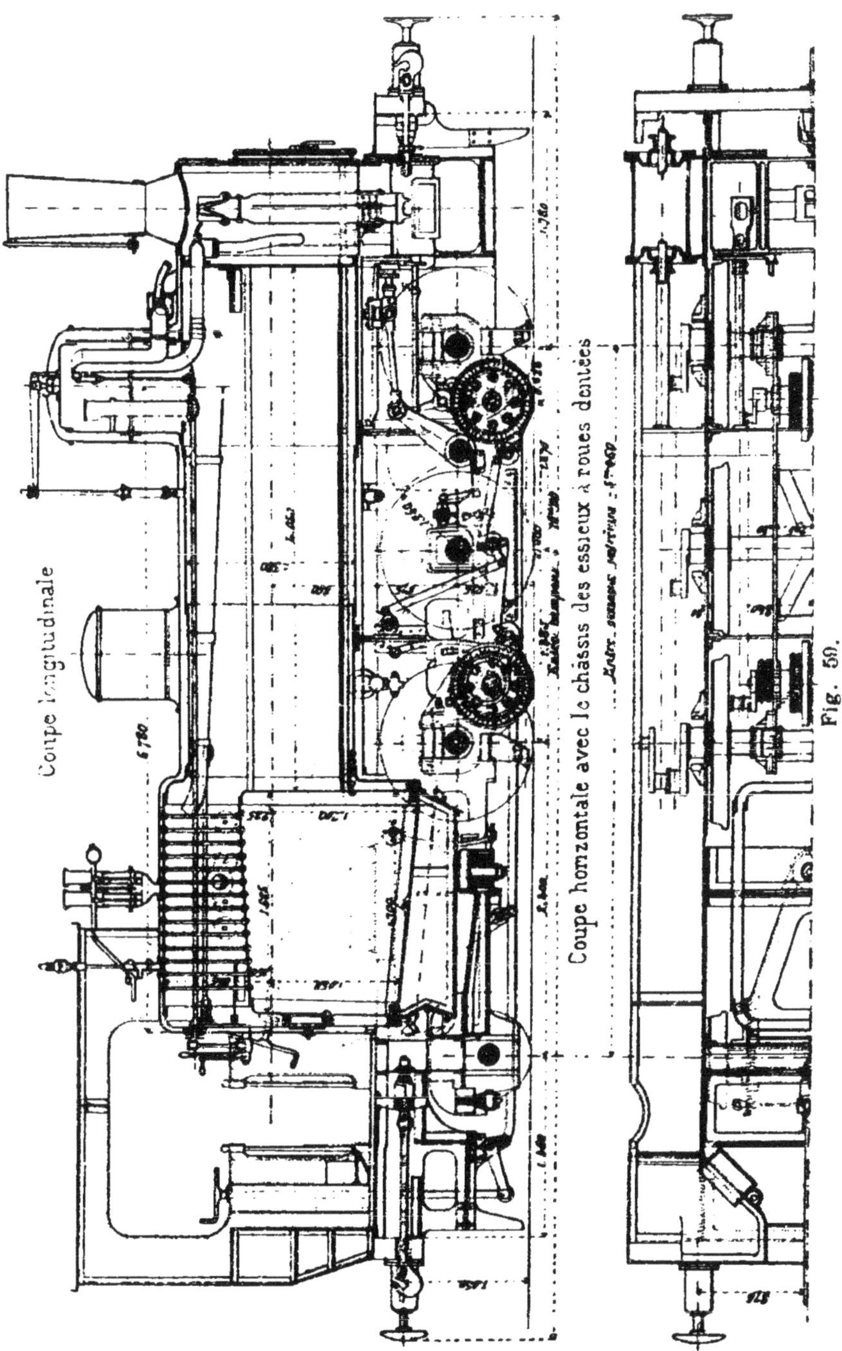

Fig. 59.
Machine de la ligne du Harz.

par un châssis spécial, prenant directement ses points d'appui sur les essieux porteurs, de façon à éviter les variations causées dans la profondeur de l'engrènement par la flexion des ressorts.

Il importe de s'arrêter un instant sur la constitution des roues dentées.

Nous avons déjà dit que la crémaillère Abt, de la ligne de Blankenbourg à Tanne, est une crémaillère à trois lames. Par suite, chaque roue dentée est en réalité constituée par trois roues dentées accolées.

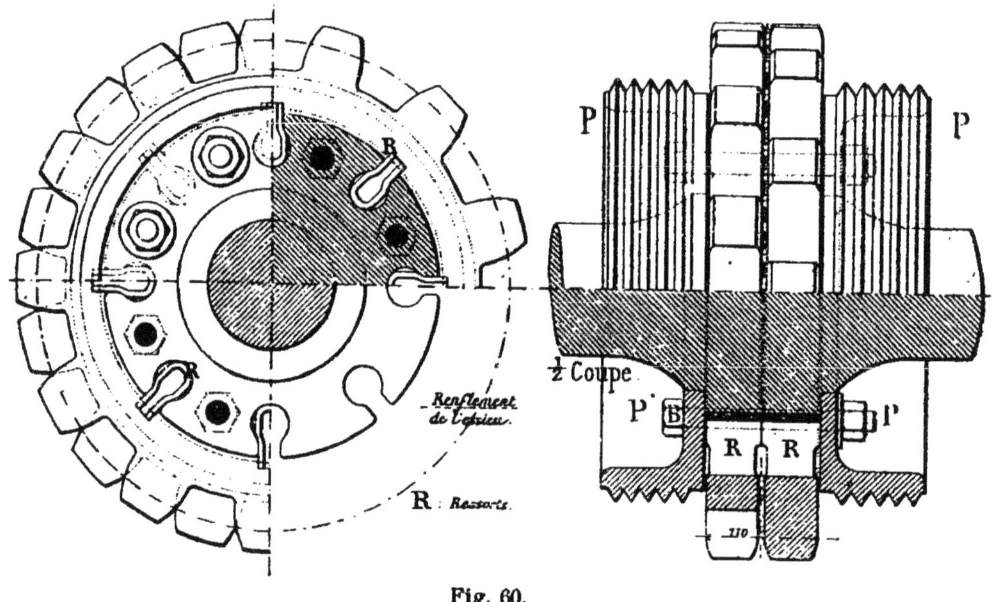

Fig. 60.

Chacun de ces disques dentés engrène avec une lame de crémaillère, et leurs dents sont croisées, de façon à se chevaucher en projection verticale.

Par suite d'une irrégularité, ces disques dentés pourraient se rompre s'ils étaient fixés d'une manière invariable les uns par rapport aux autres.

On leur a ménagé un certain jeu, en interposant entre eux des rondelles de caoutchouc, qui permettent de très petits mouvements relatifs des disques dentés, les uns par rapport aux autres.

En effet, ces rondelles permettent un léger jeu aux boulons transversaux qui réunissent les disques composant la roue dentée.

Cette disposition, usitée au début, a été abandonnée pour une autre, représentée par la figure 60, pour une crémaillère à deux lames. L'arbre supportant les roues dentées présente un renflement assez notable, dans la partie correspondant à ces roues dentées.

A la circonférence de ce renflement on pratique de petites cavités dans lesquelles on introduit des ressorts en fer à cheval R, dont les branches ouvertes sont tournées vers l'extérieur et font saillie sur le renflement de l'essieu. Les deux branches sont écartées de 2 mm., et ce sont leurs extrémités qui entraînent les disques dentés (voir fig. 60). Chaque disque est commandé par 6 à 8 ressorts. On comprend qu'ainsi les disques puissent prendre un certain jeu les uns par rapport aux autres. L'ensemble des ressorts qui entraînent un disque est calculé de façon à résister à une pression tangentielle de 1.000 kilogr., quand le type de lames de la crémaillère est le type normal de 20 mm. d'épaisseur.

Ces dispositions assurent un excellent engrènement, des expériences faites sur la ligne du Harz, et sur lesquelles nous reviendrons, ont montré qu'elles donnent toute satisfaction.

Comme l'indique la figure 60, l'ensemble de la roue dentée est enserré, à l'aide des boulons B, entre deux poulies de frein PP dont le pourtour est cannelé.

Dans les machines du Harz, le mécanisme des roues dentées est absolument indépendant du mécanisme à adhérence. Les cylindres sont commandés par un régulateur spécial. Un frein spécial est affecté aussi aux roues dentées.

La machine est munie d'un frein à air comprimé, genre Riggenbach.

Voici les principales données des machines du Harz :

Surface de grille.		1 m. q. 80
Tubes.	Nombre de tubes	251
	Longueur	4 m. 05
	Diamètre	0,045
Surface de chauffe.	Surface de chauffe indirecte	127 m. q. 739
	— directe	8 m. q. 305
	Totale	136, 044
Mécanisme à adhérence.	Diamètre des cylindres du mécanisme à adhérence	0 m. 450
	Course des pistons	0 m. 400
	Diamètre des roues motrices	1 m. 25
	Diamètre des roues porteuses	0 m. 75
Mécanisme à crémaillère.	Diamètre des cylindres du mécanisme des roues dentées	0,300
	Course des pistons	0,600
	Diamètre primitif des roues dentées	0,573
Poids de la machine en service		55 t.
Répartition de la charge.	Essieux moteurs	47 t. 5
	Essieu porteur	19 t. 5
Pression de la vapeur dans la chaudière		10 atm.

On trouvera aux annexes la nomenclature de toutes les machines du Harz et de la Cie Halberstadt Blankenbourg avec leurs principales dimensions.

Type de la ligne de Viège à Zermatt. — Ces machines sont plus légères que les précédentes ; elles pèsent 29 tonnes, et peuvent remorquer, à la vitesse de 8 kilom.

à l'heure, un train de 50 tonnes, sur les rampes de 120 mm.

Dans les sections à adhérence, et en faible déclivité, elles peuvent atteindre une vitesse de 30 kilomètres, en rampe de 25 mm.

La machine rappelle par ses dispositions celles du Harz; mais, à cause de son moindre poids, elle est portée seulement par trois essieux, dont deux accouplés, et un essieu Bissel à l'arrière du foyer.

La grande surface d'appui de cette machine lui assure une marche stable, et grâce à l'essieu Bissel, elle passe néanmoins facilement dans les courbes de 80 m. qui existent dans les parties à adhérence de la ligne. Mais ces faibles courbes amènent une prompte usure des boudins des roues.

La machine est pourvue d'un frein à sabot ordinaire, de deux freins à air comprimé, genre Riggenbach, agissant, l'un sur le mécanisme à adhérence, l'autre sur le mécanisme à crémaillère, et d'un frein à friction, agissant sur des poulies accolées aux roues dentées.

Tous les véhicules sont munis d'un frein à vide, système Hardy-Smith.

Voici les principales données de ces machines :

Système à adhérence	Diamètre des cylindres	0 m. 320
	Course des pistons	0 m. 450
	Diamètre des roues motrices	0 m. 900
	Diamètre des roues porteuses	0 m. 600
Système à crémaillère	Diamètres des cylindres	0 m. 360
	Course des pistons	0 m. 450
	Diamètre des roues dentées	0 m. 688
	Pas de la denture	0 m. 120
Écartement des essieux à crémaillère		0 m. 930

Surface de chauffe	Boîte à feu	6 m. q. 5
	Tubes	59 m. q.
	Totale	65 m. q. 5
Diamètre extérieur des tubes		45 mm.
Longueur des tubes		2 m. 50
Timbre de la chaudière		12 atm.
Contenance de la chaudière		2 m. c.
—	soutes à eau	2 m. c. 5
—	à charbon	1 m. c.
Poids à vide		23 t. 500
— en service		29 t. 000
Charge maxima d'un essieu		10 t. 250

Ces machines peuvent développer un effort de traction total de 9.500 kil. correspondant à un travail maximum de 245 chevaux.

Type de la ligne de Lehesten à Oertelsbruch. — Ces machines sont plus légères que les précédentes, elles sont construites pour la voie normale, et destinées à remorquer des trains de 50 tonnes sur les rampes maxima de la ligne, qui ne dépassent pas 80 mm. Elles ont deux essieux moteurs accouplés, et un essieu porteur Bissel, placé en arrière du foyer.

Voici leurs principales dimensions :

Surface de grille		1 m. q. 10
Système à adhérence	Diamètre des cylindres	0 m. 300
	Course des pistons	0 m. 400
	Diamètre des roues motrices	0 m. 900
	Distance des essieux moteurs	2 m. 00

Système à crémaillère	Diamètre des cylindres	0 m. 300
	Course des pistons	0 m. 500
	Diamètre primitif des roues dentées	0 m. 573
	Distance des essieux des roues dentées	1 m. q. 05
Surface de chauffe	Surface de chauffe directe	5 m. q. 50
	Surface de chauffe indirecte	42 m. 50
	Surface de chauffe totale	48 m. q. 00
	Pression dans la chaudière	18 atmosph.
Nombre de tubes		154
Poids	Vide	18 t. 4
	En service	23 t. 2

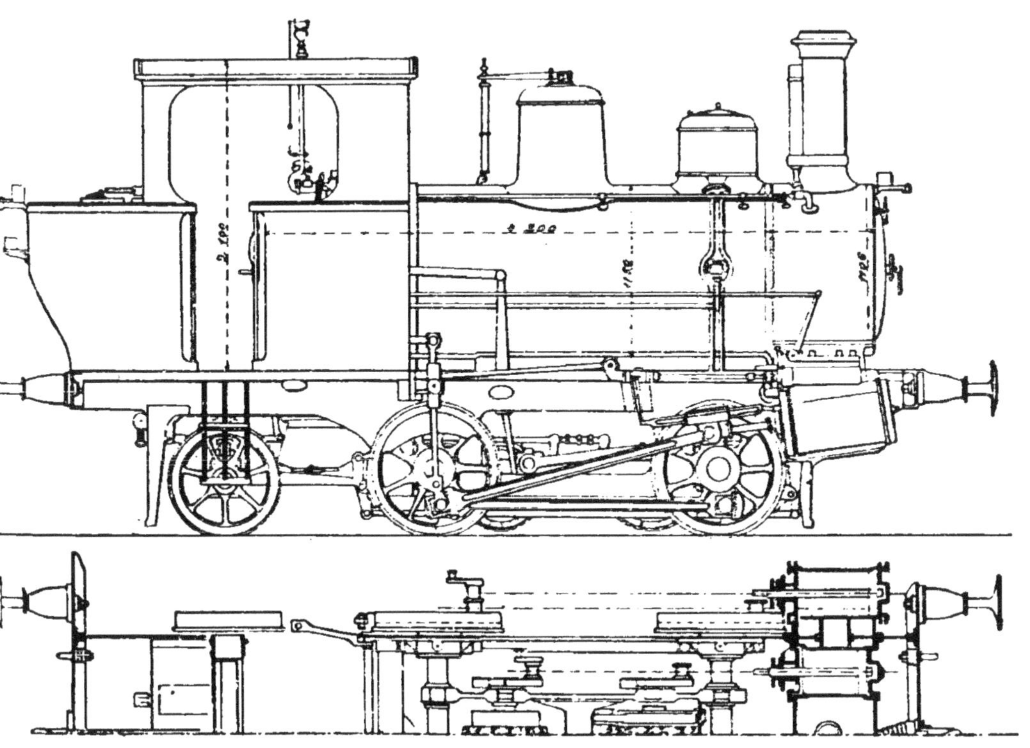

Fig. 61. — Machine système Abt, de la ligne de Lebesten à Oertelsbruch.

Les fig. 61 et 62 représentent diverses vues de cette machine, qui peut développer un effort de traction de 6.200 kilog. correspondant à un travail de 185 chevaux-vapeur.

Le mécanisme à adhérence fonctionne d'une façon continue, et le mécanisme des roues dentées seulement sur les parties à crémaillère.

La production de vapeur doit donc devenir de suite plus intense en crémaillère ; puisque la chaudière doit pouvoir alimenter les deux mécanismes.

Mais, par suite de l'échappement de vapeur sortant des quatre cylindres, le tirage de la cheminée augmente dans les mêmes proportions, et la machine arrive à produire la vapeur qu'elle consomme.

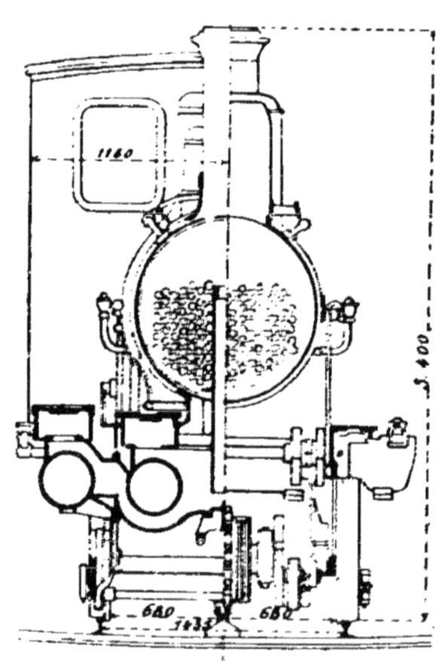

Fig. 62.

Type de la ligne de Diacophto à Kalavryta. — Ces machines, destinées à une voie de 0 m. 760 sont portées par trois essieux accouplés, et un essieu Bissel à l'arrière.

L'empattement des essieux accouplés est de 1 m. 90.

Les caisses à eau et les soutes à charbon sont placées longitudinalement le long de la chaudière.

Voici les principales conditions de la machine, construite par la Société Cail :

Système à adhérence	Diamètre des cylindres	0 m. 2[illegible]0
	Course des pistons	0 m. 340
	Diamètre des roues motrices	0 m. 600
	Diamètre des roues porteuses	0 m. 500
	Effort de traction $\frac{0.65\, d^2 l}{D}$	2.540 kil.
Système à crémaillère	Diamètre des cylindres	0 m. 220
	Course des pistons	0 m. 500
	Diamètre primitif des roues dentées	0 m. 497
	Pas	0 m. 120
	Nombre de dents	13
	Effort de traction	2.900 kil.
Chaudière	Timbre	12 kil.
	Nombre de tubes	142
	Diamètre extérieur	35
	Longueur entre les plaques tubulaires	1 m. 660
Surface de chauffe du foyer		2 m.q. 80
—	des tubes	25 m.q. 77
—	totale	28 m.q. 57
Surface de grille		0 m.q. 750
Poids de la machine à vide		12.500 kil.
—	en service	15.600 kil.

La construction de cette machine a présenté cette difficulté particulière, d'avoir à placer quatre cylindres à l'avant d'une machine à voie de 0 m. 760. L'expérience

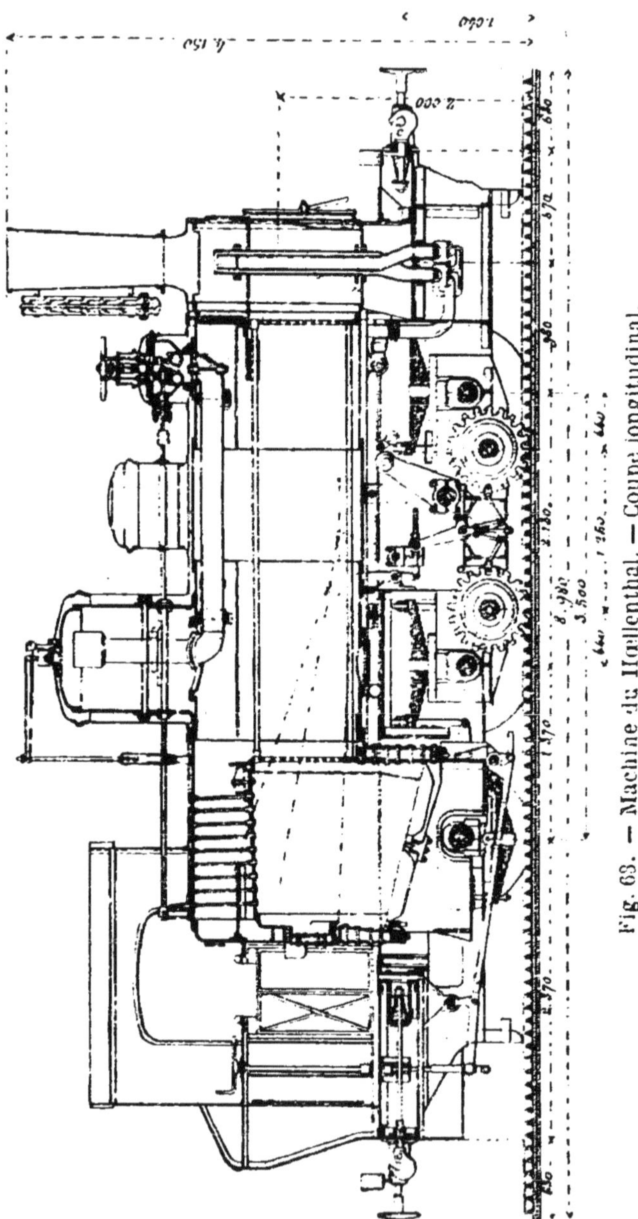

Fig. 63. — Machine du Hœllenthal. — Coupe longitudinal.

indiquera dans quelle mesure un bon entretien est possible avec un mécanisme aussi resserré.

Nous ne nous étendrons pas davantage sur la description des principaux types de la machine Abt. Nous ferons seulement remarquer qu'il y a un certain nombre de machines Abt à un seul mécanisme, destinées au service de lignes entièrement à crémaillère Abt (Monte Generoso, Puerto Cabello à Valencia, Manitou au Pikes Peak, etc., etc.).

Passons maintenant à la description des machines du Hoellenthal.

48. Machines à deux mécanismes. Type du Hoellenthal. — Ces machines, dues à M. Bissinger, rappellent par toutes leurs dispositions les machines Abt ; elles ne présentent avec ces dernières que des différences peu sensibles.

Ce sont des machines tenders à trois essieux accouplés.

Le troisième essieu est placé au-dessous du foyer et traverse le cendrier.

La totalité du poids adhérent est ainsi utilisée dans les rampes des sections sans crémaillères, qui comportent des déclivités maxima de 25 mm. par mètre. La ligne est à voie normale, ce qui donne plus d'espace pour placer les cylindres des doubles mécanismes.

Le mécanisme à adhérence est commandé par deux cylindres extérieurs, celui à crémaillère par deux cylindres intérieurs. Ces derniers attaquent les roues dentées par l'intermédiaire d'un levier dont l'extrémité supérieure est mue par une bielle motrice. A l'extrémité inférieure de ce levier s'attachent deux bielles, dont l'une entraîne la manivelle d'une des roues dentées, et la seconde l'autre roue dentée (voir la fig. 63). En outre, les deux roues dentées sont accouplées par une bielle.

Pour donner toute sécurité, on a calculé les dimensions de la crémaillère et des roues, de telle façon qu'une seule des roues dentées puisse suffire pour résister à l'effort de traction. On a du reste observé en service que les roues à adhérence patinent quelquefois dans les sections à crémaillère.

Les essieux des roues dentées sont fixés sur un cadre rigide, s'appuyant sur deux essieux à adhérence, pour éviter que la flexion des ressorts ne fasse varier la profondeur de l'engrènement ; ce cadre peut être déplacé au fur et à mesure de l'usure des pignons dentés.

A cet effet les coussinets portant les essieux de ces pignons peuvent être relevés au fur et à mesure de l'usure des bandages des roues adhérentes, de façon à maintenir constante la hauteur de ces essieux au-dessus de la ligne primitive de la crémaillère.

Ce dispositif est emprunté aux machines du Harz.

Voici les principales dimensions de ces machines :

Système à adhérence	Surface de grille	1 m. q. 370
	Diamètre des cylindres	0 m. 356
	Course des pistons	0 m. 550
	Diamètre des roues	0 m. 800
	Empattement	3 m. 500
Système à crémaillère	Diamètre des cylindres	0 m. 315
	Course des pistons	0 m. 500
	Diamètre des roues dentées	0 m. 6048
	Nombre de dents	19
	Distance des axes des essieux	1 m. 250
Surface de chauffe	directe	6 m. q. 600
	indirecte	78 m. q. 000
	totale	84 m. q. 600
Timbre de la chaudière		10 atmosphères.
Poids de la machine	vide	34 t. 3
	en service	42 t. 4
Capacité des caisses à eau		4 m. c.
Capacité des caisses à charbon		1 t. 5

Les fig. 64 et 65, tirées de l'*Engineering*, montrent les coupes transversales d'arrière et d'avant de la machine.

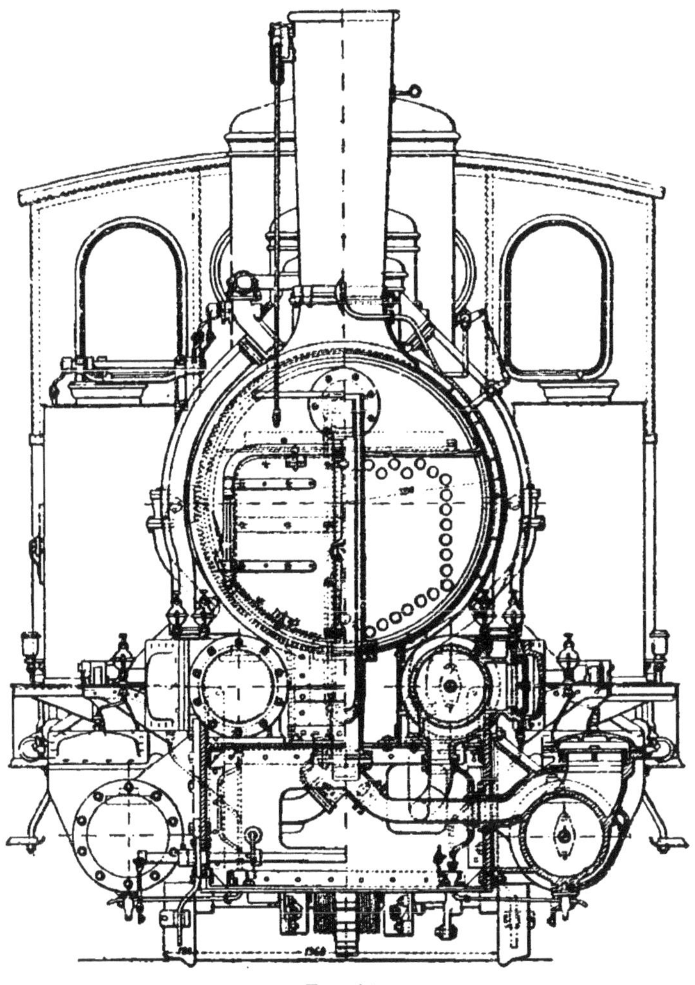

Fig. 64.
Machine du Hœllenthal. — Demi-coupe et élévation d'avant.

La coupe d'avant montre que l'échappement de chaque cylindre dans la cheminée est séparé.

Les deux culottes d'échappement sont concentriques.

Les mécanismes à adhérence et à crémaillère sont tous deux munis d'un frein à air comprimé distinct.

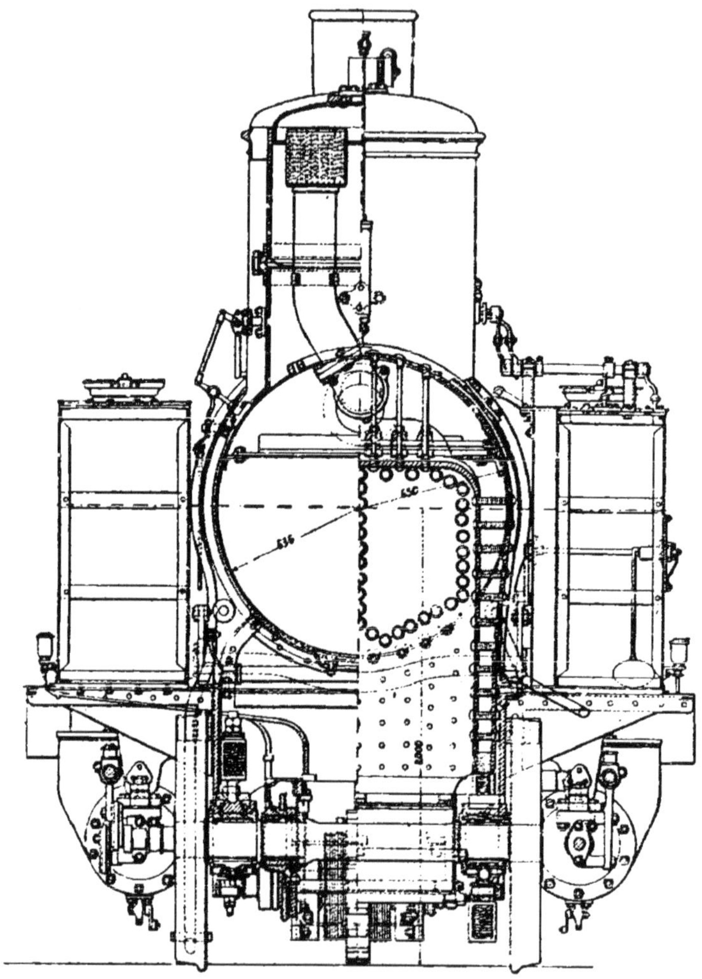

Fig. 65.
Machine du Hœllenthal. — Demi-coupe et élévation d'arrière.

Ces machines peuvent remorquer, à la vitesse de 20 k. à l'heure, un train de 100 tonnes sur les rampes de 25 mm., et dans les sections à crémaillère en rampe de

55 mm., la même charge à la vitesse de 10 k. à l'heure, en courbe de 240 m. de rayon.

Nous arrêterons là notre description des principaux types de machines usités sur les voies à crémaillère.

Nous allons maintenant examiner quelques détails de construction de ces machines, en nous efforçant de laisser de côté tout ce qui n'est pas essentiel à la machine considérée au point de vue des voies à crémaillère.

Ce qui nous intéresse ici ce sont les dispositions spéciales à adopter dans les machines locomotives, en vue de leur service sur des lignes à crémaillère ; ce qui les différencie en un mot des machines ordinaires destinées à l'exploitation de lignes entièrement à adhérence.

§ 2.

DÉTAILS DE CONSTRUCTION DES LOCOMOTIVES POUR CHEMINS A CRÉMAILLÈRE.

49. Dispositions relatives des divers organes. — Les machines à roues dentées ont leurs châssis intérieurs ; les cylindres sont placés à l'extérieur et fixés au châssis. Dans les machines à quatre cylindres, les cylindres commandant le mécanisme à crémaillère sont placés à l'intérieur des châssis, à leur partie supérieure et de part et d'autre de la boîte à fumée.

Les locomotives pour chemins uniquement à crémaillère, ou pour lignes mixtes à un seul mécanisme, ne comportent que deux essieux porteurs ; c'est admissible à cause de la faible vitesse de ces machines.

Sur les lignes à crémaillère parcourues par des trains lourds allant jusqu'à 75 et 100 tonnes, l'on emploie des machines à deux mécanismes. Ces machines sont toujours portées au moins par trois essieux à cause de leur plus grand poids, et surtout à cause de la nécessité de loger les roues dentées entre deux essieux porteurs.

Les deux essieux accouplés sont placés à l'avant, et le troisième essieu, simplement porteur à l'arrière ; il est articulé de façon à permettre le passage dans des courbes de faible rayon. L'articulation est généralement du système Bissel.

L'inconvénient de cette disposition est que la charge de l'essieu porteur est perdue pour l'adhérence sur les sections sans crémaillère ; mais lorsque l'on admet des trains aussi lourds, il ne serait pas prudent d'exploiter par adhérence des rampes supérieures à 35 ou 40 mm.

L'essieu porteur est placé soit à l'arrière du foyer (Viège-Zermatt), soit directement au-dessous, dans le cendrier (Hoellenthal).

Quand la machine comporte deux axes à roues dentées; ces axes sont placés entre deux essieux porteurs consécutifs.

Le dôme de prise de vapeur est placé vers l'avant de la machine.

Les caisses à eau sont placées tantôt au-dessous de la chaudière entre les longerons, tantôt à côté de la chaudière. Les soutes à charbon étant placées à l'arrière, au niveau de la plate-forme du mécanicien.

Nous ne parlerons pas des soupapes de sûreté, vis de changement de marche, pompes alimentaires, injecteurs, foyers, etc., tous ces organes étant identiques à ceux des locomotives ordinaires et placés de la même façon.

50. Puissance relative des machines comparée à leur surface de chauffe et à leur poids. Comparaison avec les machines ordinaires. — Voici un tableau comparatif indiquant ces diverses données pour les principaux types de machines des chemins à crémaillère :

DESIGNATION des LIGNES	Poids de la machine à vide	Surface de chauffe	Poids par m.q. de surface de chauffe	Puissance en chevaux vapeurs	Chevaux vapeurs par m.q. de surface de chauffe
	K.	m.q.	K.		ch. v.
Vitznau Rigi.........	14.000	48	291	125	2, 6
Arth Rigi............	13.500	50, 34	270	165	3, 00
Langres.............	12.400	36, 2	345	160	4, 4
Viège-Zermatt........	23.500	65. 5	358	245	3, 74
Hœllenthal..........	34.300	84, 6	405	310	3, 6
Diacophto Kalavryta..	12.500	28, 57	435	100	3. 5
Blankenbourg à Tanne.	47.500	136	349	475	3. 5

Les machines tender destinées au service des gares sur le réseau P.-L.-M., pèsent 370 kilos par mètre carré de surface de chauffe. On voit par suite que les machines simples sont relativement très légères; les machines mixtes à un seul mécanisme, comme celles de Langres, sont encore légères, mais les machines à deux mécanismes sont notablement plus lourdes.

Il ne faudrait pas comparer ces données à celles qui résultent de l'examen des types normaux de machines usités par les compagnies, sans bien remarquer au préalable que toutes les machines à crémaillère ont des tubes très courts qui ont environ la moitié de la longueur de ceux des machines ordinaires. Il en résulte que la surface de chauffe indiquée pour les machines des chemins à crémaillère est par unité plus efficace, puisque la quantité d'eau vaporisée par les diverses parties des tubes d'une locomotive est de moins en moins grande à mesure que l'on s'éloigne de la boîte à feu.

Aussi les machines à chaudières courtes, employées sur les chemins à crémaillère, ont-elles une vaporisation très active, justifiée par la faible longueur des tubes.

Par contre, le combustible est évidemment moins bien utilisé que sur des machines à tubes plus longs.

Les chiffres indiqués pour les machines de Langres, et même de l'Arth-Rigi, montrent que ces locomotives ne sont pas très légères comme machines à quatre roues.

M. Couche indique, comme locomotive à quatre roues, une machine exposée en 1867 par la Société de Graffenstadt, pesant 23 tonnes à vide pour 91 m. q. de surface de chauffe, soit 252 kilogr. par mètre carré de surface de chauffe.

Ce résultat n'est pas très surprenant, puisqu'en sus des organes ordinaires, toute machine destinée à une ligne à crémaillère doit forcément recevoir le mécanisme denté et quelques organes de sécurité accessoires.

Quant aux machines à deux mécanismes, elles sont encore plus lourdes, puisque leur poids varie de 358 à 437 kilogr. par mètre carré de surface de chauffe. Toutefois quand il s'agit de machines puissantes, l'influence du poids du mécanisme double est peu sensible ; comme le montre l'exemple des machines de la ligne de Blankenbourg à Tanne.

En ce qui concerne la puissance des machines, rapportée au mètre carré de surface de chauffe, on sait qu'elle varie beaucoup suivant les types, et qu'elle s'élève jusqu'à 4 chev. 4 par mètre carré de surface de chauffe.

Dans les locomotives ordinaires, on ne dépasse pas souvent 3 chev. 5 ; et toutes les fois que les circonstances ne le commandent pas impérieusement, il est prudent de ne pas dépasser ce chiffre pour un service normal et régulier.

On peut naturellement admettre un chiffre plus élevé, quand il s'agit de faire donner à la machine un coup de collier de peu de durée. Par exemple, pour une rampe très raide, mais très courte.

Mais en aucun cas il n'est prudent de dépasser 4 chev. 5 par mètre carré de surface de chauffe pour des machines tubulaires, même à tubes courts.

La machine de la voiture automobile du Mont-Pilate pèse, avec ses accessoires, 6.500 kilos pour 21 m. q. de surface de chauffe, et peut développer 5.500 kilogrammètres.

Elle pèse donc 309 kilos par mètre carré de surface de chauffe, et chaque mètre carré de cette surface correspond à 3,5 chevaux vapeurs.

La machine n'est pas surmenée et travaille dans des conditions très normales.

Les expériences récentes faites à la Compagnie d'Orléans ont montré qu'une machine à voyageurs développait en bon service normal 3 chev. 67 par mètre carré de surface de chauffe [1].

51. Consommation de combustible. — Les données sur ce point sont très rares et ne fournissent que des indications sans valeur au point de vue général.

Cette quantité varie évidemment d'une ligne à l'autre.

D'après M. Riggenbach, les machines de son système consommeraient de 2 k. à 2 k. 5 par heure et force de cheval.

Au Rigi, pour un train de 26 tonnes (machine comprise), la consommation était avec les machines à chaudière verticale de 28 k. 85 de charbon par train-kilomètre [2]; tandis que les machines de Blankenbourg à Tanne, pour des trains de 120 tonnes, ne consommeraient que 13 k. 7 par train-kilomètre [3] : et celles de St-Gall-Gais, 13 k. 59. Au chemin du Brünig la quantité de charbon brûlé par train-kilomètre est de 18 kil., à Langres la consommation atteindrait 40 kil.

La dépense en combustible par train-kilomètre était au

(1) Compte-rendu de la Société des Ingénieurs civils, 10 juin 1890. Durand et Lencauchez.

(2) Abt. *Die drei Rigibahnen*.

(3) *Revue technique de l'Exposition*, p. 146.

Rigi de 0 fr. 90 pour l'année 1880. Sur les lignes normales des grands réseaux, cette dépense varie en général de 0 fr. 30 à 0 fr. 40 par train-kilomètre.

Mais il faut bien avoir présent à l'esprit que les pentes du Rigi atteignent 0 m. 250 par mètre, tandis que sur les lignes ordinaires les pentes ne peuvent guère dépasser 0 m. 025 par mètre, c'est-à-dire que, toutes choses égales d'ailleurs, le développement de ces dernières est au moins 10 fois plus grand que celui des lignes à crémaillères.

52. Chaudières. — Le point caractéristique des chaudières des locomotives à crémaillère, c'est surtout la faible longueur des tubes, et par suite la grande surface de chauffe directe par rapport à la surface totale.

Tandis que les tubes des machines ordinaires ont de 4 m. à 5 m., les machines destinées aux lignes à crémaillère ont des tubes de 2 m. à 2 m. 50, ce qui contribue à augmenter la dépense en combustible. Mais sur de pareilles lignes, il faut évidemment tout sacrifier à la légèreté.

Avec des profils aussi accidentés, la variation du niveau du plan d'eau dans la chaudière peut être considérable. Les indications du niveau sont absolument faussées, et en passant d'une déclivité à une autre, on serait exposé à avoir un coup de feu si des précautions spéciales n'étaient prises. Il ne suffit pas, comme pour les machines ordinaires destinées aux fortes rampes, de donner une pente vers l'arrière au ciel du foyer, on a recours à un artifice particulier : l'axe de la chaudière n'est pas horizontal quand la machine est en palier, mais quand cette machine est placée sur une déclivité représentant la moyenne des déclivités de la ligne, de façon à diminuer de moitié les oscillations du plan d'eau.

Si, par exemple, la pente maxima est de 0 m. 150 par mètre, et que la chaudière ait une longueur totale intérieure de 2 m. 50, en passant d'un palier à une rampe de 0 m. 150 les indications du niveau seraient faussées de 0 m. 375; si, au contraire, l'axe de la chaudière est horizontal sur une déclivité de 0 m. 075 par exemple, les indications seraient erronées de la moitié seulement, soit de 0 m. 188. Seulement l'erreur est la même, en sens inverse, en palier : l'eau s'accumule vers l'arrière de la machine dans les rampes, et vers l'avant dans les pentes.

Ce fait exige évidemment une attention soutenue de la part du machiniste sur ces lignes à fortes pentes; c'est un point délicat auquel il faut donner toute l'attention nécessaire.

Le diamètre des chaudières de ces machines peut être assez grand, car les roues ayant un faible diamètre, on n'est pas limité par la nécessité de se tenir entre leurs faces internes.

On adopte à cet égard les dimensions ordinaires usitées pour toutes les machines, suivant les conditions où elles se trouvent.

Le timbre de la chaudière est toujours très élevé ; en général on adopte une pression de 10 à 12 kilos par cent. q., afin d'améliorer le rendement autant que faire se peut.

Il importe aussi, pour conserver aux machines toute leur puissance, d'avoir de la vapeur aussi sèche que possible. Aussi a-t-on imaginé une série de dispositions en vue d'obtenir ce résultat ; tuyaux persillés, réchauffeurs, etc., etc. Nous ne donnerons pas le détail de ces appareils, n'étant pas renseignés sur leur efficacité.

Voici la disposition suivie au Rigi, et en général pour toutes les machines type Riggenbach.

Le tuyau de prise de vapeur va extérieurement du dôme de prise au dôme des soupapes. C'est là que se trouve le régulateur, constitué par une valve plate mue par une tringle de manœuvre. Cette tringle traverse le tuyau de vapeur par des presse-étoupes.

Pendant le trajet dans ce tube, l'eau en suspension dans la vapeur a une tendance à se déposer sur les parois du tube.

Passons maintenant à la description des organes moteurs des machines à crémaillère, et examinons avec quelque détail le mécanisme denté.

§ 3

DÉTAILS DE CONSTRUCTION DU MÉCANISME A CRÉMAILLÈRE. ROUES DENTÉES

53. Roues dentées système Riggenbach. — Profil des dents. — Usure. — Ces roues sont en acier; les dents sont faites à la fraise, dans une couronne pleine, dont l'épaisseur est en général de 100 mm.

Le tracé adopté pour les dents est un tracé par développantes de cercle. Nous avons déjà dit l'avantage de ce tracé : c'est que la profondeur de l'engrènement peut varier légèrement, sans que l'on ait à craindre des irrégularités dans la marche de la roue dentée.

On sait en effet, que dans ce système de denture, l'une des roues peut engrener avec plusieurs autres de rayons différant peu du rayon primitif.

Le contact a lieu successivement en tous les points du profil, ce qui assure une plus grande régularité d'usure.

Enfin, le tracé des profils assignant aux dents l'épaisseur maxima à la base, ces dents sont bien constituées et résistantes.

Le profil conjugué pour la crémaillère donne des droites, comme nous l'avons vu.

Nous avons déjà fait remarquer que sur la ligne d'Ostermundigen, on avait adopté une denture à fuseaux, donnant pour le profil conjugué des arcs de cercle, ce qui a permis pour les barreaux de la crémaillère l'emploi de fer rond.

Mais l'essai n'a pas été heureux [1], l'usure des dents a été notablement plus forte qu'avec le tracé par développantes.

On sait du reste que dans l'engrenage à lanterne, le point de contact sur une dent varie peu de position pendant toute la durée du contact; l'usure en ce point est donc très considérable, puisqu'elle ne se répartit pas sur le profil de la dent.

Nous insistons à dessein sur ce point, parce que quelques ingénieurs pourraient être tentés, pour simplifier la construction des crémaillères, de songer à l'emploi des fers ronds pour les barreaux. Il est bon de bien faire connaître les défauts de cette disposition, et d'indiquer aussi que l'essai pratique fait dans ce sens n'a pas été heureux.

Les dents étaient terminées autrefois à leur extrémité par une ligne droite. Mais, au bout d'un certain temps, il se formait aux angles une sorte de bourrelet tranchant qui laissait son empreinte sur les dents de la crémaillère. Pour éviter cet inconvénient, on termine aujourd'hui l'extrémité des dents par un arc de cercle.

Les dimensions des dents se calculent en les considérant comme des solides d'égale résistance, encastrés à une extrémité et chargés à l'autre [1].

(1) R. Abt, *Die drei Rigibahnen*.

Soient P la pression totale de la dent ;
a la grosseur de la dent à la racine ;
b la largeur en couronne ou l'épaisseur de la roue dentée ; l la hauteur des dents.

Si l'on considère la dent comme encastrée à la base, la section dangereuse se trouve en cet endroit. Le moment résistant de cette section $\frac{I}{v}$ est égale à $\frac{1}{6}ab^2$,

$M=R\frac{I}{v}$; mais $M=P\times l$, donc $P\times l=R\times\frac{1}{6}ab^2$; d'où $R=\frac{6Pl}{ab^2}$.

Par exemple, soit P = 6.000 kil.
$l = 57$ mm.
$b = 102$
$a = 52$

On trouve R = 7 k. 4. Pour avoir toute sécurité, ces dent sont fraisées dans un acier ayant une résistance d'au moins 80 kilogr. par mm. q., de façon que l'effort de rupture soit supérieur à 10 fois l'effort supporté en service normal.

La section droite de la dent, calculée comme solide d'égale résistance, aura un profil parabolique déterminé par l'équation $y^2=\frac{h^2x}{l}$. x variant de 0 à l.

Des expériences intéressantes ont été faites au sujet de l'usure des dents. M. Abt les résume ainsi :

Pour une locomotive développant un effort tangentiel de 6.000 kilogr., on doit prendre comme usure normale 0 mm. 000000957 par contact de la dent. Pour une roue motrice de 1 m. 05 de diamètre, de 33 dents et de 100 mm. de pas, on peut admettre une usure de 6 mm., et la dent aura parcouru à ce moment :

$$3\text{ m. }3\times\frac{6}{0{,}000.000.957}=20.689\text{ kilomètres.}$$

(1) Id., Heusinger von Waldegg. *Handbuch fur speciele Eisenbahn Technick*, page 429.

Au Drachenfels, après un parcours de 6.400 kilom., on a constaté une usure de 1 mm.

L'usure la plus forte constatée au Vitznau-Rigi a été de 6 mm. 4 après un parcours de 12.574 kilomètres, soit 0 mm. 00051 par kilomètre parcouru.

Pour la ligne d'Arth-Rigi, où la pression des dents s'élève à 6.400 kilogrammes, l'usure a été plus forte, et sur la ligne d'Ostermundigen l'usure a été de 0,000.001.175 par contact. Cette usure, sensiblement plus forte que sur les autres lignes, tient sans doute à l'emploi de la denture à fuseaux.

Aussi on peut compter en général qu'une roue dentée des dimensions indiquées peut fournir un trajet de 20.000 kilomètres.

Toutefois, il faut s'assurer assez fréquemment de l'usure du profil des roues dentées, car c'est une question de sécurité primordiale sur une semblable ligne.

En comparant le profil de la roue en service au profil de la roue neuve, on verra de quelle quantité la dent a été affaiblie par l'usage.

Inutile de faire remarquer que le métal de la roue doit être en acier trempé dur et résistant.

Lorsque la machine gravit une pente, il n'y a qu'un seul côté des flancs de chaque dent qui travaille ; mais à la descente, lorsque la roue dentée agit comme frein, c'est l'autre flanc de la roue dentée qui agit sur le flanc correspondant d'une dent de la crémaillère pour retenir le train descendant.

Au bout d'un certain temps, un côté des dents a subi une certaine usure, et les flancs opposés ont nécessairement éprouvé une usure moindre. On enlève alors l'essieu et on le remet en place en le retournant de 180°, de façon à faire travailler les flancs qui n'ont pas encore servi dans la montée.

La figure 66 montre une dent des roues motrices Vitznau-Rigi ; le trait continu indique l'usure du flanc droit après un parcours de 10.000 kilom., et le trait . — . — . — l'autre flanc de la roue après un parcours de 3.600 kilom.

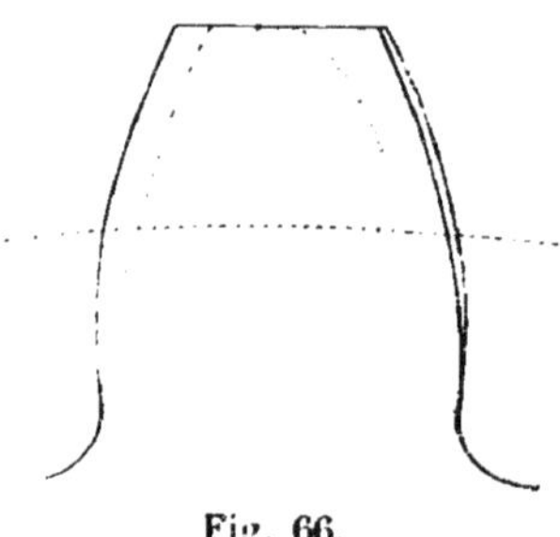

Fig. 66.

Le profil pointillé indique la limite admissible sans risques pour la sécurité du service.

La figure 66 montre que l'usure a lieu parallèlement au profil normal jusqu'à un degré assez avancé. Au-delà, le profil, en se démaigrissant, ne reste plus semblable à lui-même.

Il doit évidemment résulter de ce fait des irrégularités et des à-coups dans la marche de la machine, puisque le pas théorique est altéré, et qu'il reste un jeu notable entre les flancs des dents de la roue et de la crémaillère.

Il semble donc qu'il n'y aurait pas lieu de pousser très loin l'usure des roues dentées, non pas au point de vue seulement de la résistance, mais aussi sous le rapport de la régularité et de la douceur du mouvement.

Nous avons déjà dit plus haut que l'usure des dents de la crémaillère est insensible. Pour produire par contact avec la roue dentée une usure de 1 mm., il faudrait le passage de 1.111.111 trains.

Les roues dentées de la transmission doivent aussi faire l'objet d'examens fréquents et soigneux.

On a constaté pour les machines du Rigi que la plus petite des roues dentées de la transmission pouvait faire à peu près le même service que la roue dentée motrice, tandis que la plus grande pouvait avoir une durée double [1].

Prix de revient. — Les machines à crémaillère coûtent assez notablement plus cher que les machines ordinaires, à cause du mécanisme denté.

Leur prix moyen variable suivant le poids total, est d'environ 2 fr. le kilogramme à l'usine. Les machines du chemin de Langres pèsant 16 t. à vide ont coûté rendues sur place 2 fr. 20 le kilog.

Les machines de la ligne de Blankenbourg à Tanne sont revenues à 1 fr. 50 le kilog.; mais leur tare vide est de 47 t. 5.

Suivant Heusinger von Waldegg, la roue dentée montée sur son axe coûte 2.500 fr. et peut parcourir 30.000 kilomètres. Les quatre roues dentées de la transmission coûtent 5.100 fr. et peuvent parcourir 50.000 kilomètres.

54. Roues dentées, système Abt. — Ce que nous avons dit du tracé des dents s'applique aussi bien aux roues du système Abt qu'à celles du système Riggenbach.

Comme la crémaillère Abt se compose de plusieurs lames parallèles, chacune de ces lames est parcourue par une roue dentée ; mais l'ensemble des roues dentées forme un tout solidaire. Des ressorts permettent seulement un certain jeu, ainsi qu'il a été expliqué en détail au n° 47 à propos des machines du Harz.

L'épaisseur de chaque disque denté, égal à l'écarte-

(1) Heusinger von Waldegg, page 432.

ment d'axe en axe des lames de crémaillère, est ordinairement de 55 mm.

Pour se rendre compte de l'engrènement, M. Schneider, directeur des chemins de fer du Brunzwick, a fait faire des expériences sur la ligne du Harz, en 1889.

A cet effet, on avait enduit de peinture les dents d'une portion de crémaillère, comprenant un ensemble de 10 dents sur chacune des 3 lames de la crémaillère, de façon à bien constater l'engrènement [1].

Voici les résultats des expériences (déclivité de 60 mm.):

1° Train descendant, courbe de 280 m.

Les dix dents de chaque lame ont engrené ;

2° Train descendant en alignement, même résultat;

3° Train montant, courbe de 280 m.

Les deux dernières dents de la lame gauche et la huitième dent de droite n'ont pas engrené ; les autres ont engrené ;

4° Train montant en alignement. Toutes les dents ont engrené ;

5° Train montant, courbe de 300 m., même résultat.

Les dents des roues de la ligne du Harz ont présenté, au bout de quatre ans, une usure de 4 mm. sur chaque flanc.

Les roues présentent à l'état neuf une épaisseur de 58 mm. à la circonférence primitive, et cette épaisseur peut, sans compromettre la sécurité, être réduite à 40 mm.; elles pourront donc servir pendant 10 ans.

On voit que les deux flancs des roues s'usent uniformément au chemin de fer du Harz. Il paraît étrange que les flancs travaillant à la montée ne s'usent pas plus que ceux servant seulement à retenir le train à la descente.

(1) *Revue technique de l'Exposition*, Vigreux et Lopé, 5e partie, p. 140.

Mais il faut remarquer qu'au Harz, la répartition des pentes et rampes est sensiblement la même quel que soit le sens du du trajet. De plus une partie seulement des wagons et voitures n'ont pas de freins à crémaillère ; par suite, à la descente, la machine retient une très grande partie du poids total du train à l'aide de son frein à air comprimé.

Nous avons constaté nettement cette différence d'usure des deux flancs de chaque dent de la roue motrice sur les machines du chemin de Langres.

La profondeur d'engrènement des roues dentées du système Abt est assez faible, comparée au système Riggenbach. Aussi est-ce avec raison que l'on a toujours soustrait l'arbre portant les roues motrices aux effets des oscillations des ressorts.

Le pas adopté généralement pour une crémaillère à 3 lames est de 120 mm. Comme il y a toujours sur chacune d'elles au moins une dent en contact, il y a un engrènement tous les 40 mm.

55. Frottement des roues d'engrenages et de la roue dentée motrice, et de la roue motrice avec la crémaillère. — Les roues d'engrenages de la transmission ne donnent pas lieu à des remarques particulières.

Mais, comme on pourrait attribuer aux frottements des valeurs exagérées, nous allons évaluer le travail perdu par le frottement des roues d'engrenages entre elles, et celui de la roue dentée motrice contre la crémaillère.

Nous appliquerons la formule de Redtenbacher pour deux roues dentées.

$$\frac{F}{Q} = \frac{1}{2} ft \left(\frac{1}{R} + \frac{1}{r}\right) \qquad (1)$$

ou F est l'effort absorbé par le frottement

Q la pression sur les dents des roues en contact
f le coefficient de frottement
R et r les rayons de chaque roue
t le pas.

Dans le cas d'une crémaillère, r est infini et l'on a :

$$\frac{F}{Q}=\frac{1}{2}\frac{ft}{R} \qquad (2)$$

Appliquons ces formules à la locomotive de Rorschach-Heiden. Chacune des roues dentées calées sur l'arbre portant la roue motrice engrenant avec la crémaillère, ont un diamètre de 890 mm.; les petites roues dentées transmettant le mouvement à celles-ci ont 372 mm. de diamètre, et la roue dentée motrice a un diamètre de 1 m. 050.

La pression maxima sur les dents de cette dernière est de 5.600 kilog.

Donc, sur la dent de chaque roue dentée accolée à la roue motrice, s'exercera une pression de

$$\frac{5.600}{2}\times\frac{1.050}{890}=3.300 \text{ kg.}$$

Et entre les deux roues dentées intermédiaires, l'effort correspondant au frottement sera donné par la formule (1).

Ou $t=50$ mm. 8 et $f=\frac{1}{10}$.

$$F = 3.300\times\frac{1}{2}\times\frac{1}{10}\times 50,8\left(\frac{1}{415}+\frac{1}{186}\right) = 64 \text{ kil.}$$

L'effort correspondant au frottement de la roue motrice avec la crémaillère sera donnée par (2) :

$$F = 2.800\times\frac{1}{2}\times\frac{1}{10}\times\frac{50,8}{525} = 27 \text{ kil.}$$

L'effort total correspondant au frottement est donc de

27 + 64 = 91 kilog. pour une pression utile sur la crémaillère de 2.800 kg. soit 3,24 0/0.

La perte due aux frottements du système denté est donc assez faible, au moins théoriquement.

En pratique, l'usure des pièces et les jeux doivent évidemment l'augmenter dans une certaine mesure.

§ 4.

CALCULS DE TRACTION. — EFFET UTILE. — FREINS. — FRAIS DE TRACTION. — MATÉRIEL ROULANT.

56. Calculs de traction. — Effet utile. — *Détermination des dimensions principales d'une machine mixte pour chemins à crémaillère.*

Supposons une machine destinée à remorquer un train de 14 tonnes sur une rampe de 150 mm. à la vitesse de 7 k. à l'heure dans les sections à crémaillère ; et supposons que cette même machine doive remorquer le même train de 14 t. à la vitesse de 15 k. à l'heure dans les parties sans crémaillère en rampe de 50 mm.

Tout d'abord, le poids de la machine résulte de la condition de ne pas patiner dans les sections à adhérence.

En supposant que la machine vide pèse 14 tonnes, et en service en moyenne 15,500 kilos, calculons l'effort de traction dans les parties en rampe de 150 mm.

Résistance de la machine	10 kilos par tonne		155
— du train	3 —	—	42
			197 k.

Effort dû à la gravité 150 kilogr. par tonne

Soit $(14 + 15,5) \times 150 = 29,5 \times 150 = 4425$

4617 k.

Frottement des engrenages de la roue dentée. Soit $\frac{1}{5}$ 923

5540 k.

A la vitesse de 7 k. à l'heure ou 1 m. 94 par seconde, cela représente un travail en kilogrammètres de $5540 \times 1,94 = 10.738$ k.g.m.t. ou 143,4 chevaux-vapeur.

Supposons une machine mixte, type Riggenbach, pesant 345 kilogr. (type de Langres) par m. q. de surface de chauffe, et admettons 3 chevaux-vapeur et demi par m. q. de surface de chauffe. La machine étudiée devra avoir $\frac{143,4}{8,5} = 41$ m. q. de surface de chauffe et pèsera, vide, $41 \times 345 = 14,145$ kilogr. soit en nombre rond 14 tonnes.

Dans les parties exploitées par adhérence, et en rampe de 50 mm.

l'effort de traction s'établira ainsi Résistance du train et de la machine	machine	$10 \times 15,5 =$	155
	train	3×14	42
			197 kilog.
Effort dû à la gravité		29 t. $5 \times 50 =$	1475
		Total	1672 k.

Le poids de la machine dans des conditions moyennes de service étant de 15.500 kilogr., le coefficient d'adhérence pourrait s'abaisser au $\frac{1}{9}$ sans que la machine courût le risque de patiner ; la sécurité est donc complète de ce côté.

On voit toutefois que l'on ne pourrait remorquer avec sécurité une charge plus considérable.

Nous avons déjà dit, du reste, que sur une rampe de 50 mm., une machine ne pouvait sans être exposée à des patinages remorquer un train d'un poids plus considérable que le sien.

Suivant M. Riggenbach, ses machines, sur une rampe de 15 0/0 pourraient traîner, à la vitesse de 7 k. à l'heure, un train pesant 1 fois et demie leur propre poids ; c'est-à-dire qu'une machine de 14 tonnes pourrait remorquer un train de 21 tonnes. Un pareil effet utile n'est guère réalisé pratiquement.

Ce résultat ne peut du reste être obtenu que si la machine n'est pas exposée à patiner dans les sections à adhérence ; on est donc amené à réduire l'inclinaison de celles-ci.

Dans les machines à deux mécanismes distincts ; il y a deux efforts de traction à calculer.

L'effort de traction du mécanisme à adhérence, et celui du mécanisme denté.

Il est prudent de calculer les dimensions du mécanisme denté comme devant au besoin être capable de remorquer le train à lui seul ; bien que le mécanisme à adhérence doive toujours fonctionner. Mais il faut prévoir le cas où ce dernier viendrait à être inutilisé par suite de patinage.

Pour fixer les idées, indiquons la valeur de l'effort de traction pour quelques machines de lignes à crémaillère.

Les machines du Harz peuvent développer un effort de traction de 12.600 kilog.

Pour la ligne de Viège-Zermatt, dans les sections à adhérence, les machines peuvent développer au crochet de traction un effort net de 3 à 4.000 kilogrammes.

Pour les machines de Diacophto à Kalavrita, l'effort de traction d'adhérence calculé par la formule $\frac{0,65\,pd^2l}{D}$ est de 2.540 kilogr.

L'effort du mécanisme à crémaillère calculé par la même formule est de 2.900 kilogr.

Les machines du Mont-Pilate peuvent développer un effort de traction total de 5.500 kilogr.

Au Vitznau-Rigi, la machine peut développer à la circonférence de la roue dentée un effort de 5.400 kilogr.

Effet utile. — Le tableau ci-dessous indique l'effet utile des divers types de machines à crémaillère. On voit que la machine du Rigi remorque un train dont le poids représente 60 0/0 du poids de la machine.

Sur la ligne du Hoellenthal, la charge trainée atteint 2,4 fois le poids de la machine.

Effet utile des locomotives à crémaillère

DESIGNATION des LIGNES	Poids de la machine en service	Poids du train remorqué	Déclivités maxima	Rapport du poids du train au poids de la machine	Vitesse de marche en kilomètres à l'heure
	T.	T.	m/m		
Vitznau-Rigi	17,	10	250	0,6	5
Langres	15, 6	12, 5	172	0,8	10
Brünig	22	30	120	1,4	13
Viège-Zermatt	29	50	120	1,7	8
Harz	57	125	60	2,2	10
Hœllenthal	42, 4	100	55	2,4	10
Locomotives à adhérence					
Machines de rampes P.-L.-M. avec tender.	80	77	30	0,96	15
Machines tender de Riom Volvic	23	50	36	2,2	12

Or pour les machines à adhérence le résultat du Hoellenhtal n'est pas atteint même avec des rampes de 35 mm., tandis qu'au Hoellenthal les rampes vont jusqu'à 55 mm.

Ce tableau montre clairement l'infériorité des machines à adhérence sur les rampes de 30 mm. et au-dessus.

67. Freins. — Organes de sécurité des machines. — Sur ces lignes à fortes pentes les freins ont une importance exceptionnelle ; ils doivent être simples, puissants, et absolument sûrs.

Les plus employés sont le frein de friction et le frein à air comprimé.

Nous avons déjà décrit, à propos de la machine du Rigi, ces deux systèmes de freins (n° 44).

La fig. 50 indique le frein de friction servant à ralentir le mouvement de la roue dentée à la descente en crémaillère, et à arrêter au besoin.

La fig. 51 indique également les dispositions générales du frein à air comprimé Riggenbach. C'est un emploi du mécanisme moteur fort ingénieux, permettant de descendre avec une sécurité absolue les pentes les plus raides. En fermant le robinet d'évacuation de l'air comprimé par le piston. on peut arrêter le train presqu'instantanément.

Ainsi que nous l'avons dit, outre les freins, sur les lignes très accidentées, là où les ouragans pourraient renverser les véhicules, on se sert de la crémaillère pour empêcher cet effet.

Au Rigi une sorte de griffe ou d'ancre peut courir sous les ailes supérieures des montants verticaux de la crémaillère. Si le véhicule tendait a été renversé, le grappin en buttant sous l'aile de la crémaillère, arrêterait le mouvement de bascule du véhicule (voir fig. 50).

Au Mont-Pilate une disposition analogue a été adoptée, nous en avons parlé à propos de la description de cette machine (voir au n° 44).

A cause des déclivités si fortes du chemin du Pilate, outre les freins de friction agissant sur les roues dentées, et le frein à air, on a imaginé une troisième sorte de frein à commande automatique.

Ce frein agit sur les roues dentées, automatiquement,

quand la vitesse du véhicule dépasse 1 m. 30 par seconde.

Les détails de construction de ce frein automatique sont assez compliqués ; on en trouvera la description complète dans la *Revue technique de l'Exposition de 1889*, par M. Vigreux, 5e partie, 1er fascicule, n° 16, juillet 1890. (Bernard et Cie, éditeurs, Paris).

58. Frais de traction. — Les dépenses de traction sur les lignes à crémaillère sont forcément très élevées, à cause de la grande consommation de combustible, nécessitée par le travail considérable accompli sur la totalité de la ligne, et aussi à cause de la faiblesse des charges remorquées, de l'exploitation souvent discontinue de la ligne, etc., etc.

Ainsi en 1880 les dépenses d'exploitation du Rigi (1) se sont élevées à 196.871 fr., dont 58.956 fr. 89 pour le service de la traction, se décomposant ainsi :

Traction proprement dite :

Personnel durant l'exploitation	22.273 fr.	60	
Combustible	14.551	51	
Graissage des machines et voitures	3.781	89	
Graissage de la crémaillère	797		
			41.404

Entretien du matériel :

Personnel en hiver	9.330 fr.	55	
Entretien des machines	6.916	53	
Entretien des voitures	257	90	
Divers	1.047	91	
			17.552.89
		Total	58.956.89

(1) Compte-rendu de la Société des Ingénieurs civils, janvier 1881.

Or le nombre des trains a été de 2.546, ayant parcouru ensemble un total de 17.187 kilomètres.

Les dépenses de traction par train-kilomètre sont donc de $\frac{58.956,89}{17.187} = 3$ fr. 43.

Ces dépenses se sont élevées à 4 fr. 02 en 1882 et en 1875 elles avaient été de 4 fr 27.

La moyenne des dépenses de traction de 1881 à 1884 a été de 3 fr. 73 par train-kilomètre.

Au chemin du Mont-Pilate ces frais se sont élevés en 1889 à 3 fr. 45 par train-kilomètre.

Les dépenses de traction au Mont-Pilate se décomposent ainsi :

Personnel	22.484 fr.	99
Matériel des machines	25.296	28
Entretien et renouvellement des machines	5.300	35
Divers	757	95
Total	53.839 fr.	57

Pour le chemin mixte destiné au transport des minerais à Marienhütte, près Gölnitz, (Autriche) [1], les dépenses de traction se sont élevées en 1886 à 15635 fr. pour 8918 train s-kilomètre, soit 1 fr. 74 par train-kilomètre, ces dépenses se décomposent ainsi :

Graissage de la crémaillère	880 fr.
Charbon, matériel de graissage pour les machines et wagons	3.505
Salaires des mécaniciens, chauffeurs, conducteurs, garde-freins, surveillants de ligne	9.500
Réparations des machines et wagons	1.750
Total	15.635 fr.

(1) Zeitschrift, des Oesterreichischen Ingénieurs etc. 1887, 4e fascicule.

Nous avons choisi ces exemples parce qu'ils indiquent entre quelles limites peuvent varier les frais de traction par train-kilomètre sur les lignes à crémaillère : 1 fr. 75 à Marienhütte, 3 fr. 70 au Rigi. Ce sont des limites entre lesquelles la marge est grande.

Il est clair que sur un chemin mixte, comprenant de grandes sections à adhérence, les frais de traction sont beaucoup plus faibles que ceux du Rigi. Ainsi pour la ligne mixte de Blankenbourg à Tanne, la totalité des frais d'exploitation par train-kilomètre a été seulement de 2 fr. 29 en 1888.

L'importance du trafic, la longueur des sections à crémaillère, la longueur totale de la ligne, la hauteur rachetée. la durée de l'exploitation, sont autant d'éléments qui interviennent dans la question.

Mais on peut compter que le prix de traction par train kilomètre dans des circonstances très favorables ne s'abaissera guère au-dessous de 2 fr.; que dans des circonstances défavorables il atteindra environ 3 fr. 50.

Nous le répétons, ces chiffres ne sont que des moyennes très variables d'une ligne à l'autre ; nous les donnons seulement pour diminuer l'indétermination.

Au chemin de Langres on compte une dépense de 40 kilogr. de charbon par train-kilomètre (montée et descente). Au chemin du Brünig seulement 18 k. pas tout-à-fait la moitié.

Au chemin du Hoellenthal la dépense est d'environ 46 k. par kilomètre dans les sections à crémaillère.

Au chemin d'Arth-Rigi la consommation en charbon est de 19 k. 5 par train-kilomètre ; on dépense en outre 245 grammes d'huile pour la machine, et 107 grammes pour le graissage des roues dentées. Soit en tout 352 gr. d'huile par kilomètre parcouru par la machine.

A Vitznau-Rigi on brûle 28,8 kil. de charbon et on consomme 335 gr. d'huile par kilomètre.

Au Saint-Gall-Gais la consommation de combustible par train-kilomètre est de 13k,59.

Les frais de traction sur les lignes ordinaires des grandes compagnies s'élèvent à environ 1 fr. par train-kilomètre. Au Sœmmering, ils atteignent environ 1 fr.35. Les frais de traction sur les lignes à crémaillère sont donc de 2 à 4 fois plus élevés.

Mais il ne faut pas oublier que les pentes des lignes à crémaillère peuvent être dix fois plus raides que sur les lignes à adhérence, et que par suite leur longueur peut être dix fois plus petite.

Parmi les circonstances qui peuvent élever les frais de traction, nous citerons, pour les exploitations discontinues, la nécessité où l'on peut se trouver de payer une partie du personnel pendant l'hiver. Au Rigi, par exemple, les dépenses se trouvent augmentées d'environ $\frac{1}{6}$ par ce seul fait.

Malheureusement il est fort difficile d'avoir des renseignements précis sur les dépenses de traction. Souvent les comptes ne font pas ressortir clairement ces dépenses, ou la ligne à crémaillère est soudée à un réseau à adhérence, et les dépenses des deux lignes sont confondues sans distinction. Aussi il est bien difficile de donner des chiffres précis à cet égard.

59. Voitures et wagons. — *Divers types employés. — Nécessité de la réduction du poids mort. — Exemples. — Matériel américain. — Matériel ordinaire. — Voiture automobile du Mont-Pilate.* — Une des conditions les plus importantes que l'on doive chercher à réaliser pour les voitures destinées à ces lignes en forte pente, c'est la réduction du poids mort.

Le Rigi, où tout a été si bien étudié, nous offre encore un exemple utile à ce sujet. Le poids par place oc-

Matériel roulant

POIDS DES VOITURES PAR PLACE OFFERTE

DESIGNATION des LIGNES	Largeur de la voie	Tare à vide	Nombre de places	Poids mort par place	NATURE de la VOITURE	OBSERVATIONS
Vitznau-Rigi	1.435	3.990	54	74	ouverte	voiture à deux essieux, entrées latérales.
Arth Rigi	1.435	4.500	42	107	avec compartiment à bagages	Id.
Rorschach-Heiden	1.435	6.000	34	176	fermée	Id.
Id,	1.435	4.000	46	88	ouverte	Id.
Pilate	0.800	5.700	32	178	ouverte, automobile	voiture portée sur bogies.
Viège Zermatt	1.00	7.000	48	148	fermée	voiture à bogies avec couloir central, 2e classe.
Id.	1.00	6.000	56	107	ouverte	voiture à bogies avec couloir central, 3e classe.
Langres	1.00	4.300	30	143	fermée	voiture à deux essieux.
Id.	1.00	4.300	19	226	fermée avec compartiment à bagages	voiture à deux essieux, 4 places 1re classe, 15 places 2e classe.
Id.	1.00	3.900	38	102	ouverte	voiture à deux essieux.
Brünig	1.00	7.800	40	195	fermée	voiture à couloir central, portée par 3 essieux, dont l'un mobile.

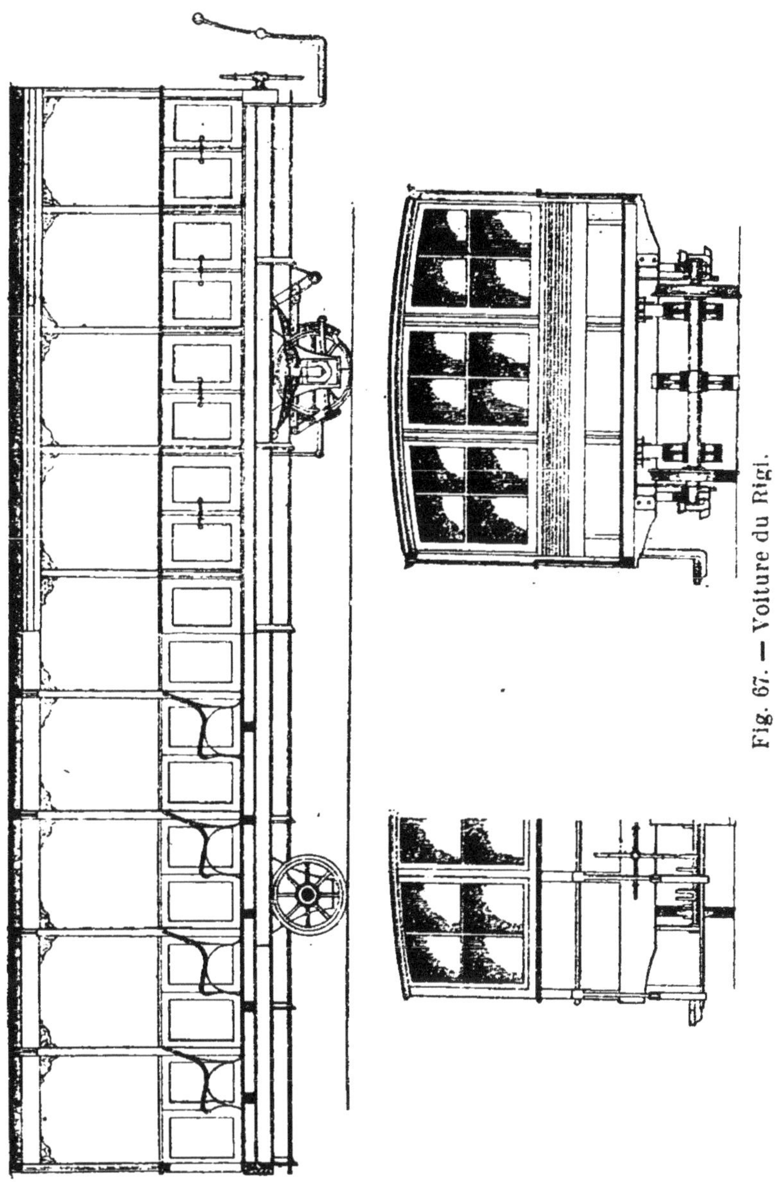

Fig. 67. — Voiture du Rigi.

cupée y est en effet très faible ; voici du reste un tableau indiquant quelques données à cet égard pour diverses lignes.

Comme on le voit, la voiture ouverte de Vitznau-Rigi est de beaucoup la plus légère ; il est juste d'ajouter que la largeur de voie adoptée (1 m. 435) permet une grande légèreté, eu égard au nombre des places offertes.

La fig. 67 indique l'élévation de la voiture du Rigi ; construite en vue de l'exploitation d'été, elle comporte 9 bancs de dix places, placés perpendiculairement à l'axe de la voie. Ces bancs sont en lattis avec dossier. La voiture est complètement ouverte, elle est protégée par un toit, et par deux verrières, formant panneau à l'avant et à l'arrière de la voiture.

Des jalousies ou des rideaux de cuir peuvent protéger les voyageurs sur les côtés.

La distance d'axe en axe des essieux est de 4 m. 20.

La caisse a 8 m. 72 de longueur, la largeur est de 3 m.

Outre ces dix grandes voitures il y en a deux plus petites à trente places pesant 88 kilog. par place offerte, soit 2640 kilog. à vide.

Les voitures de l'Arth-Rigi sont analogues. Seulement les machines ne comportant pas, comme à Vitznau d'espace réservé pour les bagages, on a dû ménager dans ces voitures un compartiment à bagages, ce qui les alourdit.

Les voitures ouvertes de Rorschach-Heiden sont tout à fait semblables à celles du Rigi ; mais, en vue de l'exploitation d'hiver on a aussi sur cette ligne quelques voitures fermées.

Au chemin de Langres à Langres-Marne, les voitures sont plus lourdes, elles ont 5 m. 85 de longueur totale, et sont portées par deux essieux distants de 2 m. 20 d'axe en axe.

La plus grande largeur de la caisse est de 2 m. 40 et la plus grande saillie en dehors des marchepieds est de 2 m. 75.

Le matériel comprend trois voitures d'hiver fermées pesant 4.300 kilog. et deux voitures ouvertes avec tenture et rideaux de cuir, pesant 3.900 kilog.

Voici le prix de revient de ces voitures :

Voitures fermées	Type n° 1 à 30 places, 3 compartiments de 2e cl..	6.250 fr.
	Type n° 2, 1 compartiment de 1re classe et 1 compartiment à bagages	6.850
	Type n° 3, 1 compartiment et demi de 1re classe et un demi compartiment de 2e classe	7.000
Voitures ouvertes	Type n° 4, 38 places de 2e classe	7.000
	Type n° 5, 4 places de 1re classe, 20 de 2e classe et 1 compartiment à bagages	7.000

Pour le matériel rigide, il importe de ne pas dépasser, même avec la voie de 1 m., une distance de 3 m. d'axe en axe des essieux de la voiture, si l'on veut se réserver la possibilité de passer sans inconvénient dans des courbes de 100 mètres de rayon. Encore faudra-t-il dans ce cas ménager un jeu suffisant entre les parois des boîtes à graisse et les plaques de garde du véhicule.

Pour pouvoir faire passer plus facilement les voitures dans les courbes de 60 m. on a, à Langres claveté seulement, l'une des deux roues sur l'essieu. L'autre roue tourne librement comme la roue d'une voiture ordinaire.

Matériel américain porté sur bogies. — Nous citerons, comme types de voitures sur bogies, les voitures de la ligne de Viège à Zermatt.

Ces voitures comportent un couloir central ; l'entrée se fait en bout par des plates formes avec escaliers.

Il y a des voitures de 2e et 3e classe, voici leurs principales dimensions:

		m.	
Caisse	Longueur totale	10	50
	Largeur extérieure	2	60
	Largeur maxima à la toiture	2	68
	Hauteur maxima au dessus du rail	3	155
	Flèche de la toiture	0	24
Chassis en fer	Longueur entre tampons	12	90
	Longueur du chassis	12	00
	Largeur intérieure entre longerons	1	60
Bogies	Ecartement d'axe en axe des bogies	8	00
	Entre axes des essieux	1	40

Le tableau ci-dessous résume les principales données de ces voitures :

Cette forme de voiture est évidemment très avantageuse : mais il convient de remarquer que la largeur de 2 m. 60 n'est pas autorisée en France pour les véhicules

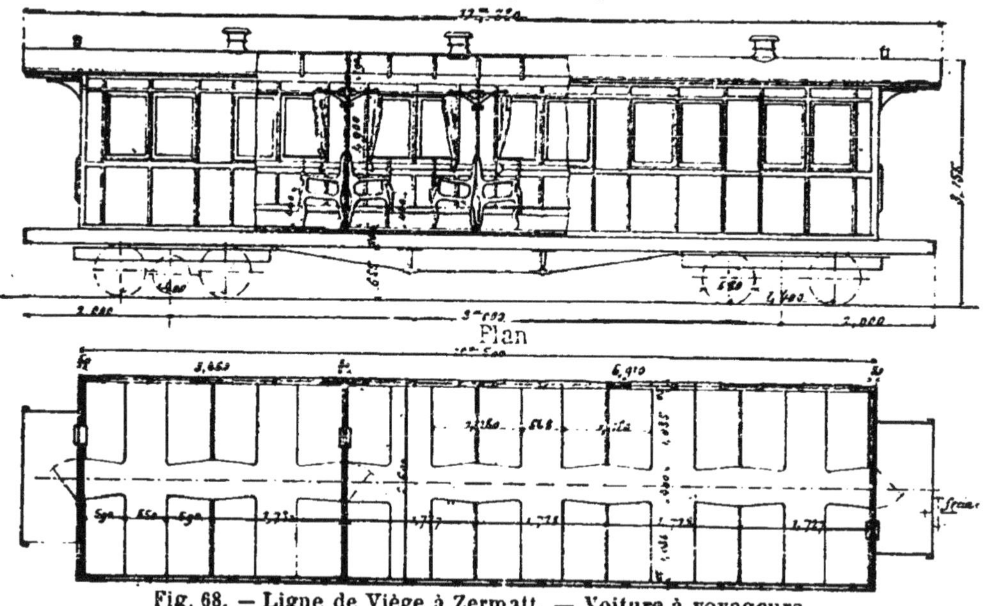

Fig. 68. — Ligne de Viège à Zermatt. — Voiture à voyageurs.

destinés à la voie de 1 m., cette largeur maxima étant fixée à 2 m. 50 par le cahier des charges type approuvé par décret du 6 août 1881.

Types	Nombre de voitures	Classe	Nombre de places	Poids à vide	Observations
1	2	II	48	7.000k	
2	2	II III	24 32 } 56	7.800	
3	3	II	16	8.000	avec compartiments pour les bagages et la poste.
4	4	III	56	7.500	
5	2	III	56	6.000	voiture ouverte.

Citons aussi les voitures fermées à couloir central de la ligne du Brünig. Ces voitures portées par trois essieux pèsent de 7t à 7t,8 à vide suivant les types et peuvent contenir de 24 à 40 voyageurs. Ces voitures sont extrêmement confortables et bien aménagées.

Les sièges sont formés par des chassis en bois sur lesquels on a fixé un cannage de rotins.

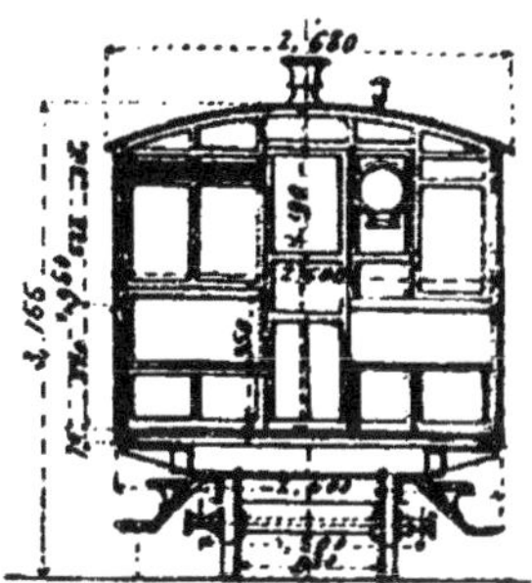

Fig. 69. — Ligne de Viège à Zermatt. — Voiture à voyageurs.

La fig. 68 reproduit la coupe longitudinale et le plan d'une voiture de 2e classe de la ligne de Viège à Zermatt, comptant 48 places, la figure 69 indique la coupe d'une voiture de 2e classe. Si l'on voulait adopter ces types en France il y aurait à réduire de 0 m. 10 la largeur des caisses.

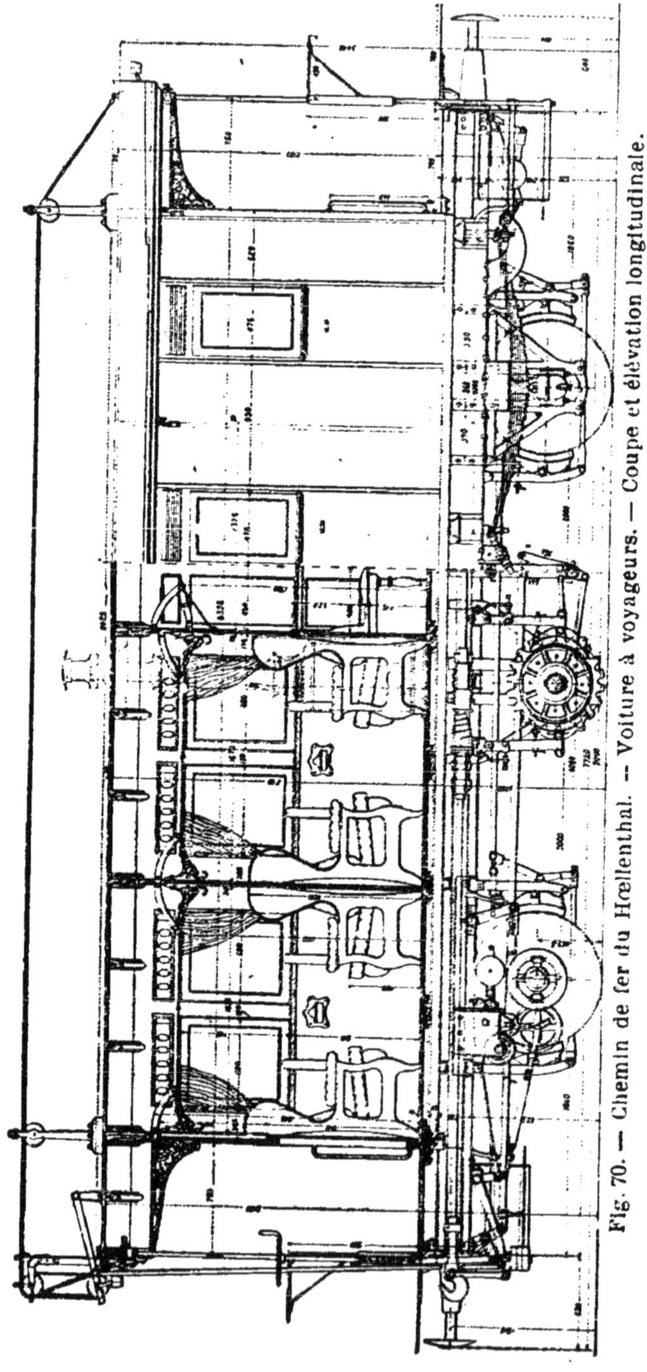

Fig. 70. — Chemin de fer du Hœllenthal. — Voiture à voyageurs. — Coupe et élévation longitudinale.

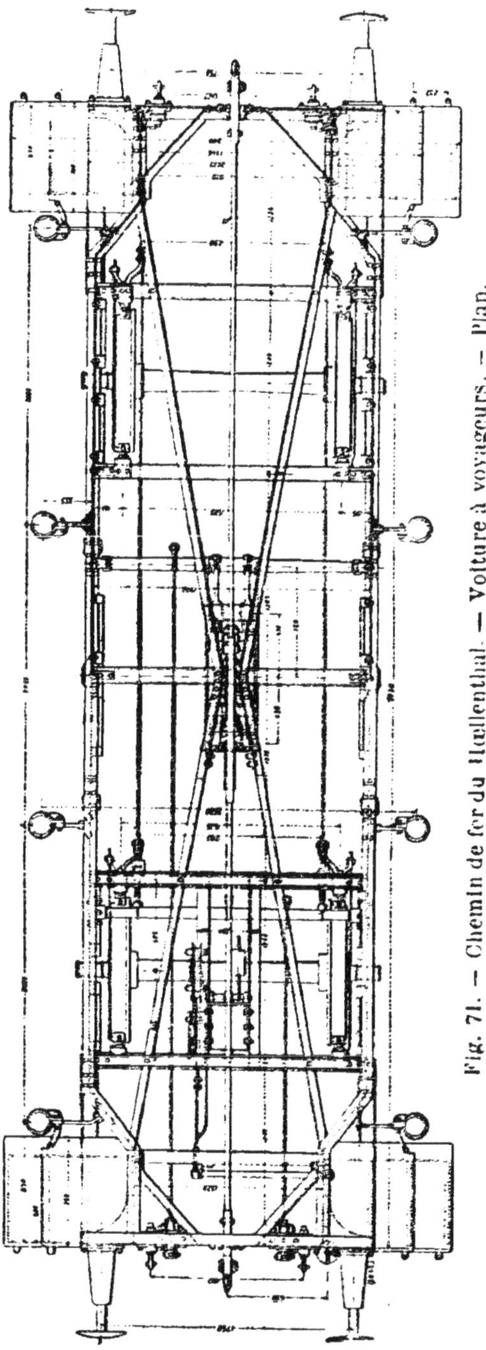

Fig. 71. — Chemin de fer du Hœllenthal. — Voiture à voyageurs. — Plan.

Chemin de fer du Hoellenthal. Voiture à voyageurs.

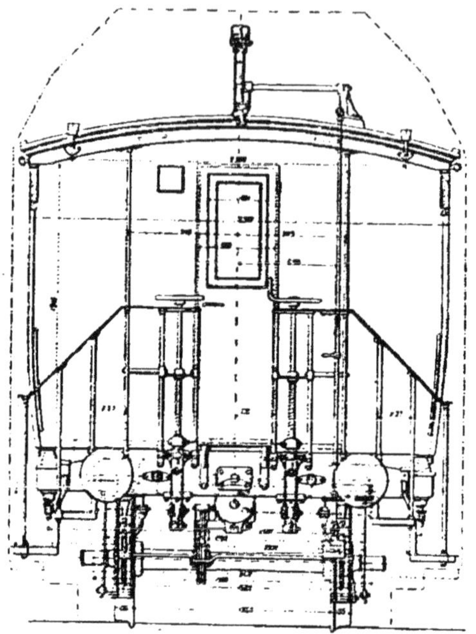

Fig. 72. — Vue par bout.

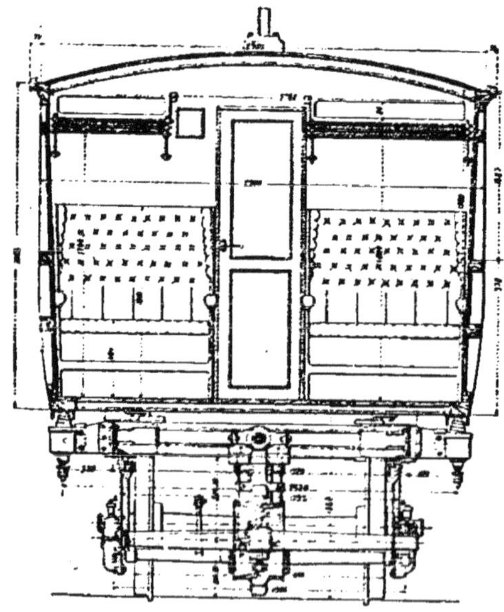

Fig. 73. — Coupe transversale.

Il convient de remarquer que le matériel adopté à Langres, matériel rigide, est aussi léger par rapport au poids utile que le matériel américain de la ligne de Viège à Zermatt. (Voir le tableau page 185).

Les figures 70, 71, 72, 73, que nous empruntons à l'Engineering du 27 février 1891 indiquent les principales dispositions d'une voiture du chemin du Hoellenthal qui est à voie normale.

Ces voitures contiennent de 32 à 45 places suivant qu'il s'agit de compartiments de 2e ou de 3e classe.

Le matériel est rigide et l'écartement des essieux est de 4 m. 25.

Quand il faut réduire le poids mort aux dernières limites, le trafic étant restreint, il y a lieu d'employer la voiture automobile. C'est ce que l'on a fait au Pilate. Nous avons déjà parlé de ces voitures au n° 44 en décrivant la machine.

Comme on l'a vu, un chassis porté par deux poutres distantes de 0 m. 720, reposant sur deux essieux distants de 6 m. 10, supporte à la fois la machine et la voiture. Cette dernière, située à l'avant du chassis, comporte quatre compartiments de huit places, et une plate-forme de manœuvre. Les planchers des compartiments et les sièges sont disposés en gradins, de façon que le voyageur ait un siège horizontal pour la pente moyenne. La voiture est ouverte latéralement comme le montre la fig. 74. Des rideaux permettent de se garantir latéralement de la pluie et du vent.

Le véhicule en charge, avec trente deux voyageurs, trois employés, et la machine approvisionnée, pèse 10.500 kilog.

Nous avons expliqué au n° 44 comment la stabilité de la voiture était assurée.

Wagons. — Les wagons destinés au transport des marchandises n'offrent pas sur les lignes à crémaillère

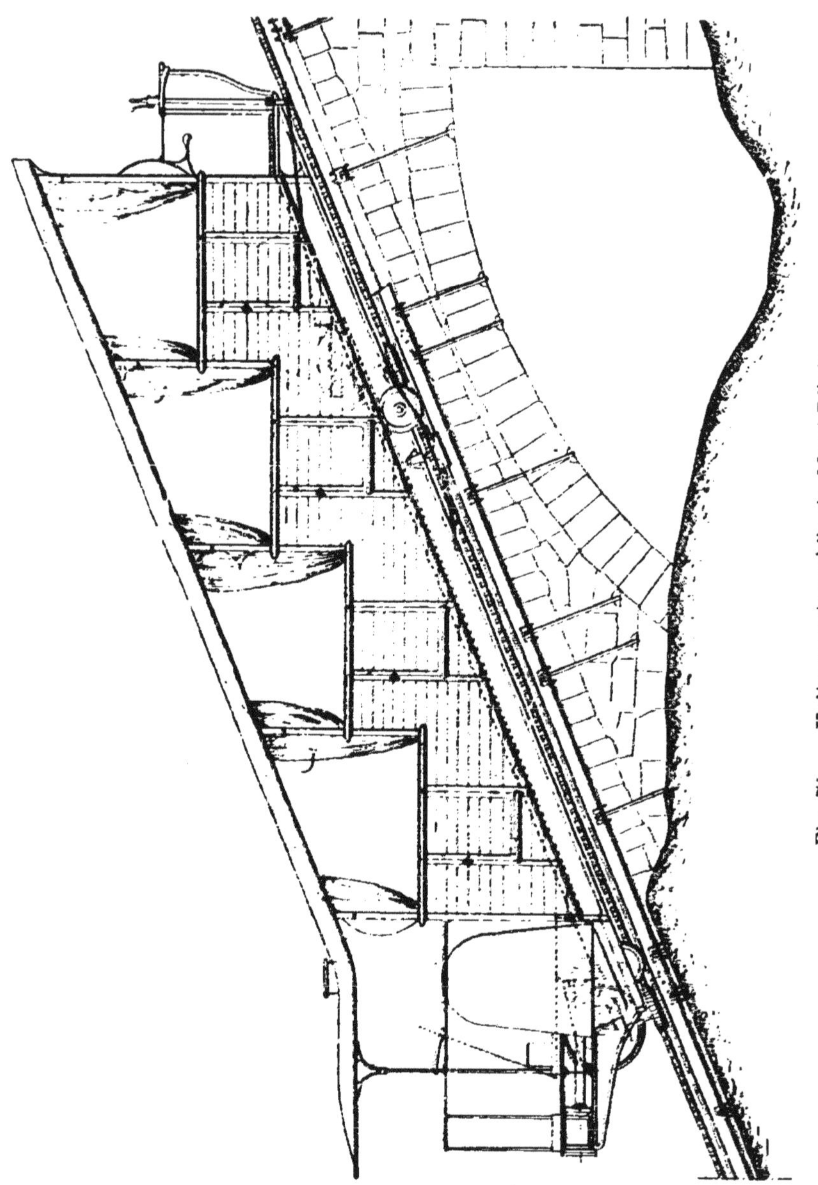

Fig. 74. — Voiture automobile du Mont-Pilate.

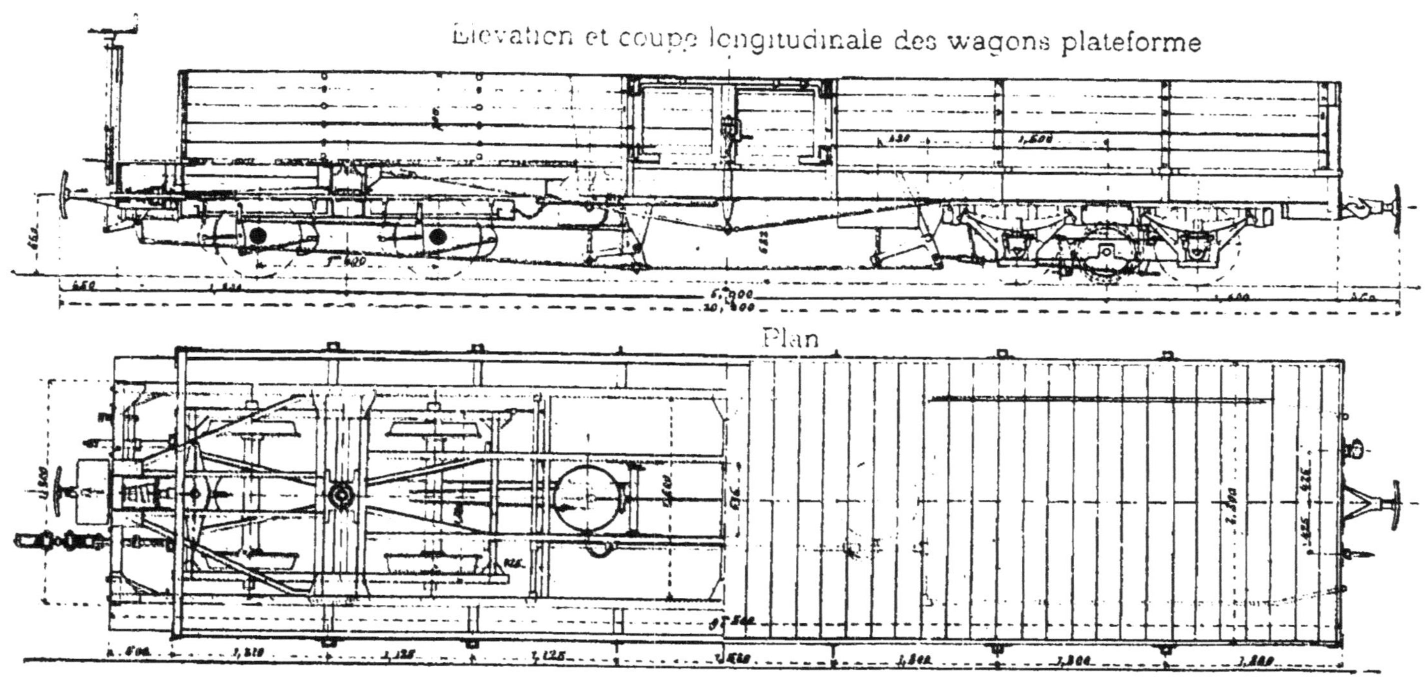

Fig. 75. — Ligne de Viège à Zermatt,

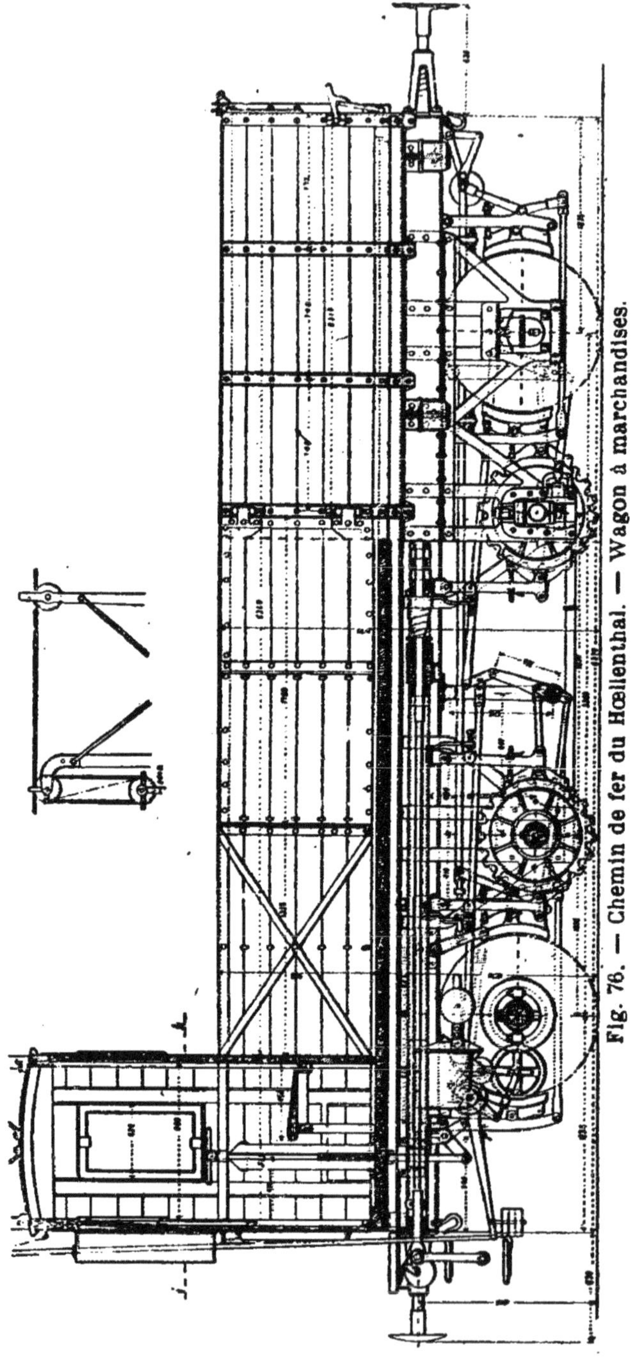

Fig. 76. — Chemin de fer du Hœllenthal. — Wagon à marchandises.

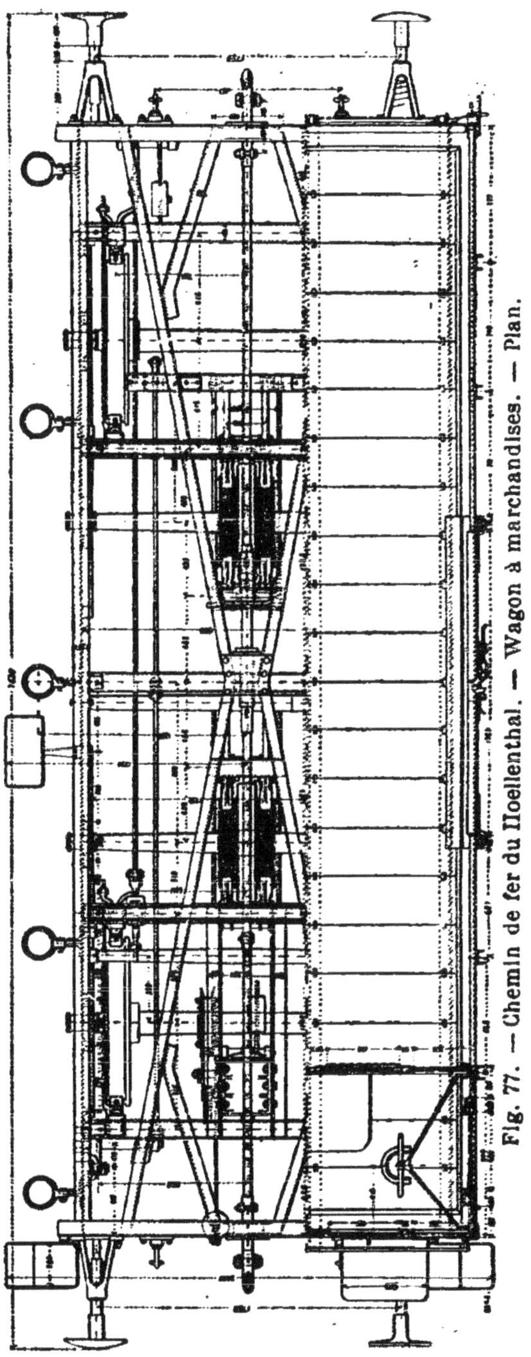

Fig. 77. — Chemin de fer du Hoellenthal. — Wagon à marchandises. — Plan.

de dispositions bien spéciales. Les besoins sont les mêmes que sur une ligne ordinaire, à l'exception des freins sur lesquels nous insistons un peu plus loin.

Les figures 75 indiquent le type de wagon découvert adopté sur les lignes de Viège Zermatt à voie de 1 m. (matériel américain). Les wagons à marchandises du chemin du Hoellenthal sont indiqués par les figures 76 et 77. On remarquera que ces wagons sont munis de deux roues dentées, portant chacune des poulies et un frein de friction. La raison en est que les wagons ordinaires des autres Compagnies circulant sur la ligne du Hoellenthal, ces wagons spéciaux doivent retenir à la descente de lourdes charges, et surtout pouvoir, étant placés en queue d'un train, s'opposer à une dérive possible en cas de rupture des attelages.

Chacun des essieux est en outre muni de freins à sabot.

60. Freins et organes de sécurité du matériel roulant. — Les freins ont une importance capitale sur les lignes à crémaillère ; mais les principes fondamentaux de l'exploitation de la ligne font varier dans chaque cas leur disposition et la façon de les manœuvrer.

Sur les lignes à très fortes pentes, comme au Mont-Pilate, au Rigi, etc., chaque véhicule doit pouvoir s'arrêter de lui-même, par lui-même, sur la pente la plus raide, sans le secours de la machine. Cette condition assure à l'exploitation une sécurité absolue. Par contre elle impose, soit un garde-frein par chaque voiture, soit un frein continu automatique agissant de lui-même en cas de rupture d'attelage.

Si les pentes de la ligne sont moins fortes, et les véhicules d'un train plus nombreux, on peut alors admettre dans un train des voitures ne comportant pas de freins (Chemins du Harz, du Hoellenthal).

Sur les lignes à crémaillère à fortes pentes, tous les

véhicules sont munis d'un frein de friction agissant sur une roue dentée engrenant avec la crémaillère.

Les fig, 70, 76, 77 et 78 indiquant les dispositions des wagons du Hoellenthal, montrent les poulies de friction fixées de part et d'autre de la roue dentée et les leviers de manœuvre.

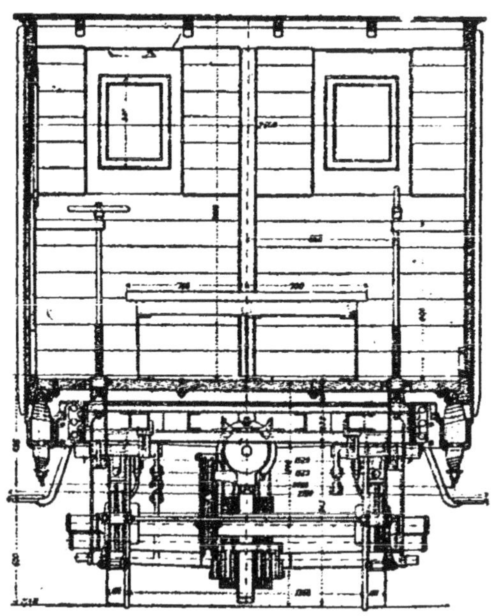

Fig. 78.
Chemin de fer du Hœllenthal. — Wagon à marchandises, vue par bout.

Au Rigi, à Langres, et en général quand le train ne comporte qu'une ou deux voitures, la manœuvre du frein se fait à la main. Quand le train comporte plusieurs voitures ou wagons (Brünig, Viége-Zermatt, Hoellenthal, etc., etc.) on emploie un frein automatique continu.

A Viège-Zermatt on emploie le frein continu à vide, système Hardy Smith ; ce frein est automatique, c'est-à-dire qu'il se serre de lui-même en cas de rupture d'attelage.

Au Brünig on emploie le frein à vapeur Klosé.

Ce frein tend toujours à être serré par de forts ressorts qui pressent sur les sabots de friction ; l'action de la vapeur sur de petits cylindres tend à opérer le desserrage. Quand on lâche la vapeur de la conduite, les ressorts agissent sur les sabots et le serrage se produit. Cette conduite de vapeur sert aussi en hiver au chauffage des voitures. Au Hoellenthal, on emploie un frein analogue au frein Héberlin essayé vers 1878 au chemin de fer d'Orléans, et abandonné maintenant sur ce réseau ; c'est le frein Schmidt. Le principe de ce frein est le suivant :

Une corde de manœuvre dont l'extrémité aboutit à portée du mécanicien va d'un bout à l'autre du train. Tant que la corde est tendue, les freins sont desserrés. Dès que la corde est lâche, les freins se serrent sous l'action d'un tambour de friction actionné par l'un des essieux du véhicule. Les figures 70, 76 et 77 indiquent l'ensemble de ce frein.

Le véhicule est muni de freins à sabots ordinaires, et d'un frein à friction agissant sur une roue dentée.

Chacun de ces deux systèmes de frein a une commande à main distincte, dont on voit la manivelle et le volant sur la plate-forme de manœuvre, fig. 72. Mais le frein à crémaillère est toujours manœuvré à la main.

La roue dentée est calée sur un essieu spécial ; à cause du grand écartement des essieux porteurs (4m.25) on a dû renoncer à faire porter l'axe de la roue dentée par un châssis s'appuyant sur les essieux ; il a fallu faire supporter cet axe directement par le châssis. Mais pour que l'engrènement de la roue soit toujours le même, il a fallu soustraire le châssis à l'action des ressorts de suspension. La fig. 79 indique la disposition employée.

La caisse de la voiture porte sur le châssis par l'intermédiaire de ressorts à spirale qui servent seuls en marche normale à adoucir l'effet des inégalités de la voie, (voir figure 73). Il y a bien cependant, des ressorts de suspension ; mais ils sont pour ainsi dire annulés en temps ordinaire, par une sorte de cale fixée entre le dessous du châssis et le dessus de la boîte à graisse. Ces ressorts n'entrent en jeu, qu'au cas où la voiture portant seulement sur trois roues, la quatrième tendrait à quitter le rail. Dans ce cas le ressort de cette dernière roue tend à la presser contre le rail de façon à empêcher tout déraillement, pouvant résulter d'un soulèvement.

Les rampes, au chemin du Hoellenthal, ne dépassant pas 55 mm., la moitié des véhicules d'un train est seule munie de freins.

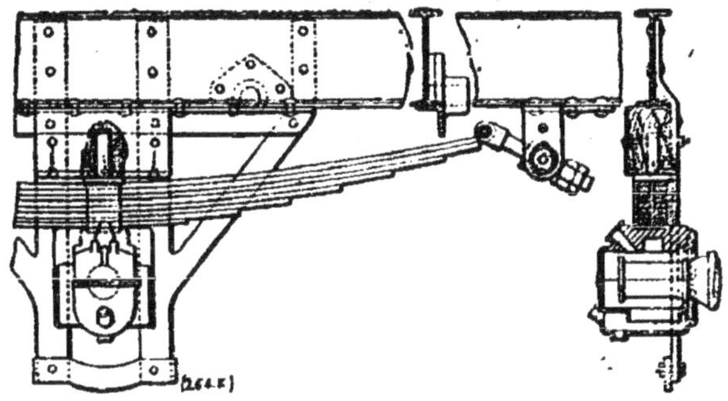

Fig. 79.

Le principal trafic du chemin du Hoellenthal étant le transport des bois de la Forêt Noire, on dut compter sur la présence constante dans les trains, de wagons accouplés supportant de longues pièces de bois.

Il n'eût pas été prudent de songer à faire refouler un semblable train ; aussi au Hoellenthal, la machine est-elle toujours en tête.

Pour éviter les dangers de trains en dérive, par suite d'une rupture d'attelage, on a soin de placer toujours en queue du train un véhicule à frein, de telle sorte qu'en cas de rupture d'attelage, la corde du frein Smith se cassant aussi, les freins se serrent immédiatement.

Le poids du train, non compris la machine, atteint 100 tonnes; on a constaté par des expériences que sur les rampes de 55 mm. deux roues dentées étaient suffisantes pour arrêter un train en cas de rupture d'attelage.

A Viège-Zermatt la machine est également toujours en tête du train.

On a adopté un frein continu automatique à vide système Hardy-Smith.

Ce frein agit aussi bien sur les sabots du frein ordinaire, que sur le frein à crémaillère.

Tous les véhicules sont munis des deux systèmes de freins; et ces freins peuvent être actionnés à la main, par des vis placées sur les plates-formes.

En cas de rupture d'attelage les freins se serrent d'eux-mêmes.

Le poids du train peut atteindre 50 tonnes.

Les figures 75 indiquent la disposition des freins sur les véhicules de la ligne de Viège-Ziermatt.

On voit que le frein à sabot est appliqué aux deux essieux formant bogie à une extrémité de la voiture. Le frein à crémaillère est monté sur la bogie de l'autre extrémité. L'essieu de la roue dentée est porté par deux châssis spéciaux s'appuyant directement sur les boîtes à graisse, sans l'interposition des ressorts, pour assurer la constance de l'engrènement.

Pour la ligne du Harz, allant de Blankenbourg à Tanne, on a pris un autre parti, la locomotive refoule le train à la montée des sections à crémaillère et le retient à la descente.

Les véhicules ne sont pas munis de freins à crémaillère, le matériel ordinaire des chemins de fer circule sur la ligne, bien que les déclivités atteignent 60 mm. Il en résulte une grande facilité pour l'exploitation.

Ainsi que nous l'avons dit, quand le train ne comporte qu'une ou deux voitures, la manœuvre du frein se fait à la main.

A Langres, par exemple, le garde-frein placé sur chaque voiture manœuvre le frein de telle sorte qu'à la descente la voiture pousse le moins possible sur la machine sans se faire traîner par les chaînes d'attelages.

Pour éviter les réactions on a en effet l'habitude à Langres de faire les attelages, à l'inverse du Rigi, où les voitures et la machine ne sont jamais attelées.

Le système du Rigi offre évidemment plus de sécurité, car en cas de déraillement ou d'avarie de la machine, les véhicules peuvent s'arrêter d'eux-mêmes, tandis que si les chaînes d'attelage sont mises la machine risque d'entraîner les voitures qui la suivent.

Au Mont Pilate, où la pente est exceptionnellement forte (480 mm.) on a cru devoir munir la voiture automobile d'un frein automatique d'un genre particulier. Ce frein, actionné par un régulateur à force centrifuge, entre en fonction dès que la vitesse du véhicule dépasse 1 m. 30 par seconde ; à ce moment un ressort agit sur le frein de la crémaillère. Cette commande automatique est du reste tout à fait indépendante de la commande à la main.

La description de ce frein sortirait du cadre de cet ouvrage; on la trouvera très détaillée, dans la « *Revue technique de l'Exposition universelle de 1889* », juillet 1890, n° 16, page 162.

Au Mont Pilate la rapidité des manœuvres étant indispensable à la sécurité, les freins sont actionnés non par des volants ou des crémaillères, mais par des leviers permettant une action plus rapide.

Outre les freins, nous rappelons que sur les lignes de montagne exposées aux ouragans il est utile ou tout au moins très prudent, de songer à parer à l'effet du vent qui tend à renverser les véhicules.

Cet effet est à craindre surtout au Rigi et au Mont Pilate. On y a paré au Rigi, en munissant la voiture de sortes de griffes en fer qui courent sous l'aile supérieure des fers ⊔ de la crémaillère. Si la voiture se soulève, la griffe est arrêtée par la plate-bande horizontale du fer ⊔ et elle maintient la voiture en place.

Au Mont Pilate, où le danger est encore plus grand qu'au Rigi, tant à cause de la situation, que par suite de la faible largeur de la voie, on a adopté une disposition un peu différente.

On a placé vers l'avant de la voiture des sortes de longs sabots qui embrassent le dessous de la tête du rail et qui, en temps ordinaire, frottent peu ou point. Mais si la voiture tend à se soulever, le sabot s'applique contre le dessous de la tête du rail; et s'oppose à toute tendance au renversement.

§ 5

61. — Dépenses de premier établissement. — Le tableau ci-dessous résume la totalité des dépenses de premier établissement de diverses lignes à crémaillère.

DÉSIGNATION des LIGNES	Longueur en kilom.	Dépenses totales	Dépenses par kilomètre	Largeur de voie	OBSERVATIONS
Vitznau Rigi.....	6,981	2.243.279	320.430	1.435	
Arth Rigi	8,900	6.139.401	558.120	1.435	y compris 2 kil. de ligne de plaine et la double voie entre le Kulm et Staffelhöhe.
Mont Pilate.......	4,548	2.173.843	478.000	0.80	
Marienhüte (Gölnitz)	4,568	662.500	147.000	1.00	ligne industrielle ouverte seulement aux marchandises.
Langres..........	1,472	497.932	338.000	1.00	
Harz.............	27,5	4.968.637	180.700	1.435	
Hœllenthal........	24,750	7.800.000	225.000	1.435	
Viège-Zermatt.....	35,800	5.350.000	148.500	1.00	
Friederichsségen à la Lahn........	2,550	223.750	87.700	1.00	ligne industrielle destinée seulement au transport des minerais.
Brünig............	5,800	8.400.000	144.800	1.00	l'infrastructure de la partie montagneuse a coûté environ 80.000 fr. par kil.
Saint-Gall-Gais....	14	1.926.274	137.627	1.00	12 k., 5 de voie sont posés sur accotement.

Nous complétons ce tableau par le détail des dépenses pour quelques lignes.

Voici par exemple le détail des dépenses faites pour la construction du chemin à crémaillère de Langres-Marne à Langres.

Frais généraux	17.541 fr.	48
Terrains	82.887	36
Terrassements	24.208	69
Ouvrages d'art	78.756	78
Bâtiments	45.377	29
Voies et accessoires	92.126	57
Locomotives	97.100	00
Voitures	33.750	00
Mobiliers et divers	15.520	16
Total	497.931	79

Voici le détail des dépenses de premier établissement du chemin de fer de Blankenbourg à Tanne au 31 décembre 1889.

(Sommes exprimées en marcs).

Terrains	166.278 M,06
Terrassements	699.582, 55
Haies et clôtures (non compris celles des stations)	7.027, 82
Ouvrages d'art	212.134, 97
Tunnels	211.484, 35
Matériel de la voie	1.060.879, 15
Bâtiments	346.654, 39
Matériel roulant	802.550, 52
Frais généraux, d'administration, et divers	196.031, 00
Intérêts pendant la construction	272.287, 04
Total	3.974.909 M,70

Le marc valant 1 fr. 25 ce total correspond en francs à à la somme de 4.968.637 fr. 10, soit 180.700 fr. par kilomètre.

Au St-Gall-Gais les dépenses de premier établissement au 1er janvier 1891, se décomposent ainsi :

Frais généraux	70.702 fr.
Terrains	245.852
Infrastructure	443.818
Superstructure	516.669
Bâtiments	180.255
Matériel roulant	430.623
Divers	38.855
Total.	1.926.774 fr.

soit environ 137.627 fr. par kilomètre.

Des travaux supplémentaires porteront la dépense totale à 143.000 fr. par kilomètre.

La totalité des dépenses est du reste très variable d'une ligne à l'autre, pour une foule de raisons. On ne peut guère tirer de toutes ces données qu'une indication pour le maximum et le minimum des dépenses,

On voit qu'en écartant les chemins du Arth-Rigi et du Mont Pilate, qui sont des exceptions, le maximum kilométrique ne dépasse guère 300.000 fr. et ne s'abaisse pas d'ordinaire au-dessous de 150.000 fr.

Le relief et la nature du terrain, le genre de trafic, son intensité, la continuité de l'exploitation, la valeur des terrains, la longueur totale de la ligne, tous ces éléments changent complètement la nature de la question d'une ligne à l'autre, et ne permettent guère d'assimilation.

Aussi n'avons-nous cité ces chiffres que pour fixer les idées sur les résultats actuellement obtenus.

CHAPITRE IV

EXPLOITATION

62. Entretien de la voie. Règlements. Organisation du service. — L'entretien d'une ligne à crémaillère diffère de l'entretien d'une voie ferrée ordinaire, en ce que la tendance au glissement longitudinal de la voie, y est très marquée, et que la crémaillère exige quelques soins spéciaux.

Nous avons expliqué comment, au Rigi, on avait combattu la tendance au glissement de la voie en butant une traverse, de distance en distance, par des traverses debout fichées dans une maçonnerie.

Cette précaution est indispensable pour empêcher la voie de descendre dans le sens des pentes.

A Langres, par exemple, quelque temps après l'ouverture à l'exploitation, la voie était descendue très sensiblement, en glissant dans le sens de la pente. Ce mouvement s'était produit malgré les cours de fers ⊔ reliant les extrémités des traverses les unes aux autres. Pour arrêter le mouvement on a, comme au Rigi, placé tous les 80 m. des massifs maçonnés contrebutant fortement une traverse de la voie.

Au Brünig on a solidement encastré des rails dans de grands massifs de béton ; la traverse vient buter contre ces rails verticaux, placés environ tous les 100 mètres, ou tous les 70 m. suivant les cas.

On a donc à se préoccuper de résister à la tendance au glissement et à assurer la fixité de la voie et de la crémaillère, surtout étant donné que les joints de la crémaillère ne doivent s'ouvrir que d'une quantité très faible, sous peine de voir altérer la régularité de la division des dents de la crémaillère.

Avec la crémaillère Abt il faut vérifier le serrage des boulons fixant la crémaillère dans les coussinets, afin d'éviter que ces boulons ne travaillent au cisaillement, ce qui est une condition fâcheuse.

Avec la crémaillère Riggenbach non surhaussée (type du Rigi) il est à craindre que des pierrailles ne viennent à tomber entre les montants de la crémaillère et, se calant entre deux dents, ne provoquent au passage de la roue dentée la rupture d'une dent ou un déraillement.

On pare à ce danger au Rigi, en faisant précéder la machine par un homme marchant à pied.

Pour faciliter le mouvement de la roue dentée, il est indispensable de graisser les dents de la crémaillère. Cette opération ne se fait pas journellement ; sur plusieurs lignes on se contente de graisser la crémaillère une fois par semaine.

La dépense afférente à ce travail est peu importante, au Rigi elle s'est élevée à 797 fr. pour l'année 1880.

Les pièces d'entrée doivent être souvent visitées ; les dents, surtout à l'extrémité abordée par les pignons dentés de la machine, s'usent assez rapidement. Les ressorts ne fonctionnent pas toujours parfaitement. Ce sont des points de la voie qui demandent une surveillance spéciale.

Quand ces appareils sont placés dans une déclivité, les

machines les abordent presque toujours avec une trop grande vitesse; il en résulte des chocs, des avaries, l'engrènement se produit moins facilement.

Le prix d'une pièce d'entrée (type Riggenbach) est d'environ 500 fr.

Conduite des machines à crémaillère. — La conduite des machines à crémaillère, surtout de celles à deux mécanismes, est évidemment plus délicate que celle d'une locomotive ordinaire.

Le feu est généralement poussé au maximum d'intensité dans les montées et l'on fait rendre à la machine le plus possible. A la descente la manœuvre du frein à air comprimé exige une attention constante. Enfin l'abord des pièces d'entrée demande toujours une certaine attention.

Sur les lignes à forte pente, où les charges remorquées sont très faibles, la machine refoule le train à la montée, et le retient à la descente.

Le mécanicien est donc mal placé pour surveiller la voie, mais les vitesses de marche sont très faibles, 4 kilomètres à l'heure au Mont Pilate, 6 kil. au Rigi, 8 kil. à Langres.

La vitesse est la même à la descente qu'à la montée, pour éviter toute accélération, qui deviendrait vite dangereuse sur de semblables déclivités.

Sur les lignes à pentes moins raides, où le trafic est plus intense, où les trains arrivent à atteindre des poids de 75 et 150 tonnes, on ne peut pas toujours faire refouler le train par la machine ; mais alors on a recours aux freins continus automatiques.

A la descente le machiniste retient son train par le frein à air comprimé que nous avons décrit au n° 44.

Il dispose, pour régler son frein, de deux éléments : 1° de la quantité d'air aspiré à chaque coup de piston,

2° De l'ouverture de l'orifice d'échappement de cet air comprimé par le piston.

Le premier élément se règle par le cran de détente, en faisant varier la longueur de course du tiroir ; le second par une valve.

Quand ces deux éléments ne sont pas convenablement combinés, on ressent à la descente des secousses, le mouvement de translation est saccadé et désagréable.

En principe le mouvement des trains est régularisé à la descente par les freins à air de la locomotive. Les autres freins n'interviennent que pour l'arrêt ou pour parer à l'insuffisance du frein à air. Cette règle est appliquée aussi bien sur les lignes où les trains n'ont qu'un ou deux wagons, que sur les lignes admettant des trains de 150 tonnes.

Voici un extrait des règlements de la ligne de Langres (machine refoulant le train à la montée), relatif à l'abord de la pièce d'entrée. « Article 16. — « Lorsque le train marchant sur une portion de « voie sans crémaillère doit entrer sur une partie « de crémaillère, la vitesse de marche doit être « considérablement ralentie, la pièce d'entrée de la cré- « maillère ne doit être abordée et franchie qu'au pas « et la vitesse ne peut être accélérée avant que le mé- « canicien ait acquis la certitude que l'engrènement « s'est produit, certitude que lui donnera généralement « le bruit caractéristique que produit la pièce d'entrée « quand elle se relève ».

« La modération de la vitesse à la descente se fait « par le frein à air comprimé de la machine et par les « freins à main des wagons. Les deux freins à main de la « machine doivent être desserrés en marche normale et « n'être serrés que pour les arrêts, en cas d'accident ou « de trop forte vitesse ; ils doivent être considérés « comme des freins d'arrêt et de secours ».

Le graissage exige aussi une certaine attention de la part du machiniste. Outre les organes ordinaires il faut graisser très souvent, pendant la marche en crémaillère, les paliers de l'arbre de la roue dentée, qui sont exposés à chauffer très facilement.

Sur les machines à deux mécanismes, la question se complique encore du graissage de chacun de ces deux mécanismes.

Aussi, sur les machines à crémaillère, la consommation d'huile est-elle très forte et le déchet atteint-il de fortes proportions.

En suivant la voie d'une ligne à crémaillère on aperçoit toujours de larges lignes noires entre les rails, les suivant parallèlement, et produites par l'huile et la graisse perdus, tombant des appareils de graissage.

Sur les machines à un seul mécanisme la roue dentée motrice est toujours en mouvement ; sur les machines à deux mécanismes, il faut mettre le mécanisme denté en mouvement à l'abord des sections à crémaillère, et régler la marche de ces deux systèmes moteurs de façon à obtenir une allure convenable, ce qui augmente le travail du machiniste.

Nous donnons ci-dessous quelques règles tirées des règlements du chemin de fer du Harz, qui fixent les idées sur ces divers points.

Sur cette ligne la locomotive refoule le train sur les sections à crémaillère. *A la montée*, avant d'arriver au signal indiquant la fin de la crémaillère, le machiniste doit admettre la vapeur dans les cylindres commandant les roues dentées de façon à les faire tourner doucement pour faciliter l'engrènement. Aussitôt l'engrènement produit, il doit augmenter l'admission pour faire agir le mécanisme denté avec toute sa puissance, en diminuant s'il est nécessaire l'action du système à adhérence.

Pendant la marche sur les sections à crémaillère, l'allure se maintient constante en faisant varier la détente dans les cylindres à adhérence, le mécanisme denté donnant constamment son maximum de travail.

Arrivé vers le signal indiquant la fin d'une section à crémaillère, le mécanicien doit fermer le régulateur du système à crémaillère, de telle façon que les roues dentées restent immobiles en sortant de la crémaillère.

Si cette précaution n'était pas prise les dents du pignon denté viendraient choquer la tête des dents de la pièce d'entrée dont la hauteur dimiminue en s'éloignant de l'articulation, et les ressorts, ne pouvant agir comme pour l'entrée de la machine, des chocs en résulteraient.

A la descente, le machiniste doit fermer le régulateur du mécanisme à adhérence et laisser aller la machine ; puis fermer le tuyau d'échappement et renverser ensuite la distribution en ouvrant le robinet du frein à à air comprimé. Arrivé au signal indiquant le commencement d'une section à crémaillère, il doit faire marcher très légèrement les roues dentées, comme à la montée, pour faciliter l'engrènement. Aussitôt cet engrènement obtenu, il doit fermer le régulateur du système à crémaillère, renverser la distribution du mécanisme et régler la valve du frein à air.

Comme à la montée c'est le mécanisme du système à adhérence qui doit règler la marche, en faisant agir plus ou moins le frein à air qui le commande.

Arrivé vers la fin d'une section à crémaillère, le machiniste doit maintenir la machine avec le frein à air du système à adhérence, et remettre à la marche en avant la distribution du système à crémaillère, de façon à ne plus faire agir le frein à air sur ce système avant d'aborder la pièce mobile d'entrée.

Sans cette précaution les roues dentées, tournant en sens inverse du mouvement, choqueraient contre les dents de hauteur réduite de la pièce d'entrée et pourraient les détériorer.

Au Hoellenthal, le machiniste ne met le mécanisme en action que lorsque les roues dentées sont complètement engrenées avec la crémaillère ; mais au contraire à la sortie d'une section à crémaillére, il arrête le mécanisme de la crémaillère avant l'abord de la pièce mobile, tout comme au Harz.

Sur ces deux lignes la vitesse des trains dans les sections à crémaillère oscille entre 9 et 10 kilomètres à l'heure.

Organisation du service.

Il est impossible de donner des règles précises à cet égard, elles varient suivant les cas, et sont du reste dictées par les mêmes considérations que celles qui régissent l'exploitation des lignes ordinaires.

Les lignes à crémaillère sont presque toutes construites à une seule voie. Quand le trafic est peu important une machine fait le service en navette. Si plusieurs machines doivent être en circulation on ménage des croisements dans les stations. Ces stations se placent toujours, autant que possible, dans des portions de lignes en palier.

Une difficulté assez grande se présente surtout pour les chemins mixtes à crémaillère exhaussée, à la traversée des passages à niveau. Quand les chemins sont très peu fréquentés, comme au Brünig, on fait des passages en planches inclinés, analogues aux P. N. des brouettes dans nos gares, mais les roues des voitures suivant la route de terre, ont à franchir le vide de la crémaillère. Quand le chemin est tant soit peu fréquenté, il faut absolument interrompre la crémaillère, ou faire un passage en dessus ou en dessous.

Le personnel d'exploitation varie suivant les besoins, suivant le mode de contrôle et les usages locaux.

Les chemins de fer du Harz, du Hoellenthal, de Viège-Zermatt, se rapprochent singulièrement. comme organisation, des voies ferrées ordinaires; aussi n'entrerons nous point dans le détail de leur exploitation.

Rappelons seulement qu'au Harz des machines de 54 tonnes peuvent remorquer des trains de 120 à 135 tonnes sur des rampes de 60 mm. à la vitesse de 10 kilomètres.

Au Hoellenthal des machines de 42 tonnes remorquent des trains de 100 tonnes à la vitesse de 10 kilomètres sur des rampes de 55 mm.

Au Brünig des machines de 22 tonnes remorquent un poids utile de 30 à 40 tonnes sur des rampes de 120 mm. à la vitesse de 10 kilomètres à l'heure.

Pratiquement, au Brünig, on dédouble les trains quand la charge à remorquer excède 30 tonnes.

Sur toutes les lignes à crémaillère on sent la nécessité de ne pas faire donner à la machine son maximum d'effet utile, de ne pas forcer son allure. Aussi pour se rendre compte des charges traînées, est-il nécessaire de voir ce qui se passe réellement sur les diverses lignes.

La question des charges traînées est capitale sur des lignes comme le Harz, le Hoellenthal, destinées à desservir des trafics de marchandises importants. Déjà pour des lignes comme Viège-Zermatt, le Brünig, la question se pose différemment ; il faut avant tout donner satisfaction aux touristes, et par suite avoir des départs fréquents.

Ce dernier point a plus d'importance encore sur des lignes de plaisance, comme le Rigi, le Mont-Pilate, etc., où les départs doivent avoir lieu quelquefois au moins chaque heure, à certains moments de la journée.

Pendant la saison, il y a au Rigi 9 trains dans chaque sens, et 7 au Mont-Pilate. Au chemin de Langres, il y a 21 trains dans chaque sens, mais la ligne ayant pour but de relier la ville à la station de la ligne de Belfort, ce sont les heures de passage des trains de la ligne de l'Est qui règlent les départs de la ligne à crémaillère et les trains ont lieu jour et nuit, ce qui oblige à avoir double équipe pour la machine.

Voici du reste l'état du personnel de la ligne de Langres :

1 chef de gare au traitement de	1.800 fr.
1 facteur	1.200
3 mécaniciens à 2.000	6.000
3 chauffeurs à 1.200	3.600
2 chefs de train à 1.500	3.000
1 chef d'équipe	1.500
1 manœuvre	1.000
Total	18.100 fr.

Le chef de gare se tient à la gare ménagée au départ de la ville.

A la gare construite sur la station de la ligne de Belfort, il n'y a aucun agent à poste fixe. C'est le chef de train qui délivre les billets à cette gare pendant la durée du stationnement du train, qui fait le service en navette.

Les voyageurs venant de Langres peuvent prendre leurs billets pour la ligne de l'Est, et faire enregistrer leurs bagages à la descente des voitures de la crémaillère, dans un petit bureau construit *ad hoc* tout contre la gare terminus du petit chemin de fer.

Cette disposition est évidemment fort commode.

On trouvera aux annexes (annexe n° 2), le règlement et les tarifs concernant le service et l'exploitation du chemin de fer à crémaillère de Langres.

Au Mont-Pilate, les voitures automobiles partent par séries de deux ou de trois, de façon à faire comme une sorte de train ; pour laisser passer les voitures descendantes au garage intermédiaire de la station d'Aemsingen.

On a senti au Mont-Pilate la nécessité de pouvoir faire partir à la fois plusieurs voitures, au moment où un grand nombre de touristes se présentent pour faire l'ascension.

En 1889 il a été transporté 36.892 personnes en 2.174 voyages représentant un nombre de places occupées de 53 0/0.

Les trains ne peuvent partir à intervalles très rapprochés à cause du seul garage intermédiaire entre les stations extrêmes. Il est clair que sur toutes ces lignes à simple voie la fréquence des trains est limitée par la question des croisements.

Le chemin de Vitznau-Rigi transporte en moyenne chaque année 42.000 personnes, tant à la montée qu'à la descente.

En 1875, pour transporter 96.725 personnes de mai à octobre, le personnel de la ligne Vitznau-Rigi comprenait 74 employés, 1 directeur et un conseil d'administration composé de 7 membres.

Ces 96.725 personnes ont été réparties dans 4.033 trains ayant parcouru ensemble 6.830 kilomètres.

Le rapport des places occupées au nombre total des places a varié de 58,4 à la montée à 56,8 à la descente.

Depuis 1880 on est arrivé à l'égalité entre le nombre des voyageurs à la montée et à la descente.

A Langres on transporte en moyenne 400 personnes par jour, le matériel comprend 3 machines et 5 voitures.

Au Brünig on transporte environ 150.000 personnes par an ; le matériel comprend 8 machines à crémaillère, 6 machines ordinaires pour la section de plaine, 55 voitures et 47 wagons.

Quant aux lignes industrielles destinées au transport des pierres, minerais, etc., comme celles d'Ostermundigen, Friederichsségen, Marienhütte, Oerstelbruch, etc., leur exploitation varie essentiellement suivant les besoins.

Par exemple pour la ligne de Marienhütte près Gölnitz, d'une longueur de 5.568 m. transportant 92.000 tonnes de minerai de fer par an, le matériel se compose de 2 locomotives, 39 wagons pour le minerai et 6 wagons pour le transport des bois

En y comprenant le transport des bois on arrive à un total de 273.000 tonnes-kilomètres.

Sur la ligne de Friederichsségen (longueur 2.500 m.) on a transporté en 1879-80 35.514 tonnes de minerai représentant 135.000 tonnes kilométriques ; en une année d'exploitation.

Le service était assuré par une seule locomotive, depuis on a employé 2 machines et l'on a transporté 78.000 tonnes.

Les vitesses de marche en crémaillère varient naturellement suivant le profil de la ligne ; en voici quelques exemples :

Mont-Pilate — vitesse en kilom. par heure	4 k.
Rigi	6
Langres et Viège-Zermatt	8
Marienhütte	8
Harz (Blankenburg à Tanne)	10
Hoellenthal	10
Brünig	10

63. Frais d'exploitation. — Les frais d'exploitation de lignes à crémaillère sont en général élevés. Il fallait du reste s'y attendre; car ces lignes sont des lignes de montagne, franchissant des différences de niveau considérables, reliant des pays qu'il eût été généralement impossible de réunir par des voies ferrées ordinaires. Nous avons déjà insisté sur ce fait à propos des frais de traction.

Nous avons vu en effet que ces frais varient de 2 fr. à 3 fr. 50 par train kilomètre, suivant les lignes, tandis que sur les voies ordinaires ils ne dépassent guère 1 fr.

Mais d'autres circonstances contribuent à rendre l'exploitation coûteuse.

Il faut mettre en première ligne, les variations considérables du trafic d'un moment à un autre, et la discontinuité de l'exploitation.

Souvent aussi l'isolement de la ligne dont l'exploitation est grevée de frais généraux très élevés eu égard à son importance.

Les lignes de Suisse par exemple ne sont pour la plupart ouvertes à l'exploitation que pendant l'été. Cependant les frais généraux, courent toute l'année, une partie du personnel est payée l'hiver, l'intérêt des capitaux, la direction, etc., grèvent le budget toute l'année.

Les petites lignes comme celles de Langres, de Marienhütte, etc., doivent avoir un directeur dont le traitement est annuel.

Les réparations du matériel sont coûteuses, à cause de l'éloignement des grands ateliers.

Autant d'éléments qui grèvent les frais d'exploitation des lignes à crémaillère.

Aussi croyons-nous que c'est prendre le problème d'une façon trop théorique que de chercher uniquement à savoir ce que coûte la traction en crémaillère, comparée à la traction par adhérence. Posée ainsi la question est trop absolue, il y a trop de facteurs différents intervenant dans le problème.

C'est seulement du reste pour les lignes ayant un trafic notable et continu comme celles du Harz, du Hoellenthal, que la question présente un intérêt réel.

En 1888 on a transporté sur le chemin de fer du Harz 57.000 voyageurs et 150.000 tonnes de marchandises.

Les frais d'exploitation se sont élevés à 220.875 fr. soit 2 fr. 29 par train-kilomètre, soit 7.200 fr. par kilomètre de ligne, ce qui ne serait pas exagéré pour une ligne aussi accidentée, ayant un semblable trafic.

A Viège-Zermatt, l'exploitation est faite par la Cie du Jura-Simplon pour le compte de la Cie Viège-Zermatt, aux conditions suivantes :

La Compagnie du Jura Simplon reçoit pour une exploitation de 5 mois environ :

1° Une allocation fixe par kilomètre de :

2.400 fr.	si la recette brute par kilomètre est de		10.000 fr. ou au-dessous.
2.500 fr.	»	»	10.001 à 11.000
2.600	»	»	11.001 à 12.000
2.700	»	»	12.001 à 13.000

et ainsi de suite, l'allocation augmentant de 100 fr. par chaque mille francs d'augmentation kilométrique.

2° Une allocation de 1 fr. 45 par chaque kilomètre de trains remorqués par une seule machine ; 2 fr. 50 par kilomètre de train en double traction, 1 fr. 05 par kilomètre de machine isolée.

Si l'on suppose une recette brute de 15.000 fr. par kilomètre, correspondant à 35.000 kilomètres de trains, la somme à payer sera de :

$$34\text{k}.5 \times 2.900 + 35.000 \times 1,45 = 153.125 \text{ fr. soit par kilom. } \frac{103.120}{35,3} = 4.360 \text{ fr.}$$

soit 29 0/0 de la recette brute.

Ces frais ne comprennent évidemment qu'une partie des frais généraux et de direction ; ils ne comprennent pas la réserve pour renouvellement du matériel, ni sans doute les grosses réparations ; de plus l'exploitatïon, il ne faut pas l'oublier, n'a lieu que de mai à octobre (voir annexe n° 5).

Au Brünig les dépenses d'exploitation s'élèvent à 480.000 fr. pour les 58 kil. du réseau, soit 8.275 fr. par kil. (moyenne des lignes de plaine et de montagne) (voir annexe n° 6).

Voici les dépenses d'exploitation du chemin de Vitznau-Rigi pour 1879 :

Administration	15.144 fr.	7 0/0
Service de la voie	28,636	10,6
Exploitation	26.396	13,4
Matériel et traction	58.956	30
Divers	75.739	38,8
Total.	196.871 fr.	

pour un parcours de 17.095 trains-kilomètres.

Soit 11 fr. 75 par train-kilomètre ou 28.124 fr. par kilomètre de ligne.

Ces frais sont très élevés mais il faut tenir compte de l'importance du trafic réparti seulement sur quatre à cinq mois de l'année et de l'énorme différence de niveau rachetée.

En 1875 les dépenses s'étaient élevées à 196.085.

Pour la même année 1875 les dépenses de la ligne d'Arth-Rigi se décomposaient ainsi :

		0/0
Administration	6.460 fr.	8
Service de la voie	13.690	17
Exploitation	12.354	15
Matériel et traction	49.287	60
Total.	81.791 fr.	

correspondant à 7 fr. 70 par kilomètre de train ou environ 15.000 fr. par kilomètre de ligne.

Il ne faudrait pas comparer ces chiffres à ceux de Vitznau-Rigi car la ligne d'Arth-Rigi comporte une partie de plaine, d'Arth à Oberarth.

Pour la ligne de Langres, les frais d'exploitation annuels s'élèvent à environ 53.000 fr., dont 18.000 fr. pour le personnel ; cela représente une dépense kilométrique de 35.300 fr.

Mais il ne faut pas oublier que le service a lieu jour et nuit et que ces 35.000 fr. correspondent à environ 23.000 trains-kilomètres ou 2 fr. 30 par train-kilomètre non compris la réserve pour renouvellement du matériel.

Cette ligne est du reste exploitée par la ville de Langres, et n'a pas par suite à payer de frais de direction, et d'administration. Par contre il est possible que l'imputation des dépenses au budget de la ville ne soit pas toujours faite sans quelques erreurs.

Au Mont Pilate les frais d'exploitation par train-kilomètre se sont élevés en 1889 à 6 fr. 90 se décomposant ainsi :

Administration	1 fr. 36
Service de la voie	0 52
Exploitation	1 »
Matériel et traction	3 45
Divers	0 57
Total	6 fr. 90

Ces chiffres paraissent faibles comparés à ceux du Rigi. Mais il faut tenir compte qu'un train du Rigi peut emmener 54 personnes, tandis que la voiture du Pilate ne peut porter que 32 voyageurs.

La totalité des dépenses pour 1889 se décompose ainsi:

Administration	21.360 fr. 69
Entretien et direction de la ligne	8.106 55
Exploitation	15.738 30
Matériel et traction	53.839 57
Divers	8.886 15
Total	107.931 fr. 26

pour une longueur de 4 kil. 4, soit par kilomètre de voie 24.000 fr.

Au chemin de fer industriel de Marienhütte pres Gölnitz, pour un trafic de 273.232 tonnes-kilomètres en 1886; les frais d'exploitation s'établissent ainsi (une seule locomotive en service):

Service de la voie	2750 fr.
Graissage de la crémaillère	880
Charbon et matières consommées pour la machine et les wagons	3.505
Direction de l'exploitation	4.000
Salaire des mécaniciens, chauffeurs, conducteurs, gardes-freins gardes-ligne	9.500
Réparation de la machine et des wagons	1.750
Total	22.385 fr.

soit

0 fr. 082 par tonne-kilomètre et 5.740 fr. par kilomètre de ligne.

En y comprenant l'intérêt du capital engagé la totalité des frais par tonne-kilomètre est de 0 fr. 175.

Ces chiffres se rapprochent beaucoup de ceux obtenus pour une autre ligne industrielle analogue, celle de Friederichsségen à la Lahn; où le tonnage brut a été de 37.500 tonnes en 1880 ; les frais d'exploitation se sont élevés à environ 14.500 fr. pour un total de 135.000 tonnes-kilométriques, soit 0 fr. 107 par tonne-kilomètre.

En comprenant l'intérêt et l'amortissement du capital, l'entretien, le chargement et le déchargement, les dépenses s'élèvent à environ 35.000 fr. soit 0 fr. 259 par tonne-kilomètre.

On a calculé pour le chemin de Friederichsségen à la Lahn que le transport d'une tonne revenait à $\frac{34.800}{37.500} = 0$ fr. 927.

Le transport par voiture coûtait pour 22.000 tonnes 46.875 fr. soit 2 fr. 125 la tonne; l'économie réalisée par l'installation du chemin à crémaillère a donc été de. $(2.125 - 0.927) \times 37.500 = 44.900$ fr.

La ligne ayant coûté 206.250 fr., en quatre ans on aura amorti ce capital par l'économie réalisée.

64. Tarifs. Recettes. Considérations financières. — Il résulte de l'élévation des frais d'exploitation des lignes à crémaillère, surtout de celles qui ne fonctionnent qu'une partie de l'année, que les tarifs doivent y être très élevés.

Il est clair que ces tarifs dépendent beaucoup plus de la hauteur gravie par le voyageur ou la marchandise, que de la longueur absolue de la ligne. Les 4 k. 5 de la ligne du Pilate permettant de monter de 1200 mètres en une heure nécessitent plus de rémunération qu'une distance beaucoup plus grande, sur une autre ligne à profil moins accidenté, comme celle de Viège-Zermatt, ou du Brünig par exemple. Très souvent on apprécie le tarif uniquement par la longueur ; c'est une véritable hérésie quand il s'agit de lignes aussi accidentées ; il faut tenir compte avant tout de la hauteur gravie.

Cette, idée toute simple qu'elle paraisse n'est pas toujours aisément comprise par le public. Ce dernier a toujours une tendance fâcheuse à assimiler ces lignes accidentées aux lignes ordinaires. Cependant il est clair que les tarifs doivent être bien différents sur les voies à crémaillère.

Nous donnons ci-dessous l'indication des tarifs de diverses lignes à crémaillère.

Tarifs appliqués sur diverses lignes à crémaillère

NOMS DES LIGNES	Hauteur gravie	Longueur	Prix du parcours aller et retour	Prix par kilomètre	OBSERVATIONS
Vitznau-Rigi......	1929m	7k	10 f. 50	» f. 750	Classe unique
Arth-Rigi.........	»	9,8	9 »	» 545	Id.
Mont-Pilate.......	1636	4,5	16 »	1 777	Id.
Brünig...........	565	45,9	»	» 150	(2e classe)
Viège-Zermatt	955	35,0	20 »	» 285	Id.
Langres..........	132	1,5	» 85	» 565	Id.
Puy-de-Dôme	1000	15,0	5 50	» 183	Prix demandé par le concessionnaire, ligne projetée.
Aix-les-Bains au Revard.........	1247	9,0	»	» 500	Ligne en construction

On voit combien les tarifs sont variables, de 0 fr. 15 par kilomètre pour le Brünig à 1 fr. 777 pour le Mont Pilate, l'écart est considérable ; mais cependant très justifié par les conditions différentes des lignes.

Remarquons que la ligne projetée d'Aix-les-Bains au Revard se trouvera à peu près dans les conditions de la ligne d'Arth-Rigi, et que les tarifs seront presqu'identiquement les mêmes.

Le tarif du Brünig est le double seulement des tarifs des lignes ordinaires; cela s'explique par ce fait que la longueur totale de la crémaillère n'est que de 9 kilomètres sur une longueur totale de 45 k.

Pour la ligne de Vitznau-Rigi le tarif est décuple de celui des lignes ordinaires ; pour Viège-Ziermatt il est environ quadruple.

Pour la ligne d'Aix-les-Bains au Revard, c'est à peu près sept fois le tarif normal des grandes lignes.

Nous avons reproduit aux annexes (annexe n° 1) la plus grande partie du cahier des charges de la ligne d'Aix-les-Bains-au Revard, en supprimant seulement ce qui est reproduit à peu près identiquement dans tous les cahiers de charge des chemins de fer d'intérêt local.

Recettes. Considérations financières. — Quelqu'élevés que soient les tarifs précédents, ils ne suffisent pas toujours à rémunérer le capital engagé pour ces lignes de plaisance.

La vérité nous oblige à dire que si dans un certain nombre de cas, là où le problème a été bien étudié, et bien résolu, les résultats financiers des lignes à crémaillère sont encourageants, on trouve souvent des exemples d'exploitations peu rémunératrices.

Si l'on considère toutes les lignes spéciales de la Suisse, crémaillères et funiculaires, ces lignes ont donné en 1887 par kilomètre un produit brut de 4.172 fr.

Si l'on tient compte du capital de premier établissement, le taux moyen de l'intérêt ressort à 2,147 0/0, dont 1,179 0/0 seulement pour les actions.

Si l'on examine au point de vue financier le chemin de fer de Vitznau-Rigi, on trouve là un exemple d'une opération très fructueuse.

En 1880 le produit brut était de 172.978 fr., le capital de premier établissement s'élevait à 2.295.797 fr., et les actionnaires recevaient un dividende de 8 0/0.

En 1882. Les recettes s'élevaient à 415.365 francs.
Les dépenses » à 242.387 francs, soit 59 0/0 de la recette brute.

Le chemin d'Arth-Rigi a donné de moins bons résultats; le produit brut était en 1874 de 145.386 fr. pour un capital de 6.139.400, ce qui représente seulement 2,36 0/0 du capital engagé. Les dépenses étant de 81.791 et les recettes de 167.498, les frais d'exploitation représentent 49 0/0 de la recette.

En 1889 les résultats de l'exploitation du chemin de fer du Mont Pilate étaient satisfaisants; le produit brut était de 162.245 fr. pour un capital engagé de 2.173.843 fr., ce qui a permis de distribuer 7 0/0 aux actionnaires.

Les dépenses ont été de 107.931 fr. pour une recette de 301.803 fr. soit 35 0/0 de la recette, ce qui paraît bien faible.

Le capital-action du Mont Pilate s'élève à 2.000.000 réparti entre 4.000 actions de 500 fr. chacune.

Et le capital obligation comporte 850 obligations de 1000 fr., dont 150 restent encore dans les caisses de la Compagnie.

Au chemin du Brunig en 1888 les dépenses se sont élevées à 215.957 fr. pour 401.644 fr. de recettes, soit 55 0/0.

Le chemin de Langres, malgré les services qu'il rend, constitue une opération peu fructueuse au point de vue financier. Il rapporte brut environ 6 à 8.000 fr. par an, pour un capital engagé de 497.931 fr. soit 1,5 à 1,6 0/0.

Les recettes brutes sont d'environ 60.000 fr. pour 53.000 fr. de dépenses soit 88 0/0 de la recette.

Mais là il s'agissait d'un véritable service public et non d'une ligne de plaisance destinée aux touristes.

Voici les recettes et dépenses de la ligne de Langres de 1888 à 1890 :

	Dépenses	Recettes.
	—	—
1888	51.805	57.617.
1889	51.920	60.979.
1890	54.494	59.363.

La ligne de Viège à Zermatt rapporte environ 15.000 fr. par kilomètre de recettes brutes, les dépenses d'exploitation s'élèvent à environ 5.000 fr. par kilomètre, le produit brut kilométrique est donc de 10.000 fr.

Le coût kilométrique a été de 153.000 fr.

Jusqu'ici l'entreprise a donc été rémunératrice.

Nous croyons intéressant d'indiquer le détail des recettes de la ligne de Vitznau-Rigi, pour l'année 1882 par exemple.

Ces recettes se décomposent ainsi ·

Voyageurs	369.619 fr.	soit	89,3 0/0
Bagages	3.012	—	1,9 0/0
Marchandises	10.358	—	2,5 0/0
Recettes diverses	27.376	—	6,3 0/0
Total	415.365 fr.		

Il est à remarquer que les bagages et les marchandises ne sont en somme que des revenus accessoires et presqu'insignifiants. Or pour l'année 1875 les recettes se décomposaient ainsi :

Voyageurs	366.547 fr.
Bagages	10.086
Marchandises	63.000
Divers	14.682
Total	454.444 fr.

On voit que si le trafic des voyageurs a augmenté légèrement depuis 1875, par contre le trafic des marchandises a considérablement diminué. Quant aux recettes provenant du transport des bagages, elles sont bien faibles. Mais il ne faut par oublier qu'au Rigi les colis considérés comme bagages sont simplement les valises légères à la main ; toutes les malles ou valises un peu encombrantes sont montées par un train de marchandises, et classées comme marchandises.

Ces 366.547 fr. de recettes du trafic voyageur correspondent à un mouvement de 96.725 personnes.

En 1882 il y a eu 84.941 voyageurs et la recette correspondante était de 369.619 fr. On voit qu'en réalité, à cause des réductions, billets circulaires, etc., le tarif réellement perçu est un peu plus faible que le tarif réel, puisqu'il s'écarte peu de 4 fr. par personne (moyenne pour la montée, comme pour la descente).

Dans l'étude de ces lignes de plaisance, il est toujours extrêmement difficile de se faire une idée précise du trafic futur et de déterminer dans quelle mesure l'établissement du chemin de fer développera le trafic actuel.

Nous croyons intéressant de citer encore comme exemple à ce sujet les lignes du Rigi. Ainsi en 1875 les lignes de Vitznau et Arth-Rigi ont transporté ensemble 123.244 personnes ; si l'on suppose un nombre égal de voyageurs à la montée et à la descente, on trouve en nombre rond environ 61.500 personnes ayant fait l'ascencion du Rigi en chemin de fer. Or avant la construction de la ligne on évaluait à 40.000 personnes le nombre de touristes qui faisaient l'ascension à pied à ce moment.

Si actuellement on ajoute aux 61.500 personnes ayant fait l'ascension en chemin de fer, celles qui vont à pied on trouve au minimum un total de 70.000 personnes.

Les chiffres de 1885 et 1886. sont à peu près les mêmes que ceux de 1875.

On voit donc que l'ancien chiffre de 40.000 touristes s'est augmenté de 75 0/0 par le fait de l'établissement du chemin de fer.

C'est là un des résultats les plus favorables que l'on puisse citer, et il donne sans doute une idée du développement maximum du trafic à espérer dans des conditions analogues.

Ces considérations nous semblent dignes d'intérêt, surtout au moment où l'on paraît entrer en France dans des idées nouvelles au sujet des chemins de fer de montagne, et disposé à adopter la solution de la crémaillère pour des lignes analogues à celles de la Suisse.

Tout en souhaitant très vivement que ce mode de locomotion se répande dans notre pays, nous serions heureux de prévenir par des indications utiles l'initiative d'entreprises désastreuses au point de vue financier. De telles écoles provoqueraient vite une réaction, très nuisible au développement des systèmes à crémaillère.

Il faut envisager le problème sous ses véritables aspects, songer au capital engagé, ne pas oublier qu'il doit être rénuméré et amorti par quelques mois d'exploitation annuelle. Tenir compte de la cherté de l'exploitation, bien proportionner les tarifs à l'intensité du trafic.

Envisagée sous son véritable aspect, la question posée n'est pas douteuse ; nous sommes convaincus que les chemins à crémaillère se répandront en France dans les régions montagneuses, et qu'ils y trouveront des applications utiles et fructueuses.

Il y a du reste un grand nombre de cas où le côté financier perd de son importance, quand il s'agit de l'utilité publique. Le chemin de Langres en est un exemple frappant. Quels services ne rend-il pas à la population en hiver, par la pluie et la neige, en permettant de faire en 10 minutes à toute heure du jour et de la nuit un trajet que les voitures mettaient 25 et 30 minutes à effectuer par les mauvais temps.

Citons comme exemple fructueux au point de vue financier, les chemins à crémaillère industriels, destinés au service des usines, mines, carrières. Les lignes d'Ostermundigen, Marienhütte, Friederichsségen à la Lahn, sont instructives. Nous avons vu que, tout compte fait, cette dernière procurait par an une économie de 44.900 fr. sur les transports par voiture.

Sans insister davantage sur ces considérations, nous allons essayer de faire quelques comparaisons entre les lignes à crémaillère et les lignes ordinaires.

65. Comparaisons entre les lignes à crémaillère et les lignes à adhérence. — Pour comparer deux systèmes de traction, il faut avant tout qu'ils s'appliquent tous deux dans des cas analogues. Pour comparer une ligne à crémaillère à une ligne à adhérence, il faut que ces deux lignes soient véritablement comparables ; c'est-à-dire que l'on ait pu hésiter au moment de la construction entre l'un ou l'autre de ces deux tracés. Mais nous pensons qu'il serait déraisonnable de comparer les lignes du Rigi, ou du Mont Pilate, à une ligne à adhérence. Ces chemins de fer devaient être à crémaillère, ou ne pas être.

Pour les lignes comme le Hoellenthal, le Harz, Viège-Zermatt, le Brünig même, etc., le doute était légitime, et on a songé à faire la comparaison entre les deux systèmes.

Il n'est pas douteux qu'en général le tracé à crémaillère est plus court, qu'il permet grâce à la raideur de ses pentes de suivre de plus près le relief du sol, et d'éviter par suite les grands ouvrages d'art et les terrassements importants.

C'est ainsi que l'adoption de la crémaillère pour la ligne de Viège à Zermatt a permis de réaliser une diminution de longueur de 500 m. et une diminution de dépenses d'environ 500.000 fr. sur un tracé à adhérence. Nous donnons aux annexes (annexe n° 6), le rapport comparatif de MM. Rodieux et Haucter, relatif à la ligne de Viège-Zermatt.

Pour le chemin du Hoellenthal, dans un avant-projet dressé en 1860, on avait évalué les dépenses à 45.000.000f. ; le chemin à crémaillère exécuté en 1887 a coûté seulement 8.000.000 fr.

Le chemin de fer du Harz a coûté, matériel non compris, 147.500 fr. par kilomètre, ce qui pour une ligne à voie normale exécutée dans un pays montagneux est évidemment très bon marché.

Le tableau du n° 61, indiquant les prix de revient de diverses lignes à crémaillère, montre bien dans quelle mesure le coût kilométrique de ces lignes est inférieur à celui des lignes à adhérence, malgré le prix élevé de la crémaillère qui représente en somme y compris les consolidations une dépense de 30.000 à 40.000 fr. par kilomètre.

Par contre les frais d'exploitation sont notablement plus élevés sur les lignes à crémaillère, cela est incontestable.

D'après un extrait du Comité des chemins de fer autrichiens. cité dans la *Revue technique de l'Exposition* (page 152) une locomotive mixte à adhérence et à crémaillère coûterait en charbon et graissage 0 fr. 12 de plus par kilomètre qu'une machine à simple adhérence.

A propos des études du chemin de fer à crémaillère de l'Eisenerz-Vordemberg, ligne à voie normale, étudiée aussi par adhérence on a estimé que les 35.000 trains kilomètres nécessaires à l'exploitation annuelle exigeraient, sur une ligne à crémaillère, 360 fr. par kilomètre de dépenses supplémentaires (voir aussi annexe n° 6).

En outre on a estimé que la surveillance et le graissage de la crémaillère exigeraient annuellement par kilomètre, une dépense supplémentaire de 495 fr., soit en tout 855 fr. d'augmentation représentant au taux de 4 0/0 un capital de 21.365 fr.

Ainsi pour une ligne parcourue chaque jour et dans chaque sens par quatre trains faisant chacun 12 kilomètres, soit par an 35.000 trains-kilomètres, les frais supplémentaires dus à la crémaillère s'élèveraient à 851 fr. correspondant au taux de 4 0/0 à un capital de 21.365 fr. par kilomètre.

La crémaillère et l'augmentation de prix de la machine due au mécanisme denté représentent 44.460 fr. par kilomètre.

L'augmentation (pour une voie normale) due à l'emploi de la crémaillère serait donc de 64.220 fr. par kilomètre.

Il est clair que l'économie réalisée sur l'infrastructure compense bien au-delà cette augmentation.

Hâtons-nous d'ajouter que les rampes maxima du chemin de l'Eisenerz-Vordenberg sont de 71 mm., que sa longueur totale est de 20 kil. dont 14 kil. 5 en crémaillère.

Nous ne reviendrons pas sur la question de l'effet utile, sur les charges traînées par les locomotives à crémaillère, comparées aux locomotives ordinaires. Nous avons montré par un tableau, au n° 56, qu'une machine à crémaillère remorquait eu égard à son poids, sur une rampe de 60 mm., la même charge qu'une locomotive à adhérence sur une rampe de 35, les vitesses étant d'ailleurs dans le rapport de 2 à 3.

En général on peut dire que dans des conditions identiques au point de vue de l'infrastructure, chaque kilomètre de ligne à crémaillère coûte pour l'établissement de la crémaillère y compris l'augmentation de prix du matériel roulant ; environ 45.000 fr. de plus qu'une ligne ordinaire.

En outre l'exploitation est plus chère, et d'autant plus chère sur une ligne à crémaillère que le trafic est plus intense.

Il est clair que lorsque les frais par kilomètre, sur la ligne à crémaillère, coûteront un prix tel que la différence entre ce prix et celui de l'exploitation d'une ligne ordinaire représente un capital égal à 45.000 fr. il y aura égalité par kilomètre.

Si par exemple on évalue que l'exploitation d'une ligne à crémaillère coûtera 7.000 fr. par kilomètre, tandis que sur une ligne ordinaire elle ne coûtera que 4500, l'exploitation par crémaillère coûtera pour chaque kilomètre 3.000 fr. de plus représentant un capital de 60.000 fr. au taux de 5 0/0.

La ligne à crémaillère coûtant par kilomètre 45.000 fr. de plus, il ne faudrait pas l'employer dans ce cas, *à égalité de longueur*. Mais si l'on suppose une diminution de longueur le problème change.

La ligne à adhérence coûtant par exemple 100.000 fr. par kilomètre.

La ligne à crémaillère coûtera 100.000 + 45.000 + 60.000 = 205.000.

Si donc entre deux points de la ligne la solution par crémaillère permet d'obtenir un raccourci de plus de moitié sur le tracé à adhérence, il y aura économie à l'employer.

D'une façon générale si l'on appelle :

A le coût kilométrique d'établissement d'une ligne à crémaillère ;

A′ le coût kilométrique d'établissement d'une ligne à adhérence ;

a le supplément de coût kilométrique causé par le système à crémaillère ;

b le supplément des dépenses d'exploitation, par kilomètre et par an causé par la crémaillère ;

L la longueur d'une ligne ou section de ligne à crémaillère ;

L′ la longueur correspondante d'un tracé à adhérence.

La dépense d'établissement pour la ligne à adhérence sera L′A.

Le capital représentatif des dépenses d'exploitation supplémentaires, causées par la crémaillère, sera $\frac{100b}{5}$ en supposant l'intérêt à 5 0/0, et par suite les dépenses totales d'établissement pour la ligne à crémaillère seront égales à $L\left(A+a+\frac{100b}{5}\right)=L(A+a+20b)$; donc quand on aura $L(A+a+20b)=L'A'$:

ou
$$L=L'\frac{A'}{A+a+20b}$$

il y aura égalité entre les deux systèmes.

On peut fixer des valeurs pour A, et *a*, mais pour *b*, il est impossible de donner des chiffres généraux. Les frais d'exploitation varient tellement d'un cas à l'autre, qu'il est impossible de rien préciser à cet égard. Cela dépend du trafic, et des conditions spéciales afférentes à chaque cas particulier.

Ces frais sont de 5.000 fr. par kilomètre pour Viège-Zermatt, 7000 fr. pour le Harz, 15.000 pour la ligne d'Arth-Rigi, 28.000 fr. pour Vitznau-Rigi.

Chaque kilomètre d'une ligne à adhérence aurait évidemment coûté moins cher comme exploitation ; mais la différence de longueur, et aussi la différence de prix d'établisement de l'infrastructure, compensent et bien au-delà le renchérissement du coût kilométrique de l'exploitation.

Par contre il semble naturel d'admettre qu'une ligne à crémaillère ne pourrait à cause des faibles vitesses possibles, comporter une capacité de trafic comparable à celle d'une ligne à adhérence.

Les trains sur les pentes raides de la crémaillère comportent 8 ou 9 wagons au maximum et le nombre des trains est limité par leur vitesse.

Les lignes de montagne sont à voie unique, et la distance entre deux stations comportant un croisement limite *a priori* l'espacement minimum des trains ; mais cette limite est très large.

Le chemin de fer du Harz a transporté en effet en 1890 environ 80.000 voyageurs, et 170.000 tonnes de marchandises.

Eu égard à la longueur de la ligne (30k5) c'est un trafic marchandises important, supérieur au trafic *de tous nos chemins d'intérêt local.*

Les exemples du Harz, du Hoellenthal, montrent que l'on peut sans crainte aujourd'hui adopter la solution par crémaillère pour toutes les lignes, même à voie normale, à construire en pays de montagne, et qui ne sont pas des voies de grand transit, des lignes de première importance.

Les lignes à crémaillère ont une capacité de trafic suffisante pour répondre aux besoins des lignes normales secondaires.

Enfin il est à propos d'insister sur ce fait que les véhicules des voies ordinaires peuvent circuler sur les lignes du Harz et du Hoellenthal, sans aucun inconvénient. Plus de 90.000 wagons des Compagnies allemandes ont été placés dans les trains de la ligne du Harz, sans que l'on ait constaté de ce fait le moindre inconvénient.

Aussi pensons nous que si des lignes telles que celles d'Arvant au Lot de Clermont à Tulle, de Riom à Volvic, cet., etc., étaient à construire aujourd'hui, on n'hésiterait pas à recourir à la crémaillère.

La ligne de Riom à Volvic, construite à voie de 1 m.00, est un exemple frappant des économies que l'on pourrait réaliser à l'aide de la crémaillère.

Cette ligne part de la gare de Riom (P.-L.-M.) sur la ligne de Paris à Nîmes et aboutit à la gare de Volvic (P.-O.) sur la ligne de Clermont-Ferrand à Tulle, en rachetant une différence de niveau de 400 m. environ,

Elle présente de longues pentes continues de 35 mm. et des rayons de 100 m. Sa longueur est de 18 kilomètres, et elle a coûté environ 1.600.000 fr. de frais de premier établissement. Son exploitation est particulièrement difficile et coûteuse, ce qui est naturel dans les conditions où elle se trouve.

Bien que construite comme ligne à adhérence, on a dû par mesure de sécurité, réduire la vitesse à 12 kil. à l'heure. Les machines du poids de 23 t. remorquent seulement un poids brut de 50 t.

Enfin pour donner une idée de la configuration du pays nous ajouterons que de la station de Volvic (Bourg) à la station de Volvic (P.-O) la distance est de 10 kilomètres par la voie ferrée et de 3.700 m. par la route de terre. On comprend que dans de semblables conditions la crémaillère est toute indiquée.

Construite à crémaillère la longueur de la ligne aurait pu être réduite aisément de 18 à 12 kil., dont la moyenne aurait coûté au maximum 120 000 fr. en tout 1.440.000 fr. On aurait donc réalisé ainsi une économie de *160.000 fr.* sur les frais de premier établissement. Quant à la totalité des frais d'exploitation ils eussent été sensiblement moindres. En effet les longueurs étant dans le rapport de 2 à 3 il est clair que sur de pareilles déclivités les frais d'exploitation d'une ligne à crémaillère n'auraient pas dépassé les frais actuels d'une quantité supérieure au rapport des longueurs. Si par exemple l'exploitation actuelle coûte à peu près 3.500 fr. par kilomètre, cela représente pour 18 kilomètres, une somme de 63.000 fr.

Nous ne pensons pas que les frais d'exploitation de cette voie construite à crémaillère eussent dépassés 4.500 fr. par kilomètre, ce qui aurait donné pour 12 kilomètres, une dépense totale de 53.000 fr., soit *10.000 fr.* de moins que l'exploitation de la ligne actuelle ; ce qui représente un capital de 200.000 fr.

L'économie réelle réalisée en construisant cette ligne à crémaillère aurait donc été de 360.000 fr. c'est-à-dire à peu près le $\frac{1}{5}$ de la dépense; c'eût été une réduction de 20 0/0.

De telles économies ne sont pas négligeables, surtout au moment où l'on songe à doter de voies ferrées les pays de montagne, tout en réduisant les dépenses au minimum.

En écrivant ces pages, nous espérons appeler l'attention des ingénieurs français sur les chemins à crémaillère, qui souvent peuvent être le seul moyen de doter de voies ferrées les régions pauvres et montagneuses. Si ce livre peut faciliter la tâche de ceux, qui dans notre pays, tenteront la construction de ces lignes nouvelles, notre but sera atteint.

Certes il était naturel de construire tout d'abord les voies ferrées des pays de plaine, dans les contrées riches et fertiles, où le trafic est assez rémunérateur pour justifier la dépense de leur établissement. Mais il est légitime et sage de ne pas abandonner les pays déshérités. Car ce sont précisément ceux-là que la construction de voies ferrées peut changer, modifier profondément, en permettant de réaliser dans ces régions, quelquefois, la fertilité du sol, par son amendement, quelquefois l'exploitation des produits minéraux par la facilité des transports. En tout cas la rapidité des communications, et la mise en relation aisée avec les autres parties du territoire, est de nature à arrêter la dépopulation de nos montagnes.

ANNEXE N° 1.

CAHIER DES CHARGES DU CHEMIN DE FER D'INTÉRÊT LOCAL D'AIX-LES-BAINS AU REVARD

TITRE Ier

TRACÉ ET CONSTRUCTION

Tracé.

Art. 1er. — Le chemin de fer d'intérêt local qui fait l'objet du présent cahier des charges partira du parc de la ville d'Aix-les-Bains, passera par le village de Mouxy (commune de Mouxy), puis près de Pugny-Chatenod (commune de Pugny-Chatenod), pour aboutir, après avoir traversé les territoires de Trévignin et de Montcel, au point dit le Grand-Revard, dans le massif de la Cluse.

Sa longueur sera d'environ 9 kilomètres.

Délais d'exécution.

Art. 2. — Les travaux devront être commencés dans un délai de six mois, à partir de la loi déclarative d'utilité publique. Ils seront poursuivis de telle sorte que la ligne entière soit livrée à l'exploitation dans un délai de deux ans, à partir de la même date.

Approbation des projets.

Art. 3. — Aucun travail ne pourra être entrepris pour l'établissement du chemin de fer et de ses dépendances sans que les projets en aient été approuvés conformément à l'article 3 de la loi du 11 juin 1880. pour les projets d'ensemble par le Conseil général, et pour les projets de détail des ouvrages par le préfet, sous réserve de l'approbation spéciale du ministre des travaux publics, dans le cas où des travaux affecteraient des cours d'eau ou des chemins dépendant de la grande voirie.

A cet effet, les projets d'ensemble, comprenant le tracé, les terrassements et l'emplacement des stations, seront remis au préfet dans les six mois au plus tard de la date de la loi déclarative d'utilité publique.

Le préfet, après avoir pris l'avis de l'ingénieur en chef du département, soumettra ces projets au Conseil général qui statuera définitivement, sauf le droit réservé au ministre des travaux publics par le paragraphe 2 de l'article 3 de la loi, d'appeler le Conseil général à statuer à nouveau sur lesdits projets.

L'une des expéditions des projets ainsi approuvés sera remise au concessionnaire avec la mention de la décision approbative du Conseil général, l'autre restera entre les mains du préfet.

Avant comme pendant l'exécution, le concessionnaire aura la faculté de proposer aux projets approuvés les modifications qu'il jugera utiles, mais ces modifications ne pourront être exécutées que moyennant l'approbation de l'autorité compétente.

Projets antérieurs.

Art 4. — (Supprimé).

Pièces a fournir.

Art. 5. — Les projets d'ensemble qui doivent être produits par le concessionnaire comprennent, pour la ligne entière ou pour chaque section de ligne :

1° Un extrait de la carte au 1/80.000e ;

2° Un plan général à l'échelle de 1/10.000e ;

3° Un profil en long à l'échelle de 1/5 000e pour les longueurs et 1/1.000e les hauteurs dont les cotes seront rapportées au niveau moyen de la mer, pris pour plan de comparaison. Au-dessous de ce profil, on indiquera, au moyen de trois lignes horizontales disposées à cet effet, savoir :

Les distances kilométriques du chemin de fer comptées à partir de son origine,

La longueur de chaque pente ou rampe,

La longueur des parties droites et le développement des parties courbes du tracé, en faisant connaître le rayon correspondant à chacune de ces dernières ;

4° Un certain nombre de profils à l'échelle de 0,005 pour mètre et le profil-type de la voie à l'échelle de 0,02 pour mètre ;

5° Un mémoire dans lequel seront justifiées toutes les dispositions essentielles du projet et un devis descriptif dans lequel seront reproduites, sous forme de tableaux, les indications relatives aux déclivités et aux courbes déjà données sur le profil en long.

La position des gares et stations projetées, celle des cours d'eau et des voies de communication traversées par le chemin de fer, des passages soit à niveau, soit en dessus, soit en dessous de la voie ferrée, devront être indiquées tant sur le plan que sur le profil en long, le tout sans préjudice des projets à fournir pour chacun de ces ouvrages.

Acquisition des terrains. — Ouvrages d'art. — Établissement de la deuxième voie.

Art. 6. — Les terrains seront acquis, les ouvrages d'art et les terrassements seront exécutés et les rails seront posés pour une voie seulement, sauf l'établissement d'un certain nombre de gares d'évitement.

Le concessionnaire sera tenu d'exécuter à ses frais une seconde voie, lorsque la recette brute kilométrique aura atteint le chiffre de 35,000 fr. pendant une année.

En dehors du cas prévu par le paragraphe précédent, il pourra, à toute époque de la concession, être requis par le préfet au nom du département et par le ministre au nom de l'État, d'exécuter et d'exploiter une seconde voie sur tout ou partie de ligne, moyennant le remboursement des frais d'établissement de ladite voie.

Si les travaux de la double voie requise ne sont pas commencés et poursuivis dans les délais et conditions prescrits par la décision qui les a ordonnés, l'administration pourra mettre le chemin de fer tout entier sous séquestre et exécuter elle-même les travaux.

Les terrains acquis pour l'établissement du chemin de fer ne pourront recevoir une autre destination.

Largeur de la voie. — Gabarit du matériel roulant.

Art. 7. — La largeur de la voie entre les bords intérieurs des rails sera de 1 mètre.

La largeur des locomotives et des caisses des véhicules ainsi que de leur chargement ne dépassera pas 2 m. 50 et la largeur du matériel roulant, y compris toutes les saillies, notamment celle des marchepieds latéraux, restera inférieure à 2 m. 80; la hauteur du matériel roulant au-dessus des rails sera au plus de 3 m. 60.

Dans les parties à deux voies, la largeur de l'entre-voie mesurée entre les bords extérieurs des rails sera de 2 m. 20.

La largeur des accotements, c'est-à-dire des parties comprises de chaque côté entre le bord extérieur du rail et l'arête supérieure du ballast, sera de 90 centimètres.

L'épaisseur de la couche de ballast sera d'au moins 35 centimètres, à moins d'une autorisation spéciale qui pourra être accordée par le préfet, sur la demande du concessionnaire. Au pied de chaque talus du ballast, il devra toujours être ménagé une banquette de largeur telle que l'arête de cette banquette se trouve à 90 centimètres au moins de la verticale de la partie la plus saillante du matériel roulant.

Dans les parties en déblai, dans le rocher compact, le ballast pourra être supprimé, et, dans ce cas, les traverses seront scellées au roc par des crampons en fer.

Le concessionnaire établira, le long du chemin de fer, les fossés ou rigoles qui seront jugées nécessaires pour l'assèchement de la voie et l'écoulement des eaux.

Les dimensions de ces fossés et rigoles seront déterminées par le préfet, suivant les circonstances locales, sur les propositions du concessionnaire.

Alignements et courbes. — Pentes et rampes.

Art. 8. — Les alignements seront raccordés entre eux par des courbes dont le rayon ne pourra être inférieur à 50 mètres.

Une partie droite de 20 mètres au moins de longueur devra être ménagée entre deux courbes consécutives, lorsqu'elles seront dirigées en sens contraire.

Le maximum des déclivités est fixé à 25 centimètres. Dans les parties où la traction se fera par adhérence, s'il en est établi, ce maximum sera réduit à 30 millimètres.

Une partie horizontale de 40 mètres au moins devra être ménagée entre deux déclivités consécutives de sens contraire.

Les déclivités correspondant aux courbes de faible rayon devront être réduites autant que faire se pourra.

Le concessionnaire aura la faculté, dans des cas exceptionnels, de proposer aux dispositions du présent article les modifications qui lui paraîtraient utiles ; mais ces modifications ne pourront être exécutées que moyennant l'approbation préalable du préfet.

Gares et stations.

Art. 9. — Le nombre et l'emplacement des stations ou haltes de voyageurs et des gares de marchandises seront arrêtés par le Conseil général sur les propositions du concessionnaire, après une enquête spéciale. Il demeure toutefois entendu, dès à présent, que des stations seront établies dans les localités ci-après :

1° Station du départ à Aix-les-Bains ;

2° Halte à Mouxy ;

3° Halte et croisement à Pugny-Chatenod ;

4° Halte et croisement au Pré-Japert ;

5° Station terminus au Grand-Revard.

Si cependant l'exploitation de nouvelles stations, gares ou

haltes est reconnue nécessaire, d'accord avec le département et le concessionnaire, il sera procédé à une enquête spéciale.

L'emplacement en sera définitivement arrêté par le Conseil général, le concessionnaire entendu.

Le nombre, l'étendue de l'emplacement des gares d'évitement seront déterminés par le préfet, le concessionnaire entendu. Si la sécurité publique l'exige, le préfet pourra, pendant le cours de l'exploitation, prescrire l'établissement de nouvelles gares d'évitement ainsi que l'augmentation des voies dans les stations et aux abords des stations.

Le concessionnaire sera tenu, préalablement à tout commencement d'exécution, de soumettre au préfet les projets de détail de chaque gare, station ou halte, lesquels se composeront :

1° D'un plan à l'échelle de 1/500 indiquant les voies, les quais, les bâtiments et leur distribution intérieure, ainsi que la disposition et leurs abords;

2° D'une élévation des bâtiments à l'échelle de 1 centimètre par mètre ;

3° D'un mémoire descriptif dans lequel les dispositions essentielles du projet seront justifiées.

Traversées des routes et chemins.

Art. 10. — Le concessionnaire sera tenu de rétablir les communications interceptées par le chemin de fer, suivant les dispositions qui seront approuvées par l'administration compétente.

Passages au-dessus des routes et chemins.

Art. 11. — Lorsque le chemin de fer devra passer au dessus d'une route nationale ou départementale ou d'un chemin vicinal, l'ouverture du viaduc sera fixée par le ministre des travaux publics ou par le préfet, suivant le cas, en tenant compte des circonstances locales ; mais cette ouverture ne pourra dans aucun cas, être inférieure à 8 mètres pour la route nationale, à 7 mètres pour la route départementale, à 5 mètres pour un chemin vicinal de grande communication ou d'intérêt commun et à 4 mètres pour un simple chemin vicinal.

Pour les viaducs de forme cintrée, la hauteur sous clef à partir du sol de la route sera de 5 mètres au moins. Pour ceux qui seront formés de poutres horizontales en bois ou en fer, la hauteur sous poutre sera de 4 m. 30 au moins.

La largeur entre les parapets sera au moins de 4 m. 20. La hauteur de ces parapets ne pourra dans aucun cas être inférieure à 1 mètre.

Sur les lignes et sections pour lesquelles la Compagnie exécutera les ouvrages d'art pour deux voies, la largeur des viaducs entre les parapets sera au moins de 7 m. 50.

Passages au-dessous des routes et chemins.

Art. 12. — Lorsque le chemin de fer devra passer au-dessous d'une route nationale ou départementale ou d'un chemin vicinal, la largeur entre les parapets du pont qui supportera la route ou le chemin sera fixé par le ministre des travaux publics ou le préfet, suivant le cas, en tenant compte des circonstances locales ; mais cette largeur ne pourra, dans aucun cas, être inférieure à 8 mètres pour la route nationale, à 7 mètres pour la route départementale, à 5 mètres pour un chemin vicinal de grande communication et à 4 mètres pour un simple chemin vicinal.

L'ouverture du pont entre les culées sera au moins de 4 m. 20 pour les chemins à une voie, de 7 m. 50 sur les lignes ou sections pour lesquelles le concessionnaire exécutera les ouvrages d'art pour deux voies. Cette largeur règnera jusqu'à deux mètres au moins au-dessus du niveau du rail. La distance verticale qui sera ménagée au-dessus des rails pour le passage des trains dans une largeur égale à celle qui est occupée par les caisses des voitures, ne sera pas inférieure à 4 m. 20.

Passages à niveau.

Art. 13. — Dans le cas où les routes nationales ou départementales ou des chemins vicinaux, ruraux ou particuliers, seraient traversés à leur niveau par le chemin de fer, les rails et contre-rails devront être posés sans aucune saillie ni dépression sur la surface de ces routes et de telle sorte qu'il n'en résulte aucune gêne pour la circulation des voitures.

Le croisement à niveau du chemin de fer et des routes ne pourra s'effectuer sous un angle inférieur à 45°, à moins d'une autorisation formelle de l'autorité supérieure. L'ouverture libre des passages à niveau sera d'au moins 6 mètres pour les routes nationales et départementales et les chemins vicinaux de grande communication, et d'au moins 4 mètres pour les autres chemins.

Le préfet déterminera, sur la proposition du concessionnaire, les types de barrières qu'il devra poser aux passages à niveau, ainsi que des abris ou maisons de gardes à établir. Il peut dispenser d'établir des maisons de garde ou des abris et même de poser des barrières au croisement des chemins peu fréquentés.

La déclivité des routes et chemins aux abords des passages à niveau sera réduite à 20 millièmes au plus sur 10 mètres de longueur de part et d'autre de chaque passage, sauf les exceptions motivées par les circonstances locales, lesquelles seront autorisées par le préfet sur la demande du concessionnaire.

Rectification des routes.

Art. 14. — Lorsqu'il y a lieu de modifier l'emplacement ou le profil des routes existantes, l'inclinaison des pentes ou rampes sur les routes modifiées ne pourra excéder deux centimètres par mètre pour les routes nationales et 5 centimètres pour les routes départementales et les chemins vicinaux. Le préfet restera libre, toutefois, d'apprécier les circonstances qui pourraient modifier une dérogation à cette clause, en ce qui touche les routes départementales et les chemins vicinaux ; le ministre statuera en tout ce qui concerne les routes nationales.

Écoulement des eaux. — Débouché des ponts.

Art. 15. — Le concessionnaire sera tenu de rétablir et d'assurer, à ses frais, pendant la durée de sa concession, l'écoulement de toutes les eaux dont le cours aurait été arrêté, suspendu ou modifié par ses travaux et de prendre les mesures nécessaires pour prévenir l'insalubrité pouvant résulter de chambres d'emprunt.

Les viaducs à construire à la rencontre des rivières, des canaux et des cours d'eau quelconques auront au moins 4 m. 20 de largeur entre les parapets sur les chemins à une voie et 7 m. 50 sur les chemins à deux voies, et ils présenteront, en outre, les garages nécessaires pour la sécurité des ouvriers de la voie. La hauteur des parapets ne pourra jamais être inférieure à 1 mètre.

La hauteur et le débouché du viaduc seront déterminés dans chaque cas particulier par l'administration, suivant les circonstances locales.

Dans tous les cas où l'administration le jugera utile, il pourra être accolé aux ponts établis par le concessionnaire pour le service du chemin de fer une voie charretière ou une passerelle pour piétons.

L'excédent de dépenses qui en résultera sera supporté suivant le cas par l'État, le département ou les communes intéressées, d'après l'évaluation contradictoire qui sera faite par les ingénieurs ou les agents désignés par l'autorité compétente et par les ingénieurs de la compagnie.

Souterrains.

Art. 16. — Les souterrains établis pour le passage du chemin de fer auront au moins 4 m. 20 de largeur entre les pieds-droits au niveau des rails pour les chemins à une voie et 7 m. 50 de largeur pour les lignes ou sections à deux voies. Cette largeur règnera jusqu'à 2 mètres au moins au-dessus du niveau des rails. Des garages seront établis à 50 mètres de distance de chaque côté et seront disposés en quinconce d'un côté à l'autre. La hauteur sous clé au-dessus de la surface des rails sera de 4 m. 80. La distance verticale qui sera ménagée entre l'intrados et le dessus des rails, pour le passage des trains, dans une largeur égale à celle qui est occupée par les caisses des voitures ne sera pas inférieure à 4 m. 20. L'ouverture des puits d'aérage et de construction des souterrains sera entourée d'une margelle en maçonnerie de 2 mètres de hauteur. Cette ouverture ne pourra être établie sur aucune voie publique.

Maintien des communications.

Art. 17. — A la rencontre des cours d'eau flottables ou navigables, le concessionnaire sera tenu de prendre toutes les mesures et de payer tous les frais nécessaires pour que le service de la navigation ou du flottage n'éprouve ni interruption ni entrave pendant l'exécution des travaux.

A la rencontre des routes nationales ou départementales et des autres chemins publics, il sera construit des chemins et ponts provisoires, par les soins et aux frais du concessionnaire, partout où cela sera jugé nécessaire, pour que la circulation n'éprouve ni interruption ni gêne.

Avant que les communications existantes puissent être interceptées, une reconnaissance sera faite par les ingénieurs de la localité, afin de constater si les ouvrages provisoires présentent une solidité suffisante et s'ils peuvent assurer le service de la circulation.

Un délai sera fixé par l'administration pour l'exécution des travaux définitifs destinés à rétablir les communications interceptées.

Exécution des travaux.

Art. 18. — Le concessionnaire n'emploiera dans l'exécution des ouvrages que des matériaux de bonne qualité ; il sera tenu de se conformer à toutes les règles de l'art, de manière à obtenir une construction parfaitement solide.

Tous les aqueducs, ponceaux, ponts et viaducs à construire à la rencontre des divers cours d'eau ou des chemins publics ou particuliers seront en maçonnerie ou en fer, sauf les cas d'exception qui pourront être admis par l'administration.

Voies.

Art. 19. — Les voies seront établies d'une manière solide et avec des matériaux de bonne qualité.

Les rails seront en acier et du poids de 17 kilog. au moins par mètre courant sur les voies de circulation.

L'espacement maximum des traverses sera de 1 mètre d'axe en axe. Le type de ces traverses devra être accepté par le préfet.

Enfin, le concessionnaire sera tenu de soumettre au préfet les dispositions de détail du type de crémaillère qu'il compte adopter.

Clôtures.

Art. 20. — Conformément à l'article 20 de la loi du 11 juin 1880, le concessionnaire sera dispensé de poser des clôtures sur toute la ligne, sauf à la traversée du chemin vicinal n° 23 et du chemin d'intérêt commun n° 48, ainsi qu'à la traversée du chemin de grande communication n° 11, de Chambéry à Albens, où des clôtures seront établies sur 10 mètres de longueur de chaque côté du passage à niveau.

Indemnités de terrains et de dommages.

Art. 21. — Tous les terrains nécessaires pour l'établissement du chemin de fer et de ses dépendances, pour la déviation des voies de communication et des cours d'eau déplacés et, en général, pour l'exécution des travaux, quels qu'ils soient, auxquels cet établissement pourra donner lieu, seront achetés et payés par le concessionnaire.

Les indemnités pour occupation temporaire ou pour détérioration de terrains, pour chômage, modification ou destruction d'usines et pour dommages quelconques résultant des travaux, seront supportées et payées par le concessionnaire.

Droits conférés au concessionnaire.

Art. 22. — L'entreprise étant d'utilité publique, le concessionnaire est investi, pour l'exécution des travaux dépendant de sa concession, de tous les droits que les lois et règlements confèrent à l'administration en matière de travaux publics, soit pour l'acquisition des terrains par voie d'expropriation, soit pour l'extraction, le transport et le dépôt des terres, matériaux, etc., et il demeure en même temps soumis à toutes les obligations qui dérivent pour l'administration de ces lois et règlements.

Servitudes militaires.

Art. 23. — Dans les limites de la zône frontière et dans les rayons de servitude des enceintes fortifiées, le concessionnaire sera tenu, pour l'étude et l'exécution de ses projets, de se soumettre à l'exécution de toutes les formalités et de toutes les conditions exigées par les lois, décrets et règlements concernant les travaux mixtes.

Mines.

Art. 24. — Si la ligne du chemin de fer traverse un sol déjà concédé pour l'exploitation d'une mine, les travaux de consolidation à faire dans l'intérieur de la mine qui pourraient être imposés par le ministre des travaux publics, ainsi que les dommages résultant de cette traversée pour les concessionnaires de la mine, seront à la charge du concessionnaire.

Carrières.

Art. 25. — Si le chemin de fer doit s'étendre sur des terrains renfermant des carrières, ou les traverser souterrainement, il ne pourra être livré à la circulation avant que les excavations qui pourraient en compromettre la solidité aient été remblayées ou consolidées. Les travaux que le ministre des travaux publics pourrait ordonner à cet effet seront exécutés par les soins et aux frais du concessionnaire.

Contrôle et surveillance des travaux.

Art. 26. — Les travaux seront soumis au contrôle et à la surveillance du préfet, sous l'autorité du ministre des travaux publics.

Ils seront conduits de manière à nuire le moins possible à la liberté et à la sûreté de la circulation. Les chantiers ouverts sur le sol des voies publiques seront éclairés et gardés pendant la nuit.

Les travaux devront être adjugés par lots et sur série de prix, soit avec publicité et concurrence, soit sur soumissions cachetées entre entrepreneurs agréés à l'avance. Toutefois, si le Conseil d'administration juge convenable, pour une entreprise ou une fourniture déterminée, de procéder par voie de régie ou de traité direct, il devra obtenir de l'assemblée générale des actionnaires la sanction, soit de la régie, soit du traité.

Tout marché à forfait, avec ou sans série de prix, passé avec un entrepreneur, soit pour l'ensemble du chemin de fer, soit pour l'exécution des terrassements ou ouvrages d'art, soit pour la construction d'une ou plusieurs sections du chemin de fer, est, dans tous les cas, formellement interdit.

Le contrôle et la surveillance du préfet auront pour objet d'empêcher le concessionnaire de s'écarter des dispositions prescrites par le présent cahier des charges et de celles qui résulteront des projets approuvés.

Réception des travaux.

Art. 27. — A mesure que des travaux seront terminés sur des parties du chemin de fer susceptibles d'être livrées utilement à la circulation, il sera procédé à la reconnaissance et, s'il y a lieu, à la réception provisoire de ces travaux par un ou plusieurs commissaires que le préfet désignera.

Sur le vu du procès-verbal de cette reconnaissance, le préfet autorisera, s'il y a lieu, la mise en exploitation des parties dont il s'agit ; après cette autorisation, le concessionnaire pourra mettre lesdites parties en service et y percevoir les taxes ci-après déterminées. Toutefois, ces réceptions partielles ne deviendront définitives que par la réception générale et définitive du chemin de fer, laquelle sera faite dans la même forme que les réceptions partielles.

Bornage et plan cadastral.

Art. 28. — Immédiatement après l'achèvement des travaux, et au plus tard six mois après la mise en exploitation de la ligne ou de chaque section, le concessionnaire fera faire à ses frais un bornage contradictoire avec chaque propriétaire riverain, en présence d'un représentant du département, ainsi qu'un plan cadastral du chemin de fer et de ses dépendances.

Il fera dresser, également à ses frais, et contradictoirement avec les agents désignés par le préfet, un état descriptif de tous les ouvrages d'art qui auront été exécutés, ledit état accompagné d'un atlas contenant les dessins cotés de tous les ouvrages.

Une expédition dûment certifiée des procès-verbaux de bornage, du plan cadastral, de l'état descriptif et de l'atlas sera dressée aux frais du concessionnaire et déposée dans les archives de la préfecture.

Les terrains acquis par le concessionnaire postérieurement au bornage général, en vue de satisfaire aux besoins de l'exploitation et qui, par cela même, deviendront partie intégrante du chemin de fer, donneront lieu, au fur et à mesure de leur acquisition, à des bornages supplémentaires et seront ajoutés sur le plan cadastral ; addition sera également faite sur l'atlas de tous les ouvrages d'art exécutés postérieurement à sa rédaction.

TITRE II

ENTRETIEN ET EXPLOITATION

Entretien.

Art. 29. — Le chemin de fer et toutes ses dépendances seront constamment entretenus en bon état, de manière que la circulation y soit toujours facile et sûre.

Les frais d'entretien et ceux auxquels donneront lieu les réparations ordinaires et extraordinaires seront entièrement à la charge du concessionnaire.

Si le chemin de fer, une fois achevé, n'est pas constamment entretenu en bon état, il y sera pourvu d'office, à la diligence du préfet et aux frais du concessionnaire, sans préjudice, s'il y a lieu, de l'application des dispositions indiquées ci-après dans l'article 39.

Le montant des avances faites sera recouvré au moyen des rôles que le préfet rendra exécutoires.

Gardiens.

Art. 30. — Le concessionnaire sera tenu d'établir à ses frais, partout où la nécessité en aura été reconnue par le préfet, des gardiens en nombre suffisant pour assurer la sécurité du passage des trains sur la voie et celle de la circulation sur les points où le chemin de fer traverse à niveau des routes ou chemins publics.

Matériel roulant.

Art. 31. — Le matériel roulant qui sera mis en circulation sur le chemin de fer concédé devra passer librement dans le gabarit, dont les dimensions sont définies par le deuxième paragraphe de l'art. 7.

Les machines locomotives seront construites sur les meilleurs modèles; elles devront consumer leur fumée et satisfaire d'ailleurs à toutes les conditions prescrites ou à prescrire par l'administration pour la mise en service de ce genre de machines. En vue de la fixation de ces conditions, le concessionnaire sera tenu de soumettre au préfet les dispositions qu'il compte adopter.

Chaque wagon sera muni d'un frein à friction et à main, d'un frein automatique; les machines porteront également ces appareils et, en outre, un frein modérateur destiné à régler la vitesse à la descente, lequel pourra d'ailleurs être imposé pour tous les wagons, si l'on en reconnaît la nécessité. Les dispositions de ces freins devront être détaillées dans le projet d'exécution.

Les voitures des voyageurs devront être faites d'après les meilleurs modèles et satisfaire à toutes les conditions réglées ou à régler pour les voitures servant au transport des voyageurs sur les chemins de fer.

Elles seront suspendues sur ressorts et n'auront qu'un étage; elles seront complètement couvertes. Latéralement, elles seront fermées au moyen de portières avec glaces et rideaux ou laissées ouvertes suivant les propositions du concessionnaire soumises à l'approbation du préfet. On y accédera par des marchepieds latéraux de 25 centimètres de largeur.

Les dossiers et les banquettes devront être inclinés et les dossiers auront une hauteur de 50 centimètres.

Il n'y aura des places que d'une seule classe, mais il pourra être établi des places de luxe s'il y a lieu. Pour la disposition des places, le concessionnaire se conformera aux prescriptions qui seront arrêtées par le préfet.

L'intérieur de chaque compartiment contiendra l'indication du nombre de places de ce compartiment.

On ne pourra exiger qu'un compartiment soit réservé, dans les trains de voyageurs, aux femmes voyageant seules.

Les voitures de voyageurs, les wagons destinés au transport des marchandises, des chaises de poste, les plateformes et, en général, toutes les parties du matériel roulant seront de bonne et solide construction.

Le concessionnaire sera tenu, pour la mise en service de ce matériel, de se soumettre à tous les règlements sur la matière. Il devra être notamment procédé à des essais sur les freins de chaque wagon par un ou plusieurs commissaires que le préfet désignera.

Le nombre des voitures à freins qui doivent entrer dans la composition des trains sera réglé par le préfet, en rapport avec les déclivités de la ligne.

Les machines locomotives, tenders, voitures, wagons de toute espèce, plates-formes composant le matériel roulant, seront constamment tenus en bon état.

Nombre minimum des trains.

Art. 32. — Le nombre minimum des trains qui desserviront tous les jours la ligne entière dans chaque sens est fixé à deux. Toutefois, vu le but spécial de la ligne projetée qui est le transport des personnes ne voyageant que pour leur agrément, ce nombre pourra varier suivant les saisons, sur la proposition du concessionnaire et après décision du préfet. Celui-ci pourra, d'ailleurs, autoriser la suspension complète de l'exploitation pendant l'hiver sur tout ou partie de la ligne.

Règlements de police et d'exploitation.

Art. 33. — Le concessionnaire supportera les dépenses qu'entraînera l'exécution des ordonnances, décrets, décisions ministérielles et arrêtés préfectoraux rendus ou à rendre par application de la loi du 15 juillet 1845 et de celle du 11 juin 1880, au sujet de la police et de l'exploitation des chemins de fer.

Le concessionnaire sera tenu de soumettre à l'approbation du préfet les règlements de service intérieurs relatifs à l'exploitation du chemin de fer. Il demeure toutefois entendu, dès à présent, que dans les trains, la machine locomotive devra toujours se placer du côté de la vallée, en queue du train pour la montée et en tête à la descente, ce qui entraînera, dans le cas de rebroussement, l'obligation de prévoir des installations destinées à permettre à la machine de passer de la queue à la tête du train ou inversement.

Le préfet déterminera, sur la proposition du concessionnaire, le minimum de la vitesse des convois de voyageurs et de marchandises sur les différentes sections de la ligne, la durée du trajet et le tableau de la marche des trains. Quant à la vitesse maximum elle est, dès à présent, fixée à 10 kilomètres à l'heure.

TITRE III

DURÉE, RACHAT ET DÉCHÉANCE DE LA CONCESSION

Durée de la concession.

Art. 34. — La durée de la concession pour la ligne mentionnée à l'article 1er du présent cahier des charges commencera à courir de la date de la loi qui approuvera la convention. Elle prendra fin quatre-vingt-dix-neuf ans après.

Expiration de la concession.

Art. 35. — A l'époque fixée pour l'expiration de la concession et par le seul fait de cette expiration, le département sera subrogé à tous les droits du concessionnaire sur le chemin de fer et ses dépendances et il entrera immédiatement en jouissance de ses produits.

Le concessionnaire sera tenu de lui remettre en bon état d'entretien le chemin de fer et tous les immeubles qui en dépendent, quelle qu'en soit l'origine, tels que les bâtiments des gares et stations, les remises, ateliers et dépôts, les maisons de garde, etc. Il en sera de même de tous les objets immobiliers dépendant également dudit chemin, tels que les barrières et clôtures, les voies, changements de voies, plaques tournantes, réservoirs d'eau, grues hydrauliques, machines fixes, etc.

Dans les cinq dernières années qui précéderont le terme de la concession, le département aura le droit de saisir les revenus du chemin de fer et de les employer à rétablir en bon état le chemin de fer et ses dépendances, si le concessionnaire ne se mettait pas en mesure de satisfaire pleinement et entièrement à cette obligation.

En ce qui concerne les objets mobiliers, tels que le matériel roulant, le mobilier des stations, l'outillage des ateliers et des gares, le département se réserve le droit de les reprendre en totalité ou pour telle partie qu'il jugera convenable, à dire d'expert, mais sans pouvoir y être contraint. La valeur des objets repris sera payée au concessionnaire dans les six mois qui suivront l'expiration de la concession et la remise du matériel au département.

Le département sera tenu, si le concessionnaire le requiert, de reprendre les matériaux, combustibles et approvisionnements de tout genre sur l'estimation qui en sera faite à dire d'expert, et réciproquement, si le département le requiert, le concessionnaire sera tenu de céder ses approvisionnements et de la même manière. Toutefois, le département ne pourra être obligé de reprendre que les approvisionnements nécessaires à l'exploitation du chemin de fer pendant six mois.

Rachat de la concession.

Art. 36. — Le département aura toujours le droit de racheter la concession.

Si le rachat a lieu avant l'expiration des quinze premières années de l'exploitation, il se fera conformément au paragraphe 3 de l'article 11 de la loi du 11 juin 1880. Ce terme de quinze ans sera compté à partir de la mise en exploitation effective de la ligne entière, ou au plus tard à partir de la fin du délai qui est fixé dans l'article 2 du présent cahier des charges, sans tenir compte des retards qui auraient eu lieu dans l'achèvement des travaux.

Si le rachat de la concession entière est demandé par le département après l'expiration des quinze premières années de l'exploitation, on règlera le prix du rachat en relevant les produits nets annuels obtenus par le concessionnaire pendant les sept années qui auront précédé celle où le rachat sera effectué et en y comprenant les annuités qui auront été payées à titre de subvention ; on en déduira les produits nets des deux plus faibles années, et l'on établira le produit net moyen des cinq autres années.

Ce produit net moyen formera le montant d'une annuité qui sera due et payée au concessionnaire pendant chacune des années restant à courir sur la durée de la concession.

Dans aucun cas, le montant de l'annuité ne sera inférieur au produit net de la dernière des sept années prises pour terme de comparaison. Le concessionnaire recevra, en outre, dans les six mois qui suivront le rachat, les remboursements auxquels il aurait droit à l'expiration de la concession suivant les deux derniers paragraphes de l'article 35, la reprise de la totalité des objets mobiliers étant ici obligatoire dans tous les cas pour le département.

Le concessionnaire ne pourra élever aucune réclamation dans le cas où le chemin concédé ayant été déclaré d'intérêt général, l'État sera substitué au département dans tous les droits que ce dernier tient de la loi du 11 juin 1880 et du présent cahier des charges.

Si l'État rachète la concession passé le terme de quinze années qui est fixé dans le paragraphe 1er du présent article, le rachat sera opéré suivant les dispositions qui précèdent. Dans le cas où, au contraire, l'État déciderait de racheter la concession avant l'expiration de ce terme, l'indemnité qui pourra être due au concessionnaire sera liquidée par une commission spéciale, conformément au paragraphe 2 de l'article 11 de la loi du 11 juin 1880.

Déchéance.

Art. 37. — Si le concessionnaire n'a pas remis au préfet les projets définitifs et s'il n'a pas commencé les travaux dans les délais fixés par les articles 2 et 3, il encourra la déchéance qui sera prononcée par le ministre des travaux publics après une mise en demeure, sauf recours au Conseil d'État par la voie contentieuse.

Dans ces deux cas, la somme de 40,000 fr. qui aura été déposée, ainsi qu'il sera dit à l'article 66, à titre de cautionnement, deviendra la propriété du département et lui restera acquise.

Achèvement des travaux en cas de déchéance.

Art. 38. — Faute par le concessionnaire d'avoir poursuivi et terminé les travaux dans les délais et conditions fixés par l'article 2, faute aussi par lui d'avoir rempli les diverses obligations qui lui sont imposées par le présent cahier des charges et dans le cas prévu par l'article 10 de la loi du 11 juin 1880, il encourra, soit la perte partielle de son cautionnement dans les conditions prévues par l'acte de concession, soit la perte totale de ce cautionnement, soit enfin la déchéance. Dans tous les cas, il sera statué sur la demande du département, après mise en demeure par le ministre des travaux publics, sauf recours au Conseil d'État par la voie contentieuse. Dans les deux premiers cas, le cautionnement sera reconstitué dans le mois de la décision ministérielle.

Dans le cas de déchéance, il sera pourvu tant à la continuation et à l'achèvement des travaux qu'à l'exécution des autres engagements contractés par le concessionnaire, au moyen d'une adjudication que l'on ouvrira sur une mise à prix des ouvrages exécutés, des matériaux approvisionnés et des parties du chemin de fer déjà livrées à l'exploitation.

Nul ne sera admis à concourir à cette adjudication s'il n'a été préalablement agréé par le préfet.

A cet effet, les personnes qui voudraient concourir seront tenues de déclarer, dans le délai qui sera fixé, leur intention par écrit déposée à la préfecture et accompagnée des pièces propres à justifier des ressources nécessaires pour remplir les engagements à contracter.

Ces pièces seront examinées par le préfet en conseil de préfecture. Chaque soumissionnaire sera informé de la décision prise en ce qui le concerne et, s'il y a lieu, du jour de l'adjudication.

Les personnes qui auront été admises à concourir devront faire, soit à la Caisse des dépôts et consignations, soit à la recette générale du département, le dépôt de garantie qui devra être égal au moins au trentième de la dépense à faire par le concessionnaire.

L'adjudication aura lieu suivant les formes indiquées aux articles 11, 12, 13, 15 et 16 de l'ordonnance royale du 10 mai 1829.

Les soumissions ne pourront être inférieures à la mise à prix.

Le nonveau concessionnaire sera soumis aux clauses du présent cahier des charges et substitué au concessionnaire évincé pour recevoir les subventions de toute nature à échoir aux termes de l'acte de concession ; le concessionnaire évincé recevra de lui le prix que la nouvelle adjudication aura fixé.

La partie du cautionnement qui n'aura pas encore été restituée deviendra la propriété du département.

Si l'adjudication ouverte n'amène aucun résultat, une seconde adjudication sera tentée sur les mêmes bases, après un délai de trois mois. Cette fois, les soumissions pourront être inférieures à la mise à prix. Si cette seconde tentative reste également sans résultats, le concessionnaire sera définitivement déchu de tous droits, et alors les ouvrages exécutés, les matériaux approvisionnés et les parties de chemin de fer déjà livrées à l'exploitation appartiendront au département.

Interruption de l'exploitation.

Art. 39. — Si l'exploitation du chemin de fer vient à être interrompue en totalité ou en partie, le préfet prendra immédiatement, aux frais et risques du concessionnaire, les mesures nécessaires pour assurer provisoirement le service.

Si, dans les trois mois de l'organisation du service provisoire, le concessionnaire n'a pas valablement justifié qu'il est en état de reprendre et de continuer l'exploitation, et s'il ne l'a pas effectivement reprise, la déchéance pourra être prononcée par le ministre des travaux publics. Cette déchéance prononcée, le chemin de fer et toutes ses dépendances seront mis en adjudication, et il sera procédé ainsi qu'il est dit à l'article précédent.

Cas de force majeure.

Art. 40. — Les dispositions des trois articles qui précèdent ne seraient pas applicables et la déchéance ne serait pas encourue, dans le cas où le concessionnaire n'aurait pu remplir ses obligations par suite de circonstances de force majeure dûment constatées.

TITRE IV

TAXES ET CONDITIONS RELATIVES AU TRANSPORT DES VOYAGEURS ET DES MARCHANDISES.

Tarifs des droits à percevoir.

Art. 41. — Pour indemniser le concessionnaire des travaux et dépenses qu'il s'engage à faire par le présent cahier des charges et sous la condition expresse qu'il en remplira exactement toutes les obligations, il est autorisé à percevoir pendant toute la durée de la concession les droits de transport ci-après déterminés :

TARIF DE TRANSPORT

I. — *Voyageurs.*	PRIX MAXIMUM par kilomètre.
Vitesse unique et classe unique	0 50
Enfants. — Au-dessous de trois ans, les enfants ne payeront rien à la condition d'être portés sur les genoux des personnes qui les accompagnent. De trois à sept ans, ils payeront demi-place et auront droit à une place distincte ; toutefois, dans un même compartiment, deux enfants ne pourront occuper que la place d'un voyageur. Au-dessus de sept ans, ils payeront place entière.	
Chiens. — Les chiens payeront la moitié de la place d'un voyageur d'après le tarif ci-dessus.	

II. — *Bagages.*	PRIX MAXIMUM par kilogramme sur tout le parcours
De 0 à 10 kilogrammes	0 15
De 10 à 25 kilogrammes.	0 10
De 25 kilogrammes et au-dessus	0 15

III. — *Marchandises.*	PRIX MAXIMUM par tonne et par kilomètre.
Grande vitesse, quelle que soit la nature de la marchandise (denrées, grains, fourrages, charbons, bois, matériaux de construction de toute sorte, minerais, métaux, fers, fontes, objets quelconques)	3 50
Il ne sera pas fait de service spécial pour les marchandises. Elles seront transportées par les trains de voyageurs.	

IV. — *Cercueils.*

Chaque cercueil confié à l'administration du chemin de fer sera transporté dans un compartiment isolé au prix maximum de 6 francs par kilomètre.

Les prix déterminés ci-dessus ne comprennent pas l'impôt dû à l'État.

Il est expressément entendu que les prix de transport ne seront dus au concessionnaire qu'autant qu'il effectuerait lui-même ces transports à ces frais et par ses propres moyens.

La perception aura lieu d'après le nombre de kilomètres parcourus. Tout kilomètre entamé sera payé comme s'il avait été parcouru en entier. Le tableau des distances entre les diverses localités sera arrêté par le préfet d'après le procès-verbal de chaînage dressé contradictoirement par le concessionnaire et les ingénieurs du contrôle. Ce chaînage sera fait suivant la voie la plus courte d'axe en axe des bâtiments des voyageurs des stations extrêmes. Les tarifs proposés d'après cette base seront soumis à l'homologation de M. le préfet.

Le poids de la tonne est de 1,000 kilogrammes.

Les fractions de poids ne seront comptées pour les marchandises que par centième de tonne ou par 10 kilogrammes. Ainsi, tout poids compris entre 0 et 10 kilogrammes payera comme 10 kilogrammes, entre 10 et 20 kilogrammes comme 20 kilogrammes, etc.

Quelle que soit la distance parcourue, le prix d'une expédition quelconque ne pourra être inférieure à 40 centimes.

Composition des trains.

Art. 42. — Le concessionnaire sera tenu d'admettre dans chaque train autant de voyageurs qu'en comportera le nombre maximum des voitures que les machines locomotives seront susceptibles de remorquer, nombre qui sera fixé par le préfet suivant les dimensions du matériel roulant et la puissance des moteurs.

Dans le cas où ce maximum serait atteint, la préférence serait donnée aux voyageurs qui auraient le plus long trajet à effectuer.

Bagages.

Art. 43. — Tout voyageur dont le bagage ne pèsera pas plus de 5 kilogrammes n'aura à payer pour le port de ce bagage aucun supplément du prix de sa place.

Cette franchise ne s'appliquera pas aux enfants transportés gratuitement ni à ceux transportés à moitié prix.

Assimilation des classes de marchandises.

Art. 44 (supprimé).

Transport de masses indivisibles.

Art. 45. — Les prix de transport déterminés au tarif ne sont point applicables à toute masse indivisible pesant plus de 300 kilogrammes.

Néanmoins, le concessionnaire ne pourra se refuser à transporter les masses indivisibles pesant de 300 à 500 kilogrammes, mais les prix de transport seront augmentés de moitié.

Le concessionnaire ne pourra être contraint à transporter les masses pesant plus de 500 kilogrammes.

Si nonobstant la disposition qui précède, le concessionnaire transporte des masses indivisibles pesant plus de 500 kilogrammes, il devra, pendant trois mois au mois, accorder les mêmes facultés à tous ceux qui en feraient la demande.

Dans ce cas, les prix de transport seront fixés par l'administration sur la proposition du concessionnaire.

Exceptions. — Envois par groupes.

Art. 46. — Les prix de transport déterminés au tarif ne sont point applicables :

1° Aux denrées et objets qui ne pèseraient pas 200 kilogrammes sous le volume de 1 mètre cube ;

2° Aux matières inflammables ou explosibles, aux objets dangereux pour lesquels les règlements de police prescriraient des précautions spéciales ;

3° A l'or et à l'argent, soit en lingots, soit monnayé ou travaillé, ou plaqué d'or ou d'argent, ainsi qu'aux bijoux, dentelles, pierres précieuses, objets d'art et autres valeurs ;

4° Et en général à tous paquets, colis, pesant isolément 40 kilogr. et au-dessous.

Toutefois, les prix de transport déterminés aux tarifs sont applicables à tous paquets ou colis quoique emballés à part, s'ils font partie d'envois pesant ensemble plus de 40 kilogrammes d'objets envoyés par une même personne à une même personne. Il en sera de même pour les excédents de bagages qui pèseraient ensemble ou isolément plus de 40 kilogr.

Le bénéfice de la disposition énoncée dans le paragraphe précédent en ce qui concerne les paquets ou colis ne peut être invoqué par les entrepreneurs de messageries et de roulage et autres intermédiaires de transport, à moins que les articles par eux envoyés ne soient réunis en un seul colis.

Dans les quatre cas ci-dessus spécifiés, les prix de transport seront arrêtés annuellement par le préfet, sur la proposition du concessionnaire.

En ce qui concerne les paquets ou colis mentionnés au paragraphe 4 ci-dessus, les prix de transport devront être calculés de telle manière qu'en aucun cas un de ces paquets ou colis ne puisse payer un prix plus élevé qu'un article de même nature pesant plus de 40 kilogrammes.

Abaissement des tarifs.

Art. 47. — Dans le cas où le concessionnaire jugerait convenable, soit pour le parcours total, soit pour les parcours partiels de la voie de fer, d'abaisser avec ou sans conditions, au-dessous des limites déterminées par le tarif, les taxes qu'il est autorisé à percevoir, les taxes abaissées ne pourront être relevées qu'après un délai de trois mois au moins pour les voyageurs et d'un an pour les marchandises.

Toute modification de tarif proposée par le concessionnaire sera annoncée un mois d'avance par les affiches.

La perception des tarifs modifiés ne pourra avoir lieu qu'avec l'homologation du préfet ou du ministre des travaux publics suivant les distinctions établies par l'article 5 de la loi du 11 juin 1880 et conformément aux dispositions de l'ordonnance du 15 novembre 1846.

La perception des taxes devra se faire indistinctement et sans aucune faveur.

Tout traité particulier qui aurait pour effet d'accorder à un ou plusieurs expéditeurs une réduction sur les tarifs homologués demeure formellement interdit.

Toutefois, cette disposition n'est pas applicable aux traités qui pourraient intervenir entre le Gouvernement et le concessionnaire dans l'intérêt des services publics, ni aux réductions ou remises qui seraient accordées par le concessionnaire aux indigents et aux gardes assermentés.

En cas d'abaissement des tarifs, la réduction portera proportionnellement sur le péage et le transport.

Quand deux années consécutives auront donné un produit net moyen permettant d'attribuer au capital de premier établissement, défini ainsi qu'il est dit à l'article 1er du règlement d'administration publique du 20 mars 1882, un revenu net annuel supérieur à 11 p. 100, l'Etat aura le droit d'exiger l'abaissement de certains tarifs à son choix

Cet abaissement sera calculé de manière à produire une diminution du revenu net annuel d'environ 1 p. 100, et les nouveaux tarifs seront mis en vigueur le 1er janvier de l'année qui suivra celle pendant laquelle le revenu net moyen supérieur à 11 p. 100, afférent aux deux précédentes, aura été constaté.

Tant qu'après cet abaissement le revenu net annuel restera compris entre 10 et 12 p. 100, aucun tarif ne pourra être abaissé d'office par l'administration ni relevé par elle sur l'initiative du concessionnaire.

Si le revenu net moyen de deux années consécutives devient inférieur à 10 p. 100, le concessionnaire aura le droit de revenir aux premiers tarifs à partir du 1er janvier de l'année qui suivra celle pendant laquelle ce revenu net moyen inférieur à 10 p. 100, afférent aux deux précédentes, aura été constaté.

Si, au contraire, le revenu net moyen de deux années consécutives dépasse 12 p. 100, l'État aura le droit d'exiger un nouvel abaissement de certains tarifs à son choix, calculé de manière à produire une diminution probable de revenu annuel d'environ 1 p. 100.

Tant qu'après cet abaissement le revenu net annuel restera compris entre 11 et 13 p. 100, aucun tarif ne pourra être ni abaissé d'office par l'administration ni relevé par elle sur l'initiative du concessionnaire.

On procèdera de même indéfiniment, suivant les variations du revenu net annuel de la ligne.

Délais d'expédition.

Art. 48. — Le concessionnaire sera tenu d'effectuer constamment avec soin, exactitude et célérité, et sans tour de faveur, le transport des voyageurs, denrées, marchandises et objets quelconques qui lui seront confiés.

Les colis et objets quelconques seront inscrits, à la gare d'où ils partent et à la gare où ils arrivent, sur des registres spéciaux au fur et à mesure de leur réception ; mention sera faite sur le registre de la gare de départ du prix total dû pour le transport.

Pour les marchandises ayant une même destination, les expéditions auront lieu suivant l'ordre de leur inscription à la gare de départ.

Toute expédition de marchandises sera constatée, si l'expéditeur le demande, par une lettre de voiture dont un exemplaire restera aux mains du concessionnaire et l'autre aux mains de l'expéditeur. Dans le cas où l'expéditeur ne demanderait pas de lettre de voiture, le concessionnaire sera tenu de lui délivrer un récépissé qui énoncera la nature et le poids du colis, le prix total du transport et le délai dans lequel ce transport sera effectué.

Délais de livraison.

Art. 49. — Les denrées, marchandises et objets quelconques sont expédiés et livrés de gare en gare dans les délais résultant des conditions ci-après exprimées :

1° Les denrées, quelle que soit leur nature, seront expédiées par le premier train comprenant des fourgons à marchandises et correspondant avec leur destination, pourvu qu'elles aient été présentées à l'enregistrement trois heures avant le départ de ce train.

Elles seront mises à la disposition des destinataires, à la gare, dans le délai de deux heures après l'arrivée du même train.

2° Les autres marchandises et objets quelconques devront être expédiés dans un délai de vingt-quatre heures compté à partir de la remise à la gare de départ.

Ils seront mis à la disposition des destinataires dans le délai de six heures après leur arrivée en gare.

Ces deux délais seront seuls obligatoires pour le concessionnaire.

Le préfet déterminera par des règlements spéciaux les heures d'ouverture et de fermeture des gares et stations tant en hiver qu'en été, ainsi que les dispositions relatives aux denrées apportées par les trains de nuit et destinées à l'approvisionnement des marchés de villes.

Dans le cas de l'établissement d'un embranchement sur la ligne qui fait l'objet du présent cahier des charges, les délais de livraison et d'expédition au point de jonction seront fixés par le préfet sur la proposition du concessionnaire.

Frais accessoires.

Art. 50. — Les frais accessoires non mentionnés dans les tarifs, tels que ceux d'enregistrement, de chargement, de déchargement et de magasinage dans les gares et magasins du chemin de fer, seront fixés annuellement par le préfet sur la proposition du concessionnaire. Il en serait de même des frais de transbordement qui seraient faits dans les gares de raccordement de la ligne concédée avec une ligne présentant une largeur de voie différente.

Camionnage.

Art. 51. — (Supprimé).

Traités particuliers.

Art. 52. — A moins d'une autorisation spéciale du préfet, il est interdit au concessionnaire, conformément à l'article 14 de la loi du 15 juillet 1845, de faire directement ou indirectement avec des entreprises de transport de voyageurs ou de marchandises par terre ou par eau, sous quelque dénomination ou forme que ce puisse être, des arrangements qui ne seraient pas consentis en faveur de toutes les entreprises desservant les mêmes voies de communication.

Le préfet, agissant en vertu de l'article 50 de l'ordonnance du 15 novembre 1846, prescrira les mesures à prendre pour assurer la plus complète égalité entre les diverses entreprises de transport dans leur rapport avec le chemin de fer.

ANNEXE N° 2

VILLE DE LANGRES

CHEMIN DE FER A CRÉMAILLÈRE

Service de l'Exploitation

Le Conseil municipal de la Ville de Langres,
dans sa séance du 28 novembre 1887,
a arrêté, dans les termes ci-dessous, le Projet de Règlement
d'exploitation du chemin de fer à crémaillère ainsi que celui des
Tarifs des prix de transports à percevoir, impôts compris.

CHAPITRE I

RÈGLEMENT

Article premier. — Le service de l'exploitation est assuré par le personnel suivant :

Un chef de gare chargé de la direction de l'ensemble du service d'exploitation ;

Un sous-chef de gare assurant le service de nuit ;

Un homme de peine à la gare haute pour le service de jour seulement ;

Deux chefs de trains gardes-freins ;

Deux mécaniciens ;

Deux chauffeurs ;

Un chef d'équipe ;

Un ou plusieurs hommes d'équipe lorsque les besoins de l'entretien de la voie le nécessiteront ;

Un agent chargé de l'intérim [1].

Art. 2. — L'exploitation fonctionne sous les ordres et la responsabilité du chef de gare.

Art. 3. — Le service d'entretien des voies, des bâtiments et du matériel fixe, est assuré par l'agent-voyer de la Ville qui est tenu, à cet effet, de faire deux tournées à pied par semaine sur tout le parcours et de s'assurer que les voies, terrassements, ouvrages d'art et de bâtiment sont en bon état de service.

Art. 4. — Les ordres du service en ce qui concerne l'entretien, pourront être transmis à l'agent-voyer par le chef de gare toutes les fois qu'il jugera les communications nécessaires et pressantes.

Art. 5. — Tout le personnel est placé sous les ordres du chef de gare, il distribue les billets, perçoit le prix des places des voyageurs et de leurs bagages à la descente, contrôle le nombre des voyageurs à la montée, reçoit les bagages en consigne, assure le départ des trains aux heures réglementaires, tient la comptabilité générale des recettes et des dépenses, ainsi que celle du magasin, et enfin doit veiller aux meilleures dispositions à prendre pour assurer le bon fonctionnement des trains et l'ensemble du service.

Art. 6. — Le chef d'équipe, ainsi que ses hommes, sont

(1) Par délibération du 29 novembre 1887, approuvée par M. le Préfet de la Haute-Marne le 24 février 1888, le Conseil municipal a modifié cet article 1er ainsi qu'il suit :

Article premier. — Le service de l'exploitation est assuré par le personnel suivant :

Un chef de gare	au traitement de	1,800 fr.
Un sous-chef	»	1,500
Un facteur aux billets et aux messageries à la gare basse	»	1,200
Trois mécaniciens, à 2,000 fr. chacun		6,000
Trois chauffeurs, à 1,200 fr. chacun		3,600
Deux chefs de trains gardes-freins, à 1,500 fr.		3,000
Un chef d'équipe		1,500
Un agent intérimaire		1,500
Un homme de peine à la gare haute		1,000

placés, en ce qui concerne les travaux d'entretien, sous les ordres de l'agent-voyer.

En ce qui concerne la surveillance et la police de la voie, ils sont sous la dépendance du chef de gare qui pourra néanmoins les requérir s'il s'agissait de travaux urgents.

Art. 7. — Le sous-chef de gare, plus spécialement chargé du service de nuit, est investi, pendant la durée de son service, des mêmes droits et tenu aux mêmes obligations que le chef de gare.

Il pourra, en outre, être chargé du service de l'octroi si la Municipalité en décidait ainsi. — Le contrôle de son service appartient au chef de gare à qui il sera tenu de remettre chaque jour un état signé de ses recettes, dont l'inscription s'effectuera sur un registre spécial au fur et à mesure qu'elles s'opèreront.

Le chef de gare pourra se faire aider par lui dans la tenue des livres de comptabilité, tout en restant seul responsable des erreurs qui auraient pu être commises.

Art. 8. — Le chef de gare, après avoir pris l'avis du Maire, peut régler lui-même son service ainsi que celui de son sous-chef, de façon à satisfaire le mieux aux exigences du service.

Le service de nuit est assuré par le chef ou le sous-chef, sans l'aide d'aucun manœuvre; ils pourront, toutefois, se faire aider par les agents du train, autres que le mécanicien, pour le service de la gare.

Art. 9. — Lorsque le chef de gare fera le service de nuit, il sera tenu d'assurer aussi celui de l'octroi s'il en était requis.

Art. 10. — Le service de jour, à la gare haute, est complété par un homme de peine ou manœuvre, sous les ordres directs du chef de gare. Il est chargé de la pesée et du chargement des bagages, du balayage, nettoyage et entretien du bâtiment des voyageurs, des trottoirs, du magasin, des remises, du lavage des voitures, ainsi que de la lampisterie, des courses de service, et enfin de l'exécution de tous ordres qui lui seront transmis par le chef de gare.

Art 11. — Le service des trains est assuré par deux brigades, composées chacune d'un chef de train garde-frein, d'un mécanicien et d'un chauffeur.

Art. 12. — Les chefs de trains gardes-freins sont placés

sous les ordres du chef de gare ; la direction et la police de chaque train leur appartiennent ; ils sont, en outre, chargés de la perception des prix des places et de celui des bagages à la montée seulement. Cette perception s'opérera dans l'intérieur des voitures en échange d'un ticket provenant d'un registre à souche. Ils sont, en outre, tenus d'inscrire sur un état journalier spécial, le nombre des voyageurs de chaque classe, celui des bagages et le montant total de la perception de chaque train. Cet état, ainsi que le montant total de sa perception, doivent être donnés par chaque chef de train au chef de gare aussitôt après la remise de service à son collègue.

Les chefs de train doivent assurer le chargement des bagages dans les voitures et leur déchargement, ainsi que leur remise aux employés de la Compagnie de l'Est à la gare basse. A la gare haute, le chef de gare demeure libre de faire aider le chef de train par l'homme de peine lorsque les circonstances l'exigeront.

Le contrôle du nombre des voyageurs de chaque classe et des colis à l'arrivée à la gare haute appartient au chef de gare qui est autorisé à prendre toutes les dispositions qu'il jugera nécessaires ; à cet effet, le chef de train est tenu, à son arrivée, de lui présenter et faire viser son état journalier dont il a été parlé ci-dessus et indiquant le nombre des voyageurs, celui des colis et le montant total de sa perception.

Les livres à souches pour la délivrance des billets seront donnés au chef de gare contre reçu, et lui-même sera chargé d'en faire la remise aux chefs de trains. Aussitôt épuisées, les souches seront rendues au chef de gare pour servir de contrôle. Pendant tout le temps de la marche, il est interdit au chef de train de quitter la plate-forme du frein sur laquelle il doit se trouver avant le départ et qu'il ne doit quitter qu'après l'arrivée.

Les chefs de trains sont chargés tout spécialement de la manœuvre du frein, et, de plus, à la montée, de s'assurer d'une façon permanente que la voie est libre de tout obstacle ; au moindre danger, ils doivent donner le signal d'arrêt (2 coups de sifflet de poche) au mécanicien, serrer à fond les freins des deux voitures et ne reprendre leur route que lorsqu'ils auront bien constaté qu'aucun obstacle ne s'y oppose.

L'allumage et l'extinction des lanternes des voitures doivent être faits par eux. L'ordre de départ à la gare basse leur appartient et ils ont seuls qualité pour cela, mais ils ne devront le donner qu'après avoir pris place sur la plate-forme du frein. Cet ordre sera donné par un coup prolongé de sifflet de poche.

Ils sont également chargés, au premier train qu'ils effectuent en prenant le service, de vérifier les heures des horloges des deux gares avec celles du trottoir intérieur de la Compagnie de l'Est, et de rectifier leurs indications, s'il y a lieu, faute de quoi ils demeureraient responsables des retards qui pourraient en résulter.

Aussitôt arrivé à la gare haute, tout le personnel du train, y compris le chef de train, est de nouveau placé sous les ordres du chef de gare qui donne lui-même et d'une façon identique, le signal de départ en ayant soin, au préalable, de s'assurer que le chef de train a pris place sur la plate-forme du frein.

Les chefs de train doivent serrer le frein à la descente d'une façon permanente, de manière que les voitures portent aussi peu que possible sur la machine, sans cependant jamais se faire traîner par elle ; à la montée, ils doivent également se tenir toujours à proximité des freins des voitures et être prêts à les serrer immédiatement, soit dans le cas où ils entendraient le signal d'arrêt du mécanicien (2 coups de sifflet), soit dans celui où ils apercevraient eux-mêmes un obstacle sur la voie qu'ils doivent examiner attentivement sans jamais la perdre de vue, auquel cas ils doivent, en outre, donner sans tarder au mécanicien le signal d'arrêt par deux coups de sifflet de poche, ainsi qu'il a été dit au 5e alinéa.

ART. 13. — Le service des mécaniciens consiste à conduire et à entretenir leurs machines en bon état de service, ils sont tenus d'y faire toutes les petites réparations qui n'exigent pas un travail spécial de machines-outils.

Les mécaniciens sont responsables de leurs machines et passibles de toutes les peines ou amendes édictées par les lois et règlements pour inattention, défaut de précautions, etc.

Ils doivent apporter la plus grande attention au bon fonctionnement de leurs machines et s'assurer en marche que la voie est libre. Ils doivent, pendant les temps d'arrêt, examiner soigneusement leurs machines et s'assurer que tout est en bon ordre, graisser, nettoyer les mouvements, etc. ; à la gare haute, ils s'assureront fréquemment par la fosse à piquer le feu que tout le mécanisme fonctionne bien.

Ils sont tenus de satisfaire à toutes les injonctions du chef de gare, pendant leur séjour à la gare haute et à celles du chef de train, soit en route, soit à la gare basse.

Lorsque la remise de service s'opérera sur la même machine, le mécanicien descendant sera tenu de faire connaître l'état de la machine au mécanicien montant et de lui signaler les avaries existantes; faute par lui de le faire, la machine sera considérée par le mécanicien montant comme étant en bon état de service. Le mécanicien montant est néanmoins tenu d'examiner avec soin la machine et de s'assurer que rien ne peut en empêcher la bonne marche.

Les accidents qui pourraient survenir d'une avarie antérieure que le mécanicien descendant n'aurait pas signalée, lui seront attribués et il en conserve toute la responsabilité.

Le mécanicien montant peut toujours se refuser à continuer le service avec la machine en fonctionnement, s'il a des raisons sérieuses de redouter un accident.

Le mécanicien de service est tenu de prévenir le chef de gare, sans retard, lorsqu'il survient à sa machine une avarie ne lui permettant pas de continuer longtemps le service ; dans ce cas, la seconde machine sera sans aucun retard mise en feu par l'autre mécanicien aussitôt prévenu.

Les machines devront être continuellement entretenues propres, leur aspect devra toujours être satisfaisant.

Les mécaniciens, aidés de leurs chauffeurs, seront tenus d'approvisionner leur machine en eau, houille, huile, etc., mises à leur disposition dans des emplacements désignés et contre reçus provenant de registres à souches.

Ils seront tenus de fournir au chef de gare un état hebdomadaire faisant connaître la consommation journalière de leur machine, pendant leurs heures de service, en houille, huile, déchet de coton, etc.

Le graissage des wagons à voyageurs doit également être

fait soit par eux, soit par leurs chauffeurs, ils en ont la responsabilité. Les signaux d'arrêt et de départ à la gare haute sont donnés par le chef de gare, en marche, et à la gare basse par le chef de train ; ils consistent : celui d'arrêt en deux coups de sifflet de poche, celui de départ en un coup prolongé du même sifflet.

Aussitôt que les mécaniciens ont entendu le signal de départ, ils doivent eux-mêmes, avant de se mettre en route, donner un coup de sifflet prolongé ; s'ils avaient à donner le signal d'arrêt étant en route, deux coups de sifflet successifs, à très court intervalle, seraient nécessaires.

Le même signal que celui de départ sera donné par eux en arrivant à 50 mètres de l'une des deux gares et de la traversée des passages à niveau du chemin des Jésuites et de l'avenue de la gare de Langres-Marne. Si, malgré cet avertissement, un obstacle quelconque se trouvait à proximité de ces passages à niveau, les mécaniciens devraient marquer un temps d'arrêt et n'effectuer la traversée qu'après l'arrêt complet de la circulation sur le chemin. En ce qui concerne plus spécialement la traversée du passage à niveau de l'avenue de la gare de Langres-Marne, la traversée s'effectuera conformément aux dispositions contenues dans le règlement qui interviendra à la suite de la conférence actuellement ouverte entre les services du contrôle.

Le signal d'arrêt peut aussi leur être donné en route par le ou les hommes d'équipe qui, dans ce cas, devront arborer un drapeau rouge.

Il est absolument interdit de marcher sur les parties à crémaillère à une vitesse supérieure à dix kilomètres à l'heure à la descente comme à la montée, et de rattraper un retard pendant le temps de la marche sur ces parties de voie ; le mécanicien est seul responsable de la vitesse de la marche. Si le chef de train lui donnait l'ordre d'accélérer sa marche au-delà de cette limite, cet ordre devrait être considéré comme illicite et il devrait ne pas y obtempérer, sauf à en rendre compte au chef de gare en arrivant à la gare haute.

ART. 14. — Les chauffeurs sont placés sous la dépendance

des mécaniciens avec qui ils sont en service et tenus de satisfaire aux ordres qu'ils reçoivent d'eux.

Ils sont chargés du service des freins à roue dentée de la machine, du nettoyage et du graissage des machines et des wagons : à la descente, ils doivent toujours être placés entre les manivelles des deux freins à roue dentée, faire face à la voie en tournant le dos à la machine, examiner la voie avec la plus grande attention, et, au moindre obstacle aperçu sur elle, serrer à fond les freins à roue dentée, en prévenant en même temps le mécanicien.

Art. 15. — La police, la surveillance et l'entretien des voies sont confiés au chef d'équipe.

Des hommes lui seront adjoints lorsque le service l'exigera.

La surveillance et la police de la voie consistent à veiller d'une façon permanente à ce qu'aucun obstacle ne gêne la circulation des trains ; le chef d'équipe sera tenu de faire de fréquentes tournées et de signaler au chef de gare les obstacles qui s'opposent au bon fonctionnement des trains, à moins qu'il ne puisse y mettre bon ordre lui-même.

S'il se trouvait dans l'impossibilité matérielle de prévenir le chef de gare, il devrait se porter à la hâte à 200 mètres de l'obstacle dans la direction du premier train attendu, se placer à sa droite et l'arrêter en montrant au mécanicien un drapeau rouge dont il devra toujours être muni.

Des tournées de nuit pourront lui être prescrites lorsque le chef de gare le jugera nécessaire : dans ce cas, son service de jour sera réduit d'autant.

Le chef d'équipe est chargé, en outre, de l'entretien, de l'allumage et de l'extinction des feux fixes de la voie aux passages à niveau et à la gare basse.

Art 16. — Aucune machine mise en circulation sur la ligne ne pèsera plus de 16,000 kil. en ordre de marche, aucun wagon plus de 8,000 kil., chargement compris. Aucune machine ne sera mise en circulation si elle n'est munie de trois freins : un frein à air comprimé, un frein à main agissant sur l'arbre de la roue dentée motrice, un frein à main agissant sur la roue dentée indépendante de l'essieu avant. Aucun wagon ne pourra entrer dans la composition des trains s'il n'est muni d'un frein agissant à la fois sur une roue dentee engrenant la crémaillère et par des sabots sur toutes les roues porteuses.

Aucun train ne pourra comprendre plus d'une machine et deux wagons, et les deux wagons entrant dans la composition d'un même train ne devront pas peser ensemble, chargement compris, plus de 12,500 kil. La double traction est formellement interdite.

Lorsque le train marchant sur une partie de voie sans crémaillère doit entrer sur une partie de voie à crémaillère, la vitesse de marche doit être considérablement ralentie ; la pièce d'entrée de crémaillère ne doit être abordée et franchie qu'au pas et la vitesse ne peut être ensuite accélérée avant que le mécanicien ait acquis la certitude que l'engrènement s'est produit, certitude que lui donnera généralement le bruit caractéristique que produit la pièce d'entrée lorsqu'elle se relève.

La modération de la vitesse à la descente se fait par le frein à air comprimé de la machine et par les freins à main des wagons. Les deux freins à main de la machine doivent être desserrés en marche normale et n'être serrés que pour les arrêts ou en cas d'accidents, ou de trop forte vitesse ; ils doivent être considérés comme des freins d'arrêt et de secours. Les freins à main de chacun des wagons doivent être serrés à la descente sur les parties de voie à crémaillère et à forte pente, de manière à ce que les wagons portent aussi peu que possible sur la machine sans jamais pourtant se faire traîner par elle ; mais il faut avoir bien soin de ne jamais serrer ces freins qu'une fois les pièces d'entrée de crémaillère entièrement franchies et la machine franchement engagée sur la pente ; au pied de chacune des deux grandes pentes, les freins à main des wagons doivent être rapidement desserrés, de façon à l'être *d'une manière complète* avant d'aborder la pièce de sortie de crémaillère.

La voie devant le train doit toujours être l'objet d'un examen attentif et détaillé fait par un agent ayant une bonne vue, il faut que cet agent puisse répondre d'apercevoir à 30 mètres au moins de distance, jour et nuit, la moindre pierre placée dans la crémaillère ou le moindre obstacle de toute nature.

Cet examen est fait à la descente par le chauffeur qui tourne le dos à la machine, et se tient entre les deux freins à main, toujours prêt à les serrer; à la montée par le chef de train, qui se tient à proximité des freins des voitures, prêt à les serrer.

En cas d'alerte à la descente, le chauffeur, en même temps qu'il serre ses freins, doit prévenir le mécanicien et celui-ci doit, en même temps qu'il serre à fond le frein à air comprimé, donner deux coups de sifflet, signal d'arrêt. En cas d'alerte, à la montée, le chef de train serre à fond les freins des voitures et donne le signal d'arrêt d'abord par le cri : « halte ! » puis, dès qu'il a les mains libres, par deux coups de sifflet de poche.

Toutes les fois que le mécanicien entend le signal d'arrêt donné par le chef de train, il ferme le régulateur si l'on monte, le frein à air comprimé, si l'on descend; en même temps il avertit le chauffeur, pour le cas où celui-ci n'aurait pas entendu.

Toutes les fois que le chauffeur entend le signal d'arrêt donné par le chef de train, il serre à fond les deux freins à main de la machine ; en même temps il avertit le mécanicien pour le cas où celui-ci n'aurait pas entendu.

Toutes les fois que le chef de train entend le signal d'arrêt donné par le sifflet de la machine, il serre à fond les freins à main des wagons.

Toutefois, si les signaux d'arrêt sont donnés au moment où le train se trouve sur une pièce d'entrée de crémaillére, le serrage des freins sur chaque véhicule n'est fait qu'après que cette pièce est franchie par le véhicule.

Dans le cas où un serre-frein spécial est attaché à la voiture intermédiaire, il se conforme aux mêmes règles que le chef de train, en ce qui concerne la manœuvre du frein de cette voiture.

Le chauffeur à la descente, le chef de train à la montée, doivent s'assurer par la vue des signaux à flamme verte, que les aiguilles situées sur la voie principale sont bien ouvertes pour cette voie.

Quatre fois par an et autant que possible à la suite de fortes variations de température, tous les joints de crémaillère seront vérifiés au gabarit; ceux qui présenteraient un écart de plus de deux millimètres seront réglés à nouveau.

Art. 17. — La gare basse ne comportant aucun personnel sédentaire, elle ne sera considérée comme ouverte au public que pendant la durée des stationnements des trains. La gare haute sera ouverte au public, savoir :

Période de jour : De 4 h. 45 du matin à 7 h. 45 du soir.
(Heures de la Cie de l'Est).

Période de nuit : De 9 h. 45 à 11 h. 45 du soir.
De minuit 30 à 1 h. 20 du matin.
De 2 h. 20 à 3 h. 20 du matin.

Les messageries et colis postaux ne seront reçus ou délivrés que pendant la période d'ouverture de jour. Pendant les périodes d'ouverture de nuit, le service est restreint aux voyageurs et aux bagages qui les accompagnent.

Art. 18. — Toutes les modifications ou additions au présent règlement, si elles étaient jugées nécessaires, seront ultérieurement soumises à l'approbation de M. le Préfet.

CHAPITRE II

TARIFS

à percevoir pour le transport des voyageurs, de leurs bagages et des messageries.

Les prix à percevoir pour le transport des voyageurs, de leurs bagages et des messageries entre la gare basse et la gare haute et *vice versâ*, ainsi que ceux pour frais accessoires de gare et factage, sont fixés ainsi qu'il suit :

DÉSIGNATION DES TRANSPORTS		PRIX du cahier des charges	IMPOT de 23, 2 0/0	PRIX à percevoir
TARIF No 1. — Tarif des prix de transport				
1o Voyageurs				
1re CLASSE	Montée	» 50	0,116	» 60
	Descente	» 30	0,0696	» 35
2e CLASSE	Montée	» 30	0,0696	» 35
	Descente	» 15	0,0348	» 20
Nota. — Au-dessous de trois ans, les enfants ne paient rien à la condition d'être portés sur les genoux des personnes qui les accompagnent. De trois à sept ans, ils paient demi-place et ont droit à une place entière ; toutefois, dans un même compartiment deux enfants ne pourront occuper que la place d'un voyageur. Au-dessus de sept ans, ils paieront place entière.				
2o Bagages accompagnés par les voyageurs				
Pour chaque colis pesant isolément moins de 130 kil.	Montée	» 15	0,0348	» 15
	Descente	» 10	0,0232	» 10
Pour les colis pesant isolément plus de 150 kil., le prix par tonne sera de		1 50	0,348	1 85

DÉSIGNATION DES TRANSPORTS	PRIX du cahier des charges	IMPOT de 22,20/0	PRIX à percevoir
3° Messageries			
A la montée comme à la descente, par chaque colis pesant de 0 à 5 kil.	»	»	» 10
— 5 à 10	»	»	» 10
— 10 à 20	»	»	» 15
— 20 à 40	»	»	» 20
— 40 à 50	» 25	0,058	» 30
— 50 à 100	» 25	0,058	» 30
— 100 à 150	» 25	0,058	» 30
Pour les colis pesant isolément plus de 150 kil., le prix sera calculé par tonne à raison de	1 50	0,0348	1 85
TARIF N° 2. — Frais accessoires de gare et de consigne			
§ 1er. A la montée comme à la descente il sera perçu, par colis de messageries, non accompagné par les voyageurs, en sus du prix de transport, pour frais accessoires de chargement, de déchargement, de transbordement et de manipulation dans les deux gares :			
de 0 à 5 kilog.	»	»	»
5 à 10	»	»	» 05
10 à 20	»	»	» 05
20 à 40	»	»	» 10
40 à 50	»	»	» 10
50 à 100	»	»	» 25
100 à 150	»	»	» 40
Pour les colis pesant isolément plus de 150 kil., le prix sera calculé par tonne à raison de	»	»	3 »
§ 2. Pour consigne ou magasinage à la gare haute, il sera perçu, pour chaque période commencée de vingt-quatre heures et par colis :			
1° S'il pèse moins de 150 kilog.	»	»	» 10
2° S'il pèse plus de 150 kilog.	»	»	» 15
TARIF N° 3. — Factage			
Pour le transport à domicile, dans le rayon de l'octroi de la Ville de Langres, des colis de messageries, arrivés à la gare haute, qui doivent être livrés à domicile, il sera perçu par colis, en sus			

DÉSIGNATION DES TRANSPORTS	PRIX du cahier des charges	IMPOT de 23,20/0	PRIX à percevoir
du prix de transport et des frais accessoires de manipulation dans les gares :			
de 0 à 5 kilog............	»	»	»
5 à 10	»	»	» 05
10 à 20	»	»	» 05
20 à 40	»	»	» 05
40 à 50	»	»	» 05
50 à 100	»	»	» 15
100 à 150	»	»	» 25
Pour les colis pesant isolément plus de 150 kil., le prix sera calculé par tonne à raison de........	»	»	1 75

OBSERVATIONS GÉNÉRALES

Pour les tarifs à la tonne, les fractions de poids ne seront comptées que par centième de tonne ou par 10 kilog. Ainsi, tout poids compris entre 150 et 160 kilog., paiera comme 160 kilog.; entre 160 et 170 kilog., comme 170 kilog.

La délivrance des billets, à la gare haute, cesse cinq minutes avant l'heure de départ du train.

Les tarifs ci-dessus seront affichés, en ce qui concerne les voyageurs et les bagages dans l'intérieur de chaque compartiment des voyageurs ; en ce qui concerne les messageries, à chaçune des deux gares.

Fait et délibéré, à Langres en séance publique, à l'Hôtel-de-Ville, le 11 novembre 1887,

Et ont les membres présents signé.

Pour copie conforme :

Le maire de Langres,

Signé : DARBOT.

Approuvé conformément à notre arrêté de ce jour.

Chaumont, le 18 novembre 1887.

LE PRÉFET.

Pour le Préfet :

Le Secrétaire général,

Signé : LOUIS MARÇAIS.

ANNEXE N° 3

EXTRAIT

DES

SEPTIÈME & HUITIÈME COMPTES-RENDUS ANNUELS DE LA COMPAGNIE

DU CHEMIN DE FER

HALBERSTADT-BLANKENBOURG

Tableau N° 1. — Dépenses d'exploitation des années 1888-1889-1890.

Tableau N° 2. — Décomposition des dépenses d'exploitation pour l'année 1890.

Tableau N° 3. — Dimensions principales des locomotives.

Le réseau de la compagnie Halberstadt-Blankenbourg, comprend les lignes suivantes :

Halberstadt-Blankenbourg.
Hüttenbahn.
Langenstein-Dérenbourg.
Blankenbourg Tanne (exploitée par le système Abt).

Extrait des comptes-rendu de la direction du chemin de fer Halberstadt-Blankenbourg

I. — DÉPENSES D'EXPLOITATION (EN MARCS) POUR LES ANNÉES 1888, 1889 ET 1890

	1888		1889		1890	
Traitements et appointements fixes......	106.182	M. 10	123.907	M. 41	130.256	M. 88
Autres dépenses de personnel..........	75.330	02	65.545	27	70.664	11
Frais généraux......................	35.094	02	36.082	73	38.713	31
Frais d'entretien du corps du chemin de fer..............................	28.861	27	35.475	39	32.023	22
Service des transports.................	96.931	01	101.176	97	140.423	22
Utilisation des réseaux étrangers	17.426	86	17.502	31	17.934	98
Utilisation du matériel étranger.........	18.116	50	19.000	42	20.190	57
Totaux.......... ..	377.941	76	398.690	50	450.706	29

Le marc vaut 1 fr. 25

II. DÉCOMPOSITION DES DÉFENSES D'EXPLOITATION POUR L'ANNÉE 1890. (DÉPENSES EN MARCS)

DÉSIGNATION DES DÉPENSES	Administration générale	Administration de la ligne	TRANSPORT				TOTAUX
			Service en dehors des gares	Service des expéditions	Personnel des trains	Service de la traction	
Dépenses de personnel							
Traitements fixes	32.923 89	15.264 24	20.482 14	26.001 45	14.804 16	20.781 »	130.256 88
Autres dépenses de personnel	11.771 59	8.782 50	13.132 25	10.565 25	8.522 39	17.890 13	70.664 11
Dépenses de matières							
Frais généraux	21.418 04	1.690 42	6.879 03	6.472 21	372 57	1.980 14	38.713 31
Frais d'entretien du corps du chemin de fer	»	32.523 22	»	»	»	»	32.523 22
Frais de traction	»	»	»	»	»	140.423 22	140.423 22
Frais de renouvellement du matériel fixe et roulant	»	13.075 17	»	»	»	4.567 67	18.542 84
Dépenses de parachèvements, de réparations et d'agrandissement	»	651 02	»	»	»	859 09	1.510 11
Frais d'utilisation des réseaux étrangers	1.534 98	8.111 »	5.092 »	3.197 »	»	»	17.934 98
Frais d'utilisation du matériel étranger	»	»	»	»	»	20.190 57	20.190 57
Totaux	67.648 50	80.907 57	45.586 32	46.235 91	23.599 12	206.691 82	470.759 24

Le marc vaut 1 fr. 25

III. PRINCIPALES DIMENSIONS DES LOCOMOTIVES EN SERVICE PENDANT L'ANNÉE 1890

		1	2	3	4	5	6	7	8	9	10	11	12
Nom des locomotives		Ziegenkopf	Langenstein	Blankenburg	Regenstein	Dérenburg	Prinz-Albrecht	Elbingéronde	Rothehütte	Tanne	Rübeland	Brocken	Börnecke
Date de la mise en service		1 mars 1873	1 avril 1873	1 nov. 1878	11 oct. 1878	9 oct. 1881	avril 1885	sept. 1885	octob. 1885	déc. 1885	mai 1886	mai 1887	mars 1889
Cylindres à adhérence	diamètre en mill.	432	432	290	432	432	450	450	450	450	350	450	432
	course du piston	610	610	540	609	609	600	600	600	600	550	600	609
Cylindres à crémaillère	diamètre en mill.	—	—	—	—	—	300	300	300	300	—	300	300
	course du piston	—	—	—	—	—	600	600	600	600	—	600	600
Chaudière	diamètre en mètres	1,188	1,188	1,100	1,280	1,280	1,408	1,408	1,408	1,408	1,106	1,408	1,314
	longueur —	3,396	3,396	3,350	4,330	4,330	3,965	3,965	3,965	3,965	3,240	3,965	4,250
	nombre de tubes	172	172	127	166	166	251	251	251	251	133	251	214
Surface de chauffe	boîte à feu	9,3	9,3	4,48	7,26	7,26	8,5	8,3	8,3	8,3	5,15	8,3	7,87
	tubes	92	92	54,86	103,96	103,96	127,7	127,7	127,7	127,7	55,50	127,7	117,45
	totale	101,3	101,3	59,34	111,22	111,22	136	136	136	136	60,65	136	125,02
Pression de la vapeur en kil. par m/m. q.	timbre	9,297	9,297	12,396	10,00	10,000	10,000	10,000	10,000	10,000	10,000	10,000	10
	maxima dans les cylindres	6,36	6,36	8,466	6,666	6,666	8,852	8,852	8,852	8,852	8,000	8,852	6,666
Nombre de roues couplées	mécanisme à adhérence	—	4	4	6	6	6	6	6	6	6	6	6
	mécanisme à crémaillère	—	—	—	—	—	2	2	2	2	—	2	—
Nombre de roues porteuses		—	—	—	—	—	2	2	2	2	—	2	—
Diamètre en mètres	des roues couplées	1,448	0,978	0,978	1,371	1,371	1,250	1,256	1,250	1,250	1,080	1,250	1,371
	des roues dentées motrices	—	—	—	—	—	0,573	0,573	0,573	0,573	—	0,573	—
	des roues porteuses	—	—	—	—	—	0,750	0,750	0,750	0,760	—	0,750	—
Poids adhérent en tonnes		26	24	24	36	36	43	43	43	43	29,65	43	37
Empatement extrême en mètres		2,362	2,450	2,450	3,295	3,295	3,05	3,05	3,05	3,05	3,0	3,05	3,320
Poids en tonnes	sans eau ni charbon	31	17,5	17,5	31,8	31,8	47,5	47,5	47,05	47,5	23,35	47,5	31
	avec eau et charbon	34	24	24	36	36	55	55	55	55	29,65	55	37
	avec le tender sans eau ni charbon	44,2	11	11	43,3	43,3	—	—	—	—	—	—	42,3
Effort de traction maximum en tonnes (pour les machines à crémaillère sur les pentes de 58 mill)		5,90	4,16	4,16	8,55	8,55	11,35	11,35	11,35	11,35	4,94	11,35	8,55
Vitesse maxima en kilomètres par heure des machines à adhérence		15	11,25	11,25	14	14	15	15	15	15	12	15	14
Vitesse maxima en kilomètres par heure des machines à crémaillère		—	—	—	—	—	12	12	12	12	—	12	—
Prix de revient en marcs	compris tender et les soutes	66,375	42,000	42,000	43,808	35,489	57,000	57,000	57,000	57,000	18,000	53,000	35,425
	par tonne du poids	1501,8	2400	2400	1377,60	819,61	1200	1200	1209	1200	796,57	1115,79	837

NOMS des constructeurs

1 et 2, société de construction de machines du Hanovre de G. Egestorf à Linden (Hanovre).
3, Krauss et Cie, Munich.
4, A. Borsig, à Berlin.
5, Id.
6, Maschinea Fabrik Esslingen.
7, 8, 9, 10, 11 et 12, Id.

ANNEXE N° 4

CHEMIN DE FER VIÈGE-ZERMATT

ÉTUDE COMPARATIVE DES DÉPENSES D'EXPLOITATION SUPPLÉMENTAIRES DUES A L'EMPLOI DE LA CRÉMAILLÈRE

Rapport de MM. Rodieux et Haueter.

TRACTION

Nous avons à étudier quels seraient les changements qui résulteraient, si l'exploitation devait se faire avec le tracé à crémaillère.

Pour rester dans les mêmes conditions d'exploitation qu'avec le tracé à adhérence, nous supposerons un train de 60 tonnes, non compris la locomotive, et un temps de parcours de 2 heures 30 minutes, y compris les arrêts.

La locomotive avec roues dentées, devra donc remorquer sur la crémaillère et sur les autres parties de la ligne, un train de même poids et dans le même temps. En conséquence, cette machine sera mixte, c'est-à-dire qu'elle remorquera indifféremment le train au moyen de l'adhérence ou de ses roues dentées.

Le temps de parcours étant une condition essentielle et la locomotive à roues dentées, ne pouvant guère dépasser 10 kilomètres de vitesse à l'heure, sur les sections en crémaillère, il faudra que dans les parties à adhérence, elle puisse atteindre 40 kilomètres à l'heure.

Cette condition exclut le système de locomotives mixtes employé sur le Rorschach-Heiden, le Brünig, Langres, etc., la vitesse maxima de ces machines, quand elles marchent avec l'adhérence seule, ne pouvant pas dépasser 15 kilomètres à l'heure.

En conséquence, on se trouve dans l'obligation d'adopter un autre système dans lequel le mécanisme des roues dentées soit indépendant de celui de l'adhérence.

La locomotive Abt est dans ces conditions.

DESCRIPTION DU SYSTÈME

Locomotive système Abt. — La locomotive est à quatre cylindres à vapeur, à quatre ou six roues accouplées et un essieu porteur, deux ou une roue dentée. Les roues pour la marche par adhérence sont commandées à la manière ordinaire par les cylindres extérieurs. Les pistons des cylindres intérieurs actionnent le mécanisme des roues dentées, soit par des balanciers comme aux locomotives du Hoellenthal et du Harz, soit directement comme à la locomotive de M. Oertel, à Oertelsbruch. Le mécanisme des roues dentées est monté sur des longerons supportés par les essieux des roues d'adhérence, de cette façon, les roues dentées sont toujours au même niveau au-dessus des rails.

Nous n'entrerons pas dans les détails de construction pour permettre le passage facile dans les courbes, mais dans nos visites aux chemins de fer du Brünig, du Hoellenthal, du Harz et d'Oertelsbruch, nous avons constaté, pour l'entrée et la marche en crémaillère une grande supériorité de la locomotive Abt sur celle du Brünig.

Jusqu'à présent, la locomotive système Abt à quatre cylindres, n'a pas été construite pour la voie d'un mètre. Celles qui existent sont pour la voie normale. La question se posait, si pour la voie de 1 m., la disposition de largeur disponible, ne présentait pas un obstacle à la construction de la machine.

Nous avons consulté M. Abt. M. Weber, ingénieur, directeur de la fabrique de locomotives à Winterthur, M. de Glehn, ingénieur, administrateur de la Société alsacienne à Mulhouse, tous ces ingénieurs nous ont répondu la chose pratiquement possible.

Nous supposerons en conséquence que, pour l'étude à faire, cette locomotive est adoptée.

DÉPENSES DE TRACTION

Dépenses supplémentaires. — Pour des locomotives à adhérence ou à roues dentées, les facteurs de dépense qui peuvent varier sont :

Le combustible consommé ;

Le graissage ;

L'entretien.

Combustible. — Etant donné, comme nous l'avons dit plus haut, le même temps de parcours y compris les arrêts et le même poids remorqué, la quantité de combustible dépensé avec la locomotive à roues dentées sera plus grande qu'avec la locomotive Mallet.

En effet, si nous examinons les profils, nous voyons que dans le tracé à adhérence, la variation de l'effort de la machine sera moindre que dans celui à crémaillère.

Dans le premier cas, la variation est de 85 à 254 chevaux, tandis que dans le second, elle est de 85 à 355.

Nous estimons d'autre part que la consommation du combustible par cheval développé sera plus forte pendant la marche en crémaillère, autrement dit, le rendement de la machine diminuera pendant les moments où elle travaillera près de la limite de sa puissance. Ces considérations nous font estimer l'augmentation de la quantité de combustible consommé à une moyenne de 3 k. 5 par kilomètre de parcours.

Au Hoellenthal, en octobre 1888, les machines système Abt ont consommé 154,600 k. de houille pour 10,479 kilomètres de parcours, soit 14 k. 9 par kilomètre. La proportion des parcours en crémaillère et à adhérence est, par hasard, à peu de chose près la même qu'elle le serait à Viège-Zermatt. Nous avons trouvé que la force totale développée sur le Hoellenthal, pour un train de 90 tonnes, non compris la machine, sur la rampe de 54 0/00, était de 285 chevaux. Si nous admettons 335 chevaux pour la force à développer, pour remorquer un train de 60 tonnes sur la rampe de 120 0/00, nous trouvons, en restant dans les mêmes proportions que sur le Hoellenthal, une consommation de 17 k. 5 par kilomètres soit 15 k. 75 en briquettes.

La comparaison n'est pas correcte, c'est une appréciation très approximative, puisque les conditions de part et d'autre ne sont pas les mêmes ; cependant, nous sommes sûrs que le résultat trouvé ne sera pas dépassé.

Pour l'exploitation avec locomotive Mallet, nous avons supposé une dépense de 12 k. par kilomètre de parcours, c'est donc 3 k. 5 d'augmentation de dépense de combustible par kilomètre de parcours de machine à roues dentées.

Graissage. — Les renseignements que nous avons peuvent faire admettre le chiffre de 100 grammes d'huile par kilomètre de parcours.

Pour les machines Mallet, nous avions compté 50 grammes, c'est donc une augmentation de 50 grammes par kilomètre de parcours.

Entretien. — Les machines de Hoellenthal, Harz, Ortel, ne sont pas assez anciennes pour déterminer le coût de l'entretien, nous ne pouvons que faire une estimation.

Pour la locomotive Mallet, nous avons évalué l'entretien à 0 fr. 12 par kilomètre de parcours. Pour la locomotive système Abt où le travail en crémaillère soumet, par intervalles, la chaudière à une très grande production de vapeur, ce qui l'usera certainement plus vite qu'une chaudière ayant un travail moins variable et intense, nous admettons 0 fr. 15, soit 0 fr. 03 d'augmentation.

Résumé. — En admettant le parcours à 35,000 kilomètres de trains, 3 k. 5 d'augmentation de dépense de combustible, 50 grammes de graissage, 0 fr. 03 pour l'entretien, nous obtenons un total qui représentera la somme annuelle dépensée en plus.

Combustible 3 k. 5 × 35,000 kil. × 35 fr.	=	4,287 50
Déchargement de 14 wagons	=	56 »
Graissage 50 gr. × 35,000 × 0 fr. 65	=	1,137 50
Entretien 0,03 × 35,000	=	1,050 »
Total		6,531 »

En dehors des considérations du terrain ou autres, si les économies sur la construction sont supérieures au chiffre ci-dessus capitalisé, le choix du tracé avec section en crémaillère est justifié.

Si cette éventualité se réalisait, nous n'estimons pas qu'il soit nécessaire de prévoir un plus grand nombre de locomotives que celui porté au devis, mais il faudra ajouter environ, fr. 17,000, correspondant à l'application des roues dentées à toutes les voitures et wagons prévus. Comme nous l'avons déjà dit plus haut, pour rester dans les mêmes conditions d'exploitation, nous avons supposé un train remorqué de 60 tonnes, mais nous pensons que cette charge doit nécessairement être diminuée si le tracé avec sections en crémaillère était adopté. Une pareille charge nécessite une machine qui pèsera 30 tonnes en service, répartis sur trois essieux, ce qui est trop pour une voie avec rails de 25 k. le mètre. Avec 60 tonnes remorquées, on arrive à un tel effort sur le crochet de la machine, qu'il se pourrait qu'on rencontre des difficultés et des objections de la part du contrôle fédéral. Au Brünig, on a admis 45 tonnes, nous pensons que cette charge devrait être considérée comme un maximum sur une rampe de 120 0/00.

Matériel. — Quant au matériel, nous estimons qu'une étude spéciale devra être faite, car si on pouvait obtenir du contrôle l'autorisation de construire des voitures à coupés ou des voitures avec caisses très légères dans le genre de tramways, il en résulterait non seulement une économie sur le prix d'achat, mais encore une réduction considérable des dépenses de traction. Peut-être aussi qu'en étudiant le tracé définitif avec crémaillères, on pourra diminuer la rampe de 120^{mm}, la ramener peut-être à 100^{mm}, ce qui serait une amélioration considérable.

Nous estimons qu'une somme de 15,000 fr. devra être comptée pour les pièces de réchange et le wagon spécial qui sera destiné au transport des locomotives depuis Viège jusqu'à l'atelier où elles devraient subir de grandes réparations.

Outillage. — Au devis, il faudrait ajouter 6,000 fr. au moins pour les engins, machines-outils et installations diverses, pour assurer le petit entretien et les réparations courantes, car l'éloignement de Viège de tout atelier exige une organisation spéciale indispensable.

Conclusions. — En terminant, nous croyons qu'au point de vue de l'exploitation, l'adoption du tracé avec crémaillères et rampes de 120 0/00, ne permettra pas, sans d'importants changements du matériel de la voie, de remorquer des trains de 60 tonnes.

Quant au système de locomotives avec roues dentées, s'il présente une complication de mécanisme plus grande que le système à adhérence seule, il a l'avantage d'éviter toute chance de patinage. D'autre part, sans compter le frein continu et celui de secours, la locomotive à roues dentées, quand elle marche en descendant les pentes, aspire l'air pour le refouler ensuite dans un espace fermé. Un robinet manœuvré par le mécanicien règle la sortie de l'air. Cette disposition offre une sécurité absolue. — Les avantages de la locomotive à adhérence sont, de rester dans des limites connues et bien définies, une grande simplicité, moins de chances de dérangements et la faculté de pouvoir remorquer un train de 60 tonnes. — Cependant, les visites que nous venons de faire en Allemagne aux divers chemins de fer avec locomotives système Abt, ont diminué considérablement les préventions et les objections que ce système provoque quand on n'a que les dessins devant les yeux.

Yverdon, le 1er décembre 1888.

Signé : A. RODIEUX, HAUETER.

ANNEXE N° 5

CHEMIN DE FER DE VIÈGE-ZERMATT

Compte d'exploitation au 31 décembre 1890

EXPLOITATION PARTIELLE ENTRE VIÈGE ET SAINT-NICOLAS

RECETTES		
I. PRODUIT DU TRANSPORT DES VOYAGEURS...	....	64.356 94
II. PRODUIT DU TRANSPORT DES BAGAGES, ANIMAUX ET MARCHANDISES		
1. Bagages..................................	2.828 85	
2. Animaux..................................	78 97	
3. Marchandises	6.799 60	9.707 42
III. RECETTES DIVERSES		
Loyers-affermages		
1. Location par M. Seiler, emplacement Stalden..	....	36 »
Total des recettes............	....	74.100 36
DÉPENSES		
I. ADMINISTRATION GÉNÉRALE		
1. Frais généraux, personnel	33 75	
2. Dépenses diverses..........................	8.243 95	8.277 70
II. ENTRETIEN ET SURVEILLANCE DE LA VOIE		
a) *Personnel*		
1. Etats de paie et déplacements..... 6.026 40		
2. Uniformes 32 80	6.059 20	
b) *Travaux d'entretien*		
1. Fournitures diverses......................	321 05	
2. Dépenses pour travaux divers..............	218 80	
c) *Dépenses diverses*................	79 50	6.678 55
A reporter......	....	14.956 25

Report......		....	14.956 25
III. EXPÉDITION ET MOUVEMENT			
a) *Personnel*			
1. Frais de déplacements et divers....	91 55		
2. Personnel des gares. Etats de paie.	4.328 55		
3. » des trains. » .	2.834 10	7.254 20	
b) *Dépenses diverses*			
1. Fournitures de bureau, imprimés, etc.	530 90		
2. Eclairage, chauffage, etc.........	73 95		
3. Entretien et renouvellement d'inventaire....................	28 95		
4. Camionnage, plombage, etc.......	172 10		
5. Impressions, affiches réclames.....	1.901 50	2.707 40	9.961 60
IV. TRACTION ET MATÉRIEL			
a) *Personnel*			
1. Bureau central, déplacements......	16 »	16 »	
2. Personnel des machines, etc.:			
Traitement................	6.186 15		
Déplacements et divers.....	1.668 55	7.854 70	
3. Personnel pour alimentation et nettoyage :			
Traitement	1.818 55	1.818 55	9.689 25
b) *Matières consommées par le matériel roulant*			
Combustibles, suifs, huiles, etc............		....	17.117 »
c) *Entretien et renouvellement du matériel roulant*.		....	2.985 15
d) *Autres dépenses*..........................		....	230 10
V. DÉPENSES DIVERSES			
a) *Loyers et affermages*			
1. Redevance gare de Viège.................		200 »	
2. Locations diverses.....................		23 »	223 »
b) *Autres dépenses*			
Assurances diverses..........................		....	927 50
Total des dépenses..........		....	56.090 35

CLOTURE DE COMPTE

Total des recettes.................	74.100 36
Total des dépenses.................	56.090 34
Excédent des recettes.........	18.010 01

Dépenses par kilomètre $\frac{56.090^{f}.}{16} = 3.500$ fr

ANNEXE N° 6

CHEMIN DE FER DU BRÜNIG

LONGUEUR TOTALE EXPLOITÉE . . . . 58 KIL.
LONGUEUR TOTALE DES SECTIONS A CRÉMAILLÈRE. 9 KIL.

Dépenses moyennes d'exploitation

	Par kilomètre de ligne	Par train-kilomètre
Administration.	350 fr.	0 fr. 09
Entretien et surveillance de la voie.	1.500	0 70
Exploitation et mouvement. .	2.300	0 61
Traction	4.050	1 20
Totaux.	8.200 fr.	2 fr. 60

OUVRAGES A CONSULTER

Voie, matériel roulant et exploitation technique des chemins de fer, par M. CH. COUCHE; Vve CH. DUNOD, éditeur.

R. ABT. — *Die drei Rigibahnen*, Orel et Fussli, éditeurs (Zurich).

HEUSINGER VON WALDEGG. — *Handbuch für Specielle Eisenbahn-Technik* (5e volume). Zahnradbahnen, Leipzig, 1878. Editeur, Wilhelm Engelmann.

Revue technique de l'Exposition, par CH. VIGREUX fils. — 3e partie, 1er fascicule. *Les chemins de fer à crémaillère*, par VIGREUX et LOPÉ (Bernard, éditeur, Paris).

Revue générale des chemins de fer, août 1890.

Annales de la Construction, mars 1888, juillet 1887 (Baudry, éditeur).

Portefeuille économique des Machines, janvier 1887 (Baudry éditeur).

Annales des Ponts et Chaussées, mars 1875.

J. HIRSCH. — Cours de machines à vapeur professé à l'Ecole des Ponts et Chaussées.

SÉVENNE. — Cours de chemins de fer professé à l'Ecole des Ponts et Chaussées.

Zertschrifts des Oesterreichischen, Ingénieur und Architekten Véreins, 1887, 4e fascicule, Vienne.

Engineering, 30 janvier, 6 et 27 février, 13 mars, 27 avril 1891.

Génie Civil, 3 octobre 1885, 15 juin 1889, 18 janvier 1890, 12 novembre 1887, etc.

MARTIN et CLARARD. — Monographie d'un chemin de fer routier à voie de 1 m. à adhérence et à crémaillère (Baudry, éditeur, Paris).

ERRATA

Pages	Lignes		
16	2	*au lieu de :*	tension, *lire :* torsion.
17	26	—	comptait, *lire :* comportait.
21	6	—	Tiège-Zermvtt, *lire :* Viège-Zermatt.
25	16	—	environ, *lire :* d'environ.
48	26	—	remonte, *lire :* descend.
53	31	—	Cörnergratt, *lire :* Görnergratt.
54	5	—	fig. 17, *lire :* fig. 18.
57	dernière	—	Clorard, *lire :* Clarard.
59	18	—	30 m/m, 80 m/m, *lire :* 30 m., 80 m.
67	1re	—	23 m. 800, *lire :* 23 T. 800.
72	9	—	18 tonnes, *lire :* 8 à 10 tonnes.
84	avant-dernière	—	μa, *lire : pa.*
121	20	—	9,8 K.l.g.m.t., *lire :* 29,8 K.l.g.m.t.
183	12	—	fig. 51, *lire :* fig. 50.
186	28	—	46 kil., *lire :* 14 kil., 9.
206	13	—	Tiège-Ziermatt, *lire :* Viège-Zermatt.
234	30	—	(annexe N° 6), *lire :* (annexe N° 7).

Laval. — Imprimerie et stéréotypie E. JAMIN, 41, rue de la Paix.

www.ingramcontent.com/pod-product-compliance
Ingram Content Group UK Ltd.
Pitfield, Milton Keynes, MK11 3LW, UK
UKHW012158240726
13966UKWH00002B/436

9 782013 459921